储罐全生命周期管理

刘春祥　编著

中国石化出版社
·北京·

内 容 提 要

本书按照储罐生命周期的时间顺序，系统介绍了外浮顶储罐从设计、施工、投产、运行管理、检维修，直至储罐报废的主要内容。同时收录了各种典型事故案例，深入剖析、总结了典型事故因素，提出了预防管控措施，为储罐的全面管理提供了相关经验。

本书可供从事储罐建设和管理的各级管理干部、技术人员和操作人员使用，也可作为储运行业员工、师生的参考用书，是一本储罐管理的工具书、参考书。

图书在版编目(CIP)数据

储罐全生命周期管理／刘春祥编著．—北京：中国石化出版社，2023.10
ISBN 978-7-5114-7337-0

Ⅰ．①储… Ⅱ．①刘… Ⅲ．①储罐-安全管理 Ⅳ．①TE972

中国国家版本馆 CIP 数据核字(2023)第 195571 号

中国石化出版社出版发行
地址：北京市东城区安定门外大街 58 号
邮编：100011　电话：(010)57512500
发行部电话：(010)57512575
http://www.sinopec-press.com
E-mail：press@sinopec.com
北京富泰印刷有限责任公司印刷
全国各地新华书店经销
*
787 毫米×1092 毫米 16 开本 13 印张 290 千字
2023 年 10 月第 1 版　2023 年 10 月第 1 次印刷
定价：108.00 元

《储罐全生命周期管理》
编写委员会

主　任：刘春祥

副主任：吕元海

成　员：（以姓氏笔画为序）

万树国	田　波	史　磊	成郁君	毕倩淋
刘巧慧	刘　峥	闫宏志	汤晓峰	李伯林
李艳敏	李　雪	李　玮	张　志	张　妍
陈国蓬	陈　鑫	季中军	周　威	郑泽毅
贾冰浩	徐　佳	殷忠亮	高　东	郭　昱
唐冰洁	黄宪章	程林清	窦鑫龙	戴晓旭

序

党的二十大报告将能源资源安全作为推进国家安全体系和能力现代化、坚决维护国家安全和社会稳定的重要内容，为能源企业发展提出新要求、注入新动力。新时代新征程，天津石化公司牢记责任使命，深刻领会“能源的饭碗必须端在自己手里”的重大意义，将学习贯彻党的二十大精神和习近平总书记视察胜利油田、九江石化重要指示批示精神作为重要任务，为加快建设具有强大战略支撑力、强大民生保障力、强大精神感召力的中国石化奠定坚实基础。

天津石化公司管理近二百座大型原油储罐，将近中国石化商储总量的三分之一。公司专业管理团队克服时间紧、任务重等不利因素，持续强化安全管理，落实新安法“三管三必须”的要求，坚持问题导向，以“识风险、除隐患，查短板、锻长板”为主线，以“双控”建设为抓手，围绕“人、机、料、法、环”，落实各环节管控措施，在储罐日常管理及维护方面积累了很多经验，为中国石化原油管理的高质量发展提供有力保障。

在大型原油储运基地日常运行中，传统的储罐管理主要侧重于维修阶段，具有相当的局限性。进入新时代要提高储罐的本质安全水平，就必须对储罐以及相关要素的全生命周期管理进行有益的探讨和大力的实践。本书针对储罐前期建设、中期使用以及后期维修三个连续的管理过程，对常见问题、技术手段、安全措施等进行了归纳和探讨，阐述了储罐全生命周期管理的基本方法、程序步骤，对提高储罐运行的可靠性和稳定性，持续筑牢安全生产防线大有裨益，相信无论是对储罐的管理者还是建设者，都可以引起一些思考和共鸣，将有益于保障安全生产、提升管理效率。

未来天津石化公司将紧紧围绕国之大者、企之大计，打造一流库区，坚定地把旗帜鲜明讲政治，落实到保障国家能源安全的行动中，以此与业界同人共勉。

全国政协委员

天津石化公司党委书记、分公司代表

王百森

前 言

随着石油化工工业的发展，越来越多的石油化工原料采用立式储罐储存，而随着我国经济发展的加快，立式常压储罐更是朝着大型化、规模化方向发展。一旦发生失控泄漏事故，往往导致火灾、爆炸以及严重的环境污染事故甚至灾难。经过多年的积累与发展，国内针对立式常压储罐建立了较为全面的适应国内特色的管理体系，编制和发布了大量的规范、标准和制度类文件，随着危险化学品行业安全监管力度的加大和从业者本质安全意识的提升，在一定程度上保障了我国常压储罐群的总体安全。由于储罐项目设计、建设、运行等过程中，评价标准不同，管理人员往往会忽视全生命周期管理理念的融入，导致项目各个环节中出现了不少问题，不仅影响油库建设成功后的运营情况，而且大大降低了企业的经济效益。由此及彼，储罐管理的各个阶段环环相扣，缺一不可。鉴于此，本书提出全生命周期管理理念，坚持理论与实践相结合，全面系统地阐述储罐全生命周期管理的内涵，旨在为全面提高储罐全生命周期管理水平打下坚实的基础。

本书共九章，第一章从储罐的概念与发展谈起，系统阐述储罐的类型、适用范围、结构与附件等理论基础。第二章概述生命周期的定义、设备管理方法，以及全生命周期管理的必要性。从第三章到第八章，覆盖了储罐全生命周期的设计、施工、投产、运行与维护、检维修、报废各个阶段，是储罐全生命周期管理的主要实践内容。第九章是管理经验与分析探索的融合，通过归纳与剖析储罐常见故障与典型事故案例，为企业排查隐患和管控风险方面提供思路。

通过阅读本书，读者可以了解储罐管理的全景，为今后工作的开展打好扎实的基础；也可以对储罐全生命周期管理的理念、技术和分析有一个系统、全面的了解，从中汲取一些提升自身管理水平的经验，应用到企业的储罐管理工作中。

由于本书涵盖内容较多，加之编者水平有限、时间仓促，书中难免存在错误与不足，敬请广大读者提出宝贵的意见和建议，我们将在本书修订时予以更正。

目录

第一章　储罐管理概述

储罐是储备原油、天然气和成品油的专用设备，无论是在陆地还是海洋开采的原油，或是炼油厂加工后的成品油，都需要建设各种类型和容量的储罐作为储存设施。因此，普及储罐基础知识对于石油石化行业平稳发展，以及确保国家能源安全与稳定具有重要的现实意义。下面将从储罐的发展、类型、结构及附件等方面对储罐进行介绍。

第一节　储罐的简介与发展简况

一、储罐的简介

储罐作为石油库储运系统的主要设施之一，是油库的核心，一般占油库总投资的40%~60%，在油库总平面布置时是首先考虑的重点，也是油库安全保护的重要对象，具有安全可靠、耐用、不易渗漏、施工方便等特点。根据储罐的建造材料可以分为金属储罐、非金属储罐；根据浮顶结构可以分为拱顶罐、浮顶罐；根据浮盘结构可以分为外浮顶罐和内浮顶罐；根据储罐的容量大小可以分为小型储罐、中型储罐、大型储罐和超大型储罐。储罐的总容量是油库规模大小衡量的主要参数。

二、储罐发展简况

最初发现石油时，储油容器极为简单，利用土坑、陶器等储油，后来曾采用内涂石膏的皮囊，也使用过石头或砖砌筑的坑穴。直至 19 世纪 70 年代，才在油库中使用由钢材建造的储油容器。改革开放以来，随着国民经济的迅速发展，中国对石油的需求也快速增长，使得石油的海外进口量剧增，从而需要建造大量的能够进行输油中转的大型储罐。

（一）国外浮顶储罐简况

国外浮顶储罐的建造历史较长、技术先进，并有不断改进和完善的标准规范，在储罐设计、制造等方面做了大量的研究并有丰富的实践经验。从 20 世纪初期开始，美国、中东、西欧和日本等地陆续建造了 $10\times10^4m^3$ 的浮顶储罐。早在 1962 年，美国芝加哥桥梁公司首先建成 $10\times10^4m^3$ 的浮顶储罐，其直径达 109m，高约 21m；1964 年，壳牌石油公司在欧洲建成 $10\times10^4m^3$ 的浮顶储罐；1967 年，在委内瑞拉建成 $15\times10^4m^3$ 的浮顶储罐，其直径达 115m，高约 14. 6m；1971 年日本建成 $16\times10^4m^3$ 的浮顶储罐；沙特阿拉伯也已成功建造了 $20\times10^4m^3$ 的浮顶储罐。

（二）国内储罐发展简况

大型浮顶式原油储罐是国家原油战略储备的重要设备之一，大型储罐作为石油、成品油的储备输送重要组成部分，发挥着决定性的作用。我国的原油储备库以及炼油厂的油品储存，陆地或者海洋平台的原油储存运输，长输原油管道的泵站，都离不开大型原油储罐。

国内 $10\times10^4m^3$ 浮顶储罐的建造技术发展可分为三个阶段：第一阶段为整体技术引进，包括材料、设计技术及施工技术，如 20 世纪 80 年代中期在大庆、秦皇岛建设的 $10\times10^4m^3$ 浮顶储罐；第二阶段实现了设计技术及施工技术的国产化，仅高强度钢板需要进口，如 20 世纪 90 年代在上海、镇海、兰州、黄岛等地建设的 $10\times10^4m^3$ 浮顶储罐；第三阶段是高强度钢板、设计技术及施工技术等方面全面实现了国产化，如在燕山石化公司建设的 4 台 $10\times10^4m^3$ 浮顶储罐以及在新疆独山子建设的 3 台 $10\times10^4m^3$ 浮顶储罐，均采用了国产的高强度钢板。目前，国内已经掌握了大型储罐的设计和建造技术。

以下将我国储罐的技术提高分主体材料、结构特点、施工与验收三个方面进行概括。

1. 主体材料

早期，我国便从国外引进了先进的储罐材料，例如秦皇岛输油公司引进了 $10\times10^4m^3$ 超大型浮顶储罐所用的 SPV50Q，现在所用材料为 SPV490Q，目前这种材料的屈服强度比 16MnR 高 40%，抗拉强度比 16MnR 高 20%；而且可焊性好，尤其是冲击功的实物值甚至超过了 200J(-15℃)，强度提高，降低了储罐壁厚，避免了现场无法实施的热处理，为储罐大型化奠定了坚实的基础，为国内储罐大型化发展指明了方向。受此启发，多年后，用 WH610D2 在燕山石化成功建造了 4 台 $10\times10^4m^3$ 超大型浮顶储罐。

2. 结构特点

（1）罐底

我国先后引进了 4 台超大型双盘浮顶储罐，罐底边缘板取值较厚，为 21mm，罐底中幅板均采用了带垫板的对接结构，边缘板与中幅板的焊接方式也是对接，而我国以前采用的焊接方式均为搭接，最先引用此技术的是秦皇岛输油公司。对接与搭接相比，对接具有焊缝强度高，抵抗变形的能力强，节约材料，焊缝成型美观，且适合自动焊的优点；同时具有对下料要求高，焊接变形不易控制的缺点。而大角焊缝采用了局部焊透的不等边结构，要求内角焊缝为凹形焊道，焊趾为圆滑过渡等。这些对于大型和超大型储罐来说，都是极为重要的技术举措。

（2）浮盘结构

浮盘的结构分为单盘和双盘，从国外引进的单盘浮顶与国内已有的 $5\times10^4m^3$ 大型单盘浮顶相比，单盘上增加了中央浮舱，单盘底部为了抗“风震”，增加了径向和环向加强筋，单盘与浮舱的连接由连接板取代了角钢，单盘上还设置了机械呼吸阀等附件。而引进的双盘浮顶结构为“W”形，国内此前拥有的结构为“V”形。新引进的结构比我国已有的结构更合理，因此在之后的超大型浮顶储罐的建设中大部分采用引进的结构。

3. 施工与验收

在 20 世纪 80 年代以前，焊条电弧焊是我们主要的施工手段。在秦皇岛输油公司引进之后，采用自动焊，与之前相比不仅效率提高了，焊缝的质量与外观都有了保证。此外，借鉴了接管焊后消除应力热处理的经验，以便于人员对储罐进行检修与清扫。

在引进以上技术后，国内依次建造了很多储罐，例如 2004 年，在湛江东兴炼油厂设计了 3 台 $12.5\times10^4m^3$ 超大型浮顶储罐，其内径 84.5m，罐高 24m；2005 年，$15\times10^4m^3$ 超大型浮顶储罐在江苏仪征建成，其内径100m，罐高21.8m，是当时国内最大的储罐，于2008年通过了技术鉴定和竣工验收，当年11月正式投产使用。本书主要介绍$10\times10^4m^3$的外浮顶储罐，某企业储罐区如图1-1-1所示。

图1-1-1　某企业储罐区

第二节　储罐的类型及适用范围

一、储罐的分类

（一）按建筑特点分类

储罐按建筑特点分类，可分为地上储罐、地下储罐、半地下储罐和山洞罐四种。

1. 地上储罐

地上储罐是在地面上露天建设的立式储罐和卧式储罐的统称。地上立式储罐的基础面标高，应高于储罐周围设计地坪0.5m及以上，地上储罐多为钢板焊接而成。

地上储罐的优点是：投资少，造价低，施工快，便于施工、操作和维修，日常管理方便。它的缺点是：占地面积大、油品蒸发损耗严重、火灾危险性大。一般的商业油库、油田和炼油厂的附属油库多建造地上储罐。地上储罐如图1-2-1所示。

图1-2-1　地上储罐

2. 地下储罐

地下储罐是指罐内最高油面低于储罐附近地面最低标高 0.2m 的储罐。

地下储罐的优点是：不易受大气环境温度的影响，隔热效果好，降低了油品的蒸发损耗和火灾危险性。当储存需要加热的油品时，能够降低油品热能的损耗。由于采用非金属材料建造，钢材耗量较少，隐蔽性比较强。它的缺点是：造价高，投资多，施工期长，操作、维修、管理不便，输送泵的吸入条件较差，对于建造的地区有局限性，不宜在地下水位较高的地区建造。由于这种储罐具有一定的对空隐蔽和防御能力，20 世纪 60 年代在我国强调战备的历史时期曾建造了不少这样的储罐，目前已很少建造。地下储罐如图 1-2-2 所示。

3. 半地下储罐

半地下储罐是指罐底埋入地下深度不小于罐高的一半，且罐内的液面不高于附近地面最低标高 2m 的储罐。其结构、适用油品和优点与地下储罐类似。这类储罐实际是地下储罐的改型，常利用此类储罐解决地下水位对罐高的限制。半地下储罐如图 1-2-3 所示。

图 1-2-2　地下储罐

图 1-2-3　半地下储罐

4. 山洞罐

山洞罐常建于人工开挖的山洞或天然洞穴中。其优点是：不占农田或占用农田很少，利用山体作为掩体有很强的防护能力，油品蒸发损耗小，火灾危险性小。缺点是：投资大、施工慢、洞内潮湿易腐蚀钢罐。这种储罐主要用于军用油库或国家储备库。

（二）按罐体材料分类

按罐体材料分类，储罐可分为金属储罐和非金属储罐两大类。

金属储罐主要用钢材建造，具有造价低、不渗漏、施工方便、不易产生裂纹、便于维修、安全可靠、承压能力强、耐用、适宜储存各类油品等优点。其缺点是，储存轻油时，易增加蒸发损耗；储存黏油加温时易损失能量、降低效率；易受腐蚀。

非金属储罐的种类很多，有砖储罐、石砌储罐、钢筋混凝土储罐，以及由耐油橡胶制成的玻璃钢储罐、软体储罐等。该类储罐防腐蚀性好、使用年限长、承受外压能力强，并且可以降低油品小呼吸蒸发损耗，有利于隐蔽和保温。但由于非金属材料抗拉强度低，储罐高度受到限制，对于大型储罐只能靠增加截面积解决，故占地面积大，而且造价高，不易清罐和检修，因此从各个方面综合考虑，目前我国多数油库已停止使用这类储罐或不再用之储存甲、乙类油品，也不再新建这类储罐。

（三）按形状和结构特征分类

储罐按形状和结构特征可分为立式圆柱形储罐、卧式圆柱形储罐和特殊形状储罐三大类。

立式圆柱形储罐是一种应用范围最广的储罐，它的承压能力有限，在 0.1MPa（表压）以下，大多属于常压储罐。立式圆柱形储罐根据储罐外壳是否封顶分为外浮顶储罐和内浮顶储罐，外浮顶储罐根据浮顶的结构又可分为单盘式外浮顶储罐和双盘式外浮顶储罐等类型。立式圆柱形储罐如图 1-2-4 所示。

图 1-2-4　立式圆柱形储罐

卧式圆柱形储罐的容积一般都比较小，通常用于生产环节或加油站。卧式圆柱形储罐环向焊缝采用搭接，纵向焊缝采用对接。圈板交互排列，取单数，使端盖直径相同。卧式圆柱形储罐的端盖分为平端盖和碟形端盖，平端盖卧式圆柱形储罐可承受 40kPa 内压，碟形端盖卧式圆柱形储罐可承受 0.2MPa 内压。地下卧式圆柱形储罐必须设置加强环，加强环用角钢煨制而成。优点：能够承受高压，易于运输，有利于工厂化制造，多用来储存需求量不大的油品，或用于工厂等小型油库。卧式圆柱形储罐如图 1-2-5 所示。

图 1-2-5　卧式圆柱形储罐

特殊形状储罐有球形储罐和滴状储罐等。这类储罐具有结构合理、受力状况好、承压能力强、钢材耗量小、降低油品蒸发损耗效果明显等特点，但由于施工困难、安装要求高、使用维护不方便，油库中极少采用，目前只有球形储罐被广泛应用于储存液化气和某些高挥发性的化工产品。

（四）按储存介质分类

储罐按储存介质压力可分为常压储罐、低压储罐和压力储罐（亦称压力容器）。低压储罐压力大于常压而低于 0.1MPa。

储罐按储存介质温度可分为高温储罐、常温储罐、低温储罐及深冷储罐。介质温度在90℃以上的为高温储罐，介质温度在-100～-20℃的储罐为低温储罐，介质温度在-100℃以下的储罐为深冷储罐。

此外，还可以根据储罐内盛装的介质或储罐的用途进行分类，例如储油罐、储气罐、原料罐、生产罐等。

二、储罐的适用范围

选择储罐类型时，应综合考虑储罐的储存容量、建造目的、使用条件、建造材料、建设投资以及储存油品的性质和建造地区的地形、环境等多种因素。

（1）从储罐安装位置考虑，在民用中转油库、分配油库及一般企业附属油库中，宜选用地上储罐。

（2）针对要求具有隐蔽性和具备一定防护能力的油库，如国家储备油库、某些军用油库，宜选用山洞储罐、地下储罐或半地下储罐。

（3）储存甲类和乙$_A$类油品如原油、汽油、溶剂油等的储罐，应选用浮顶储罐或内浮顶储罐。

（4）储存航空汽油、喷气燃料应选用内浮顶储罐；灯用煤油可选用内浮顶储罐。

（5）储存柴油、润滑油、电器用油、液压油、重油（燃料油）及与其性质相似的油品，应选用固定顶储罐。

（6）储存酸类、碱类介质宜选用固定顶储罐或卧式储罐。

（7）针对液氨常温储存应选用球形储罐或卧式储罐。

（8）液化烃、轻汽油（初馏点至60℃）和戊烷，常温储存时应选用球形罐或卧式储罐。

（9）芳烃、醇类、醛类、酯类及与其性质相似的介质，根据具体情况可选用内浮顶储罐或固定顶储罐、卧式储罐。

本书主要介绍$10\times10^4m^3$双盘式外浮顶原油储罐。

第三节　外浮顶储罐的结构与附件

一、外浮顶储罐的结构

外浮顶储罐由浮在罐内液体介质表面上的浮顶、立式圆筒形罐壁和罐底所构成。浮顶直接浮在液面上，当罐内储油量增加时浮顶上升，减少时浮顶下降。在浮顶外缘与罐内壁之间有一个环形空间，在环形空间加设随浮顶一起升降的密封装置。由于这种罐内油品液面始终被浮顶直接覆盖，使得罐内的原油与大气完全隔开，从而有效减少了油品的蒸发损耗，保证了安全。

外浮顶储罐的缺点：外浮顶储罐直接暴露于大气中，储存的油品容易被雨雪、灰尘等污染，所以多用来储存原油，较少用于储存成品油。国内外浮顶储罐一般规格见表1-3-1。

表 1-3-1　外浮顶储罐一般规格

容积/10^4m^3	1	2	3	5		5.5	10	12.5		15
罐高/m	15.85	17.43	19.6	19.35	21.8	21.32	21.8	24	21.8	21.8
罐直径/m	28.5	40.5	46	60	60	60	80	84.5	90	100

（一）罐底结构

罐底中部钢板称为中幅板，边缘较厚的一圈钢板称为边缘板。边缘板可采用由矩形的中幅板和边缘板组成的条形排板方式，也可以采用周边为弓形边缘板的排板方式。中幅板的厚度根据罐底的寿命和储罐的结构决定，不包括罐底腐蚀裕量的罐底中幅板的最小公称厚度应不小于表 1-3-2 的规定。边缘板的排板方式依据储罐的直径、储量及罐底板焊接的第一节壁板的材质而定。一般来说，储罐的内径<12.5m 时，罐底周边宜采用条形边缘板，罐底不设环形边缘板；储罐内径≥12.5m 时，罐底周边宜采用弓形边缘板，罐底设环形边缘板。储罐罐底如图 1-3-1、图 1-3-2 所示。

表 1-3-2　中幅板的最小公称厚度

储罐内径/m	$D \leq 10$	$D>10$
中幅板最小公称厚度/mm	5	6

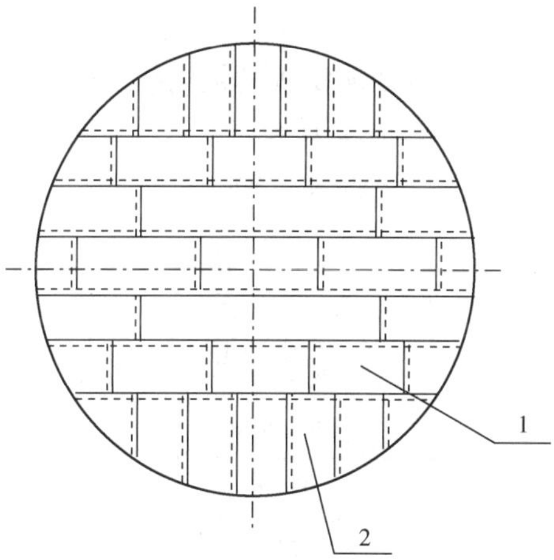

图 1-3-1　不设环形边缘板罐底结构
1—中幅板；2—非环形边缘板

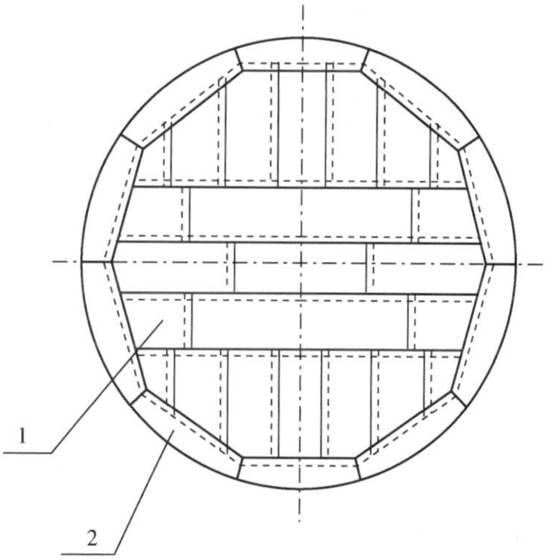

图 1-3-2　设环形边缘板罐底结构
1—中幅板；2—环形边缘板

外浮顶储罐的容积一般都比较大，故其底板均采用弓形边缘板。外缘为圆形，内缘为正多边形或者圆形的边缘板称为环形边缘板；当边缘板外缘为圆形，内缘为正多边形时，其边数应该与边缘板的块数相同。除腐蚀裕量外，储罐罐底环形边缘板的厚度应符合表 1-3-3 的规定。对于 $10\times10^4m^3$ 的外浮顶储罐，其罐底板的选用规格为 20mm×1600mm×6300mm，罐底中幅板的规格为 11mm×3000mm×14800mm。

表 1-3-3 环形边缘板厚度

底圈罐壁板名义厚度/mm	环形边缘板厚度/mm	
	底圈罐壁板标准屈服强度下限值/MPa	
	≤390	>390
≤6	6	—
7~10	7	—
11~20	9	—
21~25	11	12
26~30	12	16
31~34	14	18
35~39	16	20
≥40	—	21

大型储罐的边缘板多数采用低合金高强度的钢材。例如：SPV490Q、12MnNiVR、08MnNiVR 等。中幅板和垫板及插入板常采用的材料是 Q235B，边缘板的钢材以 12Mn 为主。与罐壁连接的罐底边缘板采用国产高强度钢板 12MnNiVR，并且罐底边缘板的选用材料要与底圈罐壁板所选用的材料相同。罐底中幅板宜采用碳素结构钢，如 Q235B 钢板。

(二) 罐壁结构

1. 罐壁板

$10\times10^4m^3$的原油储罐罐壁由 9 层罐壁板构成，相邻的两块罐壁板的纵向接头应相互错开，并且距离不得小于 300mm，每层的罐壁板采用的材料均应有所差异。但是，对整个储罐罐壁钢板规格的选择，要充分考虑预制施工能力、经济合理性和运输条件，宜选用大规格钢板。$10\times10^4m^3$储罐罐壁板钢材的选择见表 1-3-4。

表 1-3-4 $10\times10^4m^3$ 储罐罐壁板钢材的选择

罐体板材名称	板材型号
1~6 层	12MnNiVR
7 层	Q345R
8~9 层	Q235B

储罐罐壁的下部应采用高强度的钢板，罐壁的上部由强度决定厚度的罐壁部分采用碳素结构钢，例如 12MnNiVR，由刚度决定厚度的罐壁部分采用 Q235B 钢板，高强度钢板与碳素结构钢之间的过渡部分采用低合金钢。

罐壁作为储罐的主要受力构件，它要承受由液体给的环向拉应力，液体压力随着液位的升高而增加，因此，罐壁上部的拉应力远大于罐壁下部的拉应力，故罐壁钢材的厚度沿储罐的高度自下而上逐渐增大。

为达到保证储罐内表面平整的目的，储罐罐壁焊缝均采用对接的方式，并应将焊缝打磨光滑，以防止划损浮顶密封装置。

2. 抗风圈、加强圈

由于外浮顶储罐上部为敞口而缺乏足够强的加强构件，为增加壁板上口的刚度和强度，根据所在地区的风载大小，须在储罐罐壁增设抗风圈和加强圈，以保持储罐经受风载荷时的圆度。抗风圈的作用是防止储罐因为风力太大而导致罐体变形。增设加强圈的目的：增强储罐的刚性和稳定性。储罐抗风圈、加强圈如图 1-3-3、图 1-3-4 所示。

$10\times10^4m^3$原油储罐抗风圈一般设置于储罐顶部，加强圈设置于储罐中上部。

图 1-3-3　储罐抗风圈

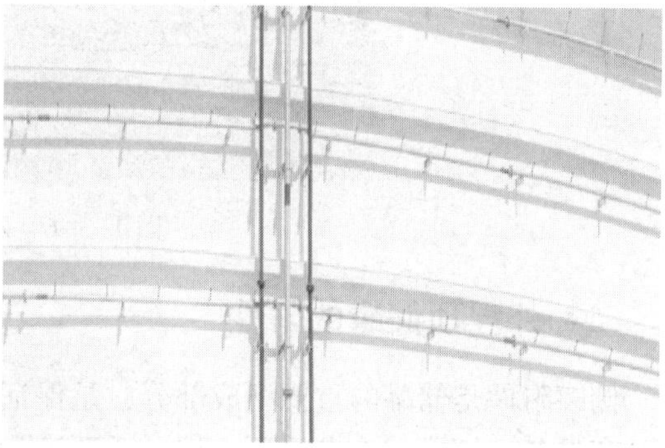

图 1-3-4　储罐加强圈

（三）浮顶结构

储罐的浮顶根据浮盘的数量分为单盘和双盘。

1. 单盘式浮顶结构特征

单盘式浮顶与油品直接接触，浮顶随油品的进出而升降。单盘式浮顶具有质量轻、耗材少、施工方便的特点。

2. 双盘式浮顶结构特征

双盘式浮顶由上、下两层盖板组成，两层盖板之间由边缘板、径向板和环向隔板分隔为若干个互不相通的浮舱。双盘式浮顶结构示意图如图 1-3-5 所示。

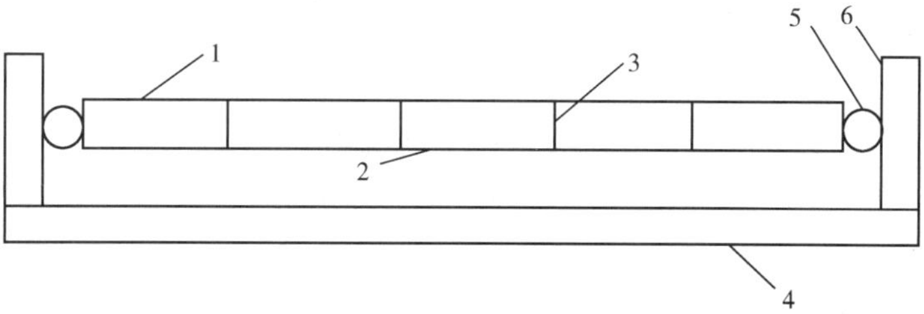

图 1-3-5　双盘式浮顶结构示意图

1—上盖板；2—下盖板；3—环向隔板；4—罐底；5—密封装置；6—罐壁

双盘的优点是浮力大，可耐积雪荷载，而且排水效果良好，由于双层部分绝热效果好，罐内油料的热损失很少(因条件的不同，多少有所差异，油温为 60℃时热损失仅为单盘式浮顶储罐的 1/3 左右)。缺点是耗费金属较多，加工费也较高。北方寒冷地区尤其适合采用双盘式浮顶。双盘式浮顶如图 1-3-6 所示。

图 1-3-6　双盘式浮顶

二、外浮顶储罐的附件

储罐附件是储罐的重要组成部分，是保证储罐正常、安全地收发油品和储存油品的重要配套设备。储罐上设有浮顶支柱、浮顶密封系统、中央排水系统、人孔等设施。双盘式浮顶储罐结构示意图如图 1-3-7 所示。

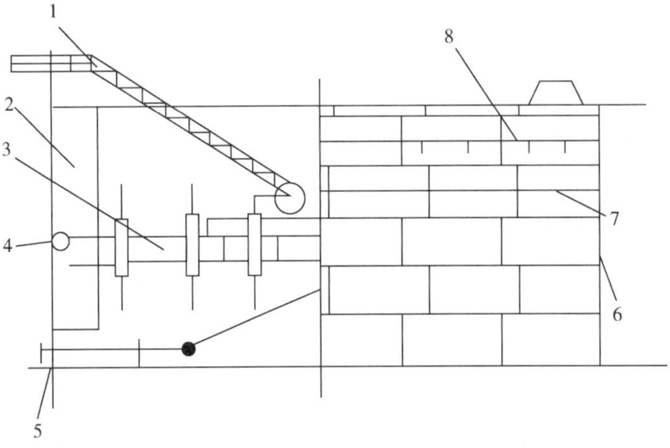

图 1-3-7　双盘式浮顶储罐结构示意图

1—转动浮梯；2—量油管；3—双盘式浮顶；4—密封装置；5—罐底板；6—罐壁；7—加强圈；8—抗风圈

（一）人孔

储罐的浮顶、罐壁均设有人孔。

1. 浮顶人孔

以 $10\times10^4m^3$储罐为例，浮顶上设置 4 个人孔。浮顶人孔的最小直径为 600mm。

浮顶人孔的作用：在储罐排空后，对储罐内部进行通风。同时便于人员从储罐顶部进入进行储罐的检查与维修。

浮顶人孔的结构要求：安装高度不得小于 300mm，应设置带有一个通向储罐底部的直梯，便于人员进出储罐。在直梯下端与储罐罐底板之间应留有足够的距离。此外，浮顶人孔还应有垫片和用螺栓紧固的人孔盖。浮顶人孔如图 1-3-8 所示。

2. 罐壁人孔

外浮顶储油罐在储罐罐壁设置有人孔，人孔的直径通常为 600mm。储罐的罐壁人孔数量根据储罐容量决定。本书主要介绍的 $10\times10^4m^3$储罐应设置 3 个人孔。

罐壁人孔的作用：在对储罐进行建造、清洗、检查、内部维护保养等时，方便人员进出储罐。

罐壁人孔的结构要求：多数安装在储罐罐壁的最下层圈板上。人孔的中心与储罐罐底的距离约 700mm，人孔距离储罐圈板焊缝的距离不得小于 500mm。在储罐的浮顶人孔、罐壁人孔处应注意原油渗漏问题，加强板和法兰要避免拼接，尽量在整块钢板上切割，在施工过程中，要保护法兰和盖板上的密闭圈。在人孔盖上紧螺栓时，为避免盖板变形，要做到对角均匀用力。储罐罐壁人孔如图 1-3-9 所示。

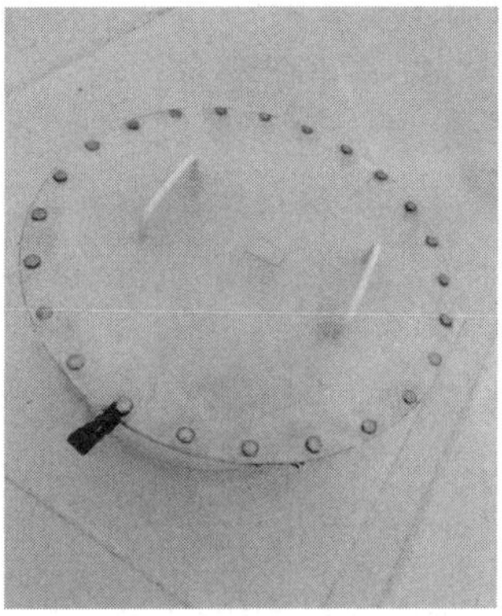

图 1-3-8　浮顶人孔

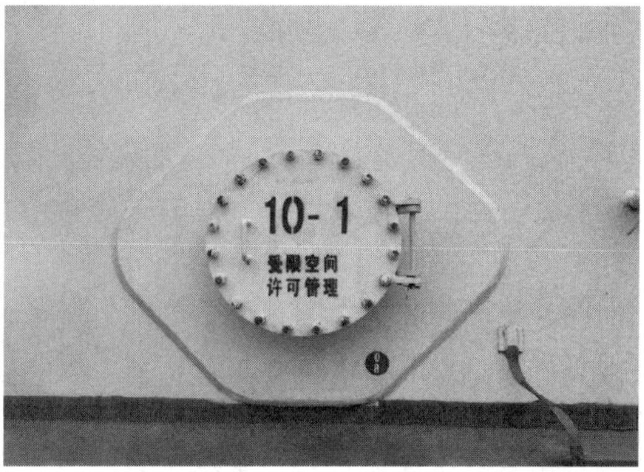

图 1-3-9　储罐罐壁人孔

（二）浮顶支柱

浮顶支柱环向分布安装于浮顶下部。$10\times10^4m^3$储罐设置有 186 根浮顶支柱。浮顶支柱如图 1-3-10 所示。

设置浮顶支柱的目的有两个：一是当液面处于较低位置时，浮顶随之下降并支撑于支柱上，以免浮顶与罐内附件相碰撞；二是在检修时，浮顶支于支柱上，以便检修人员由人孔进入浮顶与罐底之间的空间内进行检修或清扫罐底沉积物。

浮顶支柱的最小安装高度应满足施工和检修的需求，为保证浮顶支柱的稳定，长细比不应大于 150。浮顶外边缘底部距罐底上表面的垂直距离不宜小于 1.8m。支柱上安装密封护套，以免油气受温度影响，从支柱与套管的间隙中挥发到大气中。

支柱套管伸出浮顶上表面的高度应高于浮顶最大允许积水量时的积水液面，且不应使储液溢流到浮顶上。

图 1-3-10　浮顶支柱

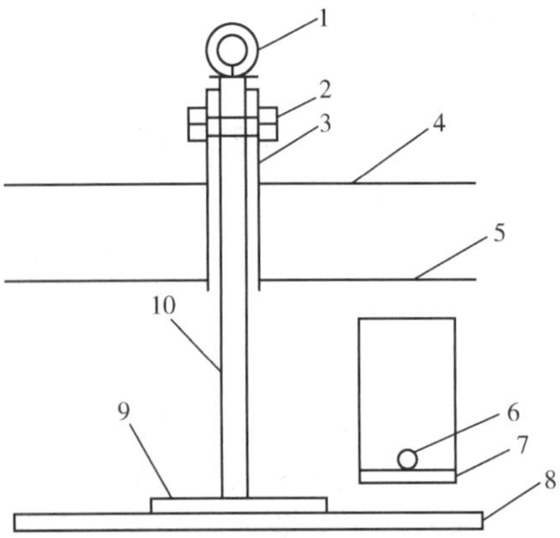

图 1-3-11　浮顶支柱结构示意图

1—支柱吊环；2—定位销；3—护套管；4—上盖板；5—下盖板；6—放水孔；7—盲板；8—储罐罐底板；9—支柱垫板；10—支柱

支柱套管浸入储液的深度不应小于 100mm。用钢管制作的支柱上端应盲死，下端应盲死或开设排油口。支柱与套管上端的间隙处应安装密封护套，以免受温度影响，原油中的 VOCs(挥发性有机物)通过支柱与套管的间隙进入大气，对环境造成污染。在浮顶支柱上也应安装定位销，日常检查时要注意定位销是否锈蚀、密封护套是否开裂。支柱通过浮顶处应局部加强。浮顶支柱结构如图 1-3-11 所示。

（三）中央排水系统

中央排水系统的作用：实现雨水及时从罐顶经其流出，以免雨水在浮盘上聚积而造成浮顶沉没。

中央排水系统的组成：中央集水坑、单向阀、中央排水管、罐壁结合管、切断阀。

中央集水坑：中央集水坑是浮顶上雨水及雪水的汇集处。雨水及雪水通过中央集水坑进入中央排水管中。在集水坑表面设有过滤网罩，目的是防止杂物进入排水管。中央集水坑如图 1-3-12 所示。

单向阀：单向阀装设于中央集水坑内。材料不得选用铸铁件。作用：一是只允许雨水及雪水通过集水坑进入中央排水管，起到了过滤杂物的作用；二是当排水系统渗漏时，防止储罐内的原油通过中央排水管逆流到集水坑或者浮顶上。

中央排水管：中央排水管是雨水从储罐罐顶排到罐外的通道。以 $10\times10^4 m^3$ 储罐为例，设有 2 根中央排水管。结构：排水管的上端与中央集水坑相连，下端与通向罐外的排水单向阀相连。为防止浮盘上下升降时发生脆性损坏，应选用柔软、耐疲劳抗断裂性能强的排水管。在排水系统的胶管内应装设不少于两圈且最小半径为 3mm 的弹性钢丝，选用高碳钢材料。此钢丝与橡胶软管硫化为一体，以此来确保软管的耐原油浸泡、承压及自动复位能力。排水管的上端与设于浮顶的集水坑相连，下端与通向罐外的排水阀相连。中央排水管如图 1-3-13 所示。

图 1-3-12　中央集水坑

图 1-3-13　中央排水管

罐壁结合管：是储罐内部与外部的连接桥梁，通过罐壁结合管将排水管通到罐外。

切断阀：储罐外部设有切断阀，安装于中央排水管的出口处。切断阀的材料不得选用铸铁件。作用：当中央排水管泄漏时，通过切断阀，可以关闭整个中央排水系统，从而达到避免储罐原油外泄、降低火灾危险性、减少环境污染的目的。

（四）紧急排水装置

紧急排水装置又称事故排液口，是浮顶储罐的重要附件。

紧急排水装置及其内部如图 1-3-14、图 1-3-15 所示。

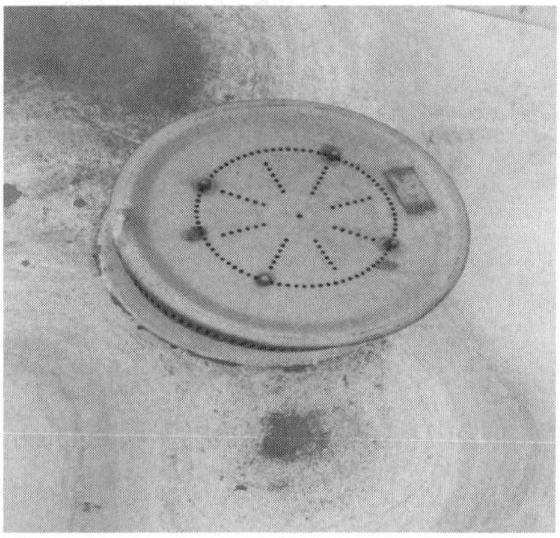

图 1-3-14　紧急排水装置

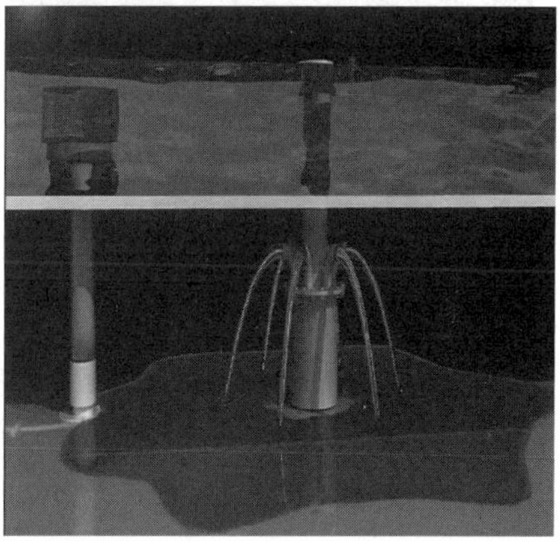

图 1-3-15　紧急排水装置内部

紧急排水装置作用：中央排水系统失效时，罐顶积水通过紧急排水装置直接排入罐内，避免浮顶沉没。

紧急排水装置组成：过滤积水罩、排水管、密封系统及水封槽等。

紧急排水装置结构：紧急排水装置的数量与规格，由储罐所在地区的降雨强度决定。为避免储罐内原油倒流，紧急排水装置具有水封和防止储液倒流的功能。

紧急排水装置原理：当积水超过储罐浮顶荷载设计，超载的积水通过过滤网进入排水管中，利用水的冲击力，促使转子翻转，进行紧急排水，避免事故发生。

（五）导向装置

导向装置作用：防止浮顶在不均匀载荷如雨载或者储罐进出油时的扰动、转动浮梯的推力等作用下发生偏移和转动，确保浮顶能保持中心位置。

导向装置结构：原油储罐的导向装置是由轴向、径向的两根导向管组成，导向管的上端固定在支架上，下端固定在罐壁上。其中一根导向管兼作量油管使用。导向管穿过浮顶的部位设有直径较大的套筒，套筒的上部设有活动的密封部件。储罐导向管(量油管)如图 1-3-16 所示。限位装置与导向管间要留有 5~10mm 的距离，以适应浮顶罐罐壁形状偏差和导向管直度偏差引起的微小偏移和转动。导向管上端与固定支架连接时，应采取较弱的连接结构。导向装置宜采用滚动摩擦结构，当发生意外事故时，此处先破坏或发生位移，减少对罐壁的影响。储罐限位装置如图 1-3-17 所示。

图 1-3-16　导向管(量油管)

图 1-3-17　储罐限位装置

(六) 自动通气阀

自动通气阀的作用：当浮盘降到罐底时，自动通气阀开启，空气进入浮盘内使罐内油品能被抽出；相反，在浮盘未浮起之前储罐进油时，通过自动通气阀排出浮盘与油面之间的气体。自动通气阀如图 1-3-18 所示。

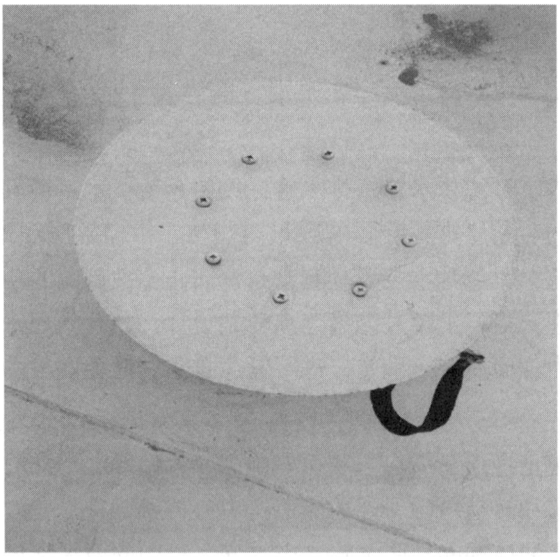

图 1-3-18　自动通气阀

自动通气阀结构：自动通气阀安装于储罐顶部，其数量及流通面积根据收发油时的最大流量决定。自动通气阀阀盖的开启高度应满足阀盖与阀体之间的流通面积大于阀体通径提供的流通面积的要求。若选用材质为钢管的阀杆，则必须做到其中一点：一是将钢制阀杆的两端盲死；二是将钢制阀杆上端盲死，下端开设能排出积液的缺口。自动通气阀与浮顶之间要做电气连接。自动通气阀的结构示意图如图 1-3-19 所示。

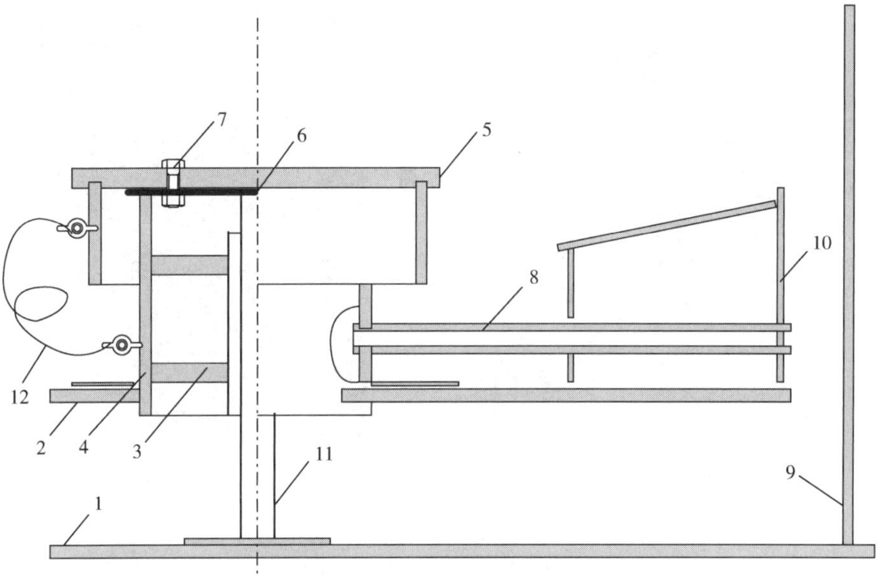

图 1-3-19　自动通气阀的结构示意图

1—罐底；2—浮顶板；3—加强筋板；4—阀体；5—阀盖；6—密封垫板；7—固定螺栓；8—密封通气管；9—罐壁；10—浮舱；11—支柱；12—静电导线

（七）呼吸阀阻火器

呼吸阀作用：呼吸阀是用于降低储罐内挥发性液体蒸气损耗并用来保护储罐不受超压或真空破坏的安全设施，同时也有利于减少气体向外散发。

阻火器的作用：阻火器是一种由能够通过气体、具有许多细小通道或缝隙的材料组成的阻火元件。火焰进入阻火器会被元件分成许多细小的火焰流，由于传热或器壁效应，造成火焰熄灭，起到保护作用。

以 $10\times10^4m^3$ 储罐为例，储罐罐顶采用呼吸阀阻火器一体的设备。

呼吸阀阻火器的原理：当储罐处于进油状态时，储罐的罐内压力会达到储罐的设计压力，此时压力阀阀盘会被顶开，促使气体从罐内排出，从而使储罐内的压力不再上升；当储罐处于外输状态时，储罐的罐内压力将低于储罐设计的允许真空压力，此时大气压力会顶开真空阀盘，进入储罐内部，从而使压力不再下降，达到避免储罐抽瘪的目的。呼吸阀阻火器的排气压力不得超过储罐的设计压力，进气压力不得小于储罐的设计负压力。

呼吸阀阻火器及其内部如图 1-3-20、图 1-3-21 所示。

（八）浮梯及轨道

浮梯作用：储罐的转动浮梯设置于浮顶与储罐罐壁顶部平台之间，是两者的连接通路。具有便于操作人员通过转动浮梯到罐顶对密封装置、中央排水阀、浮顶支柱等附件进行检查，维修的作用。转动浮梯如图 1-3-22 所示。

图 1-3-20　呼吸阀阻火器

图 1-3-21　呼吸阀阻火器内部

图 1-3-22　转动浮梯

浮梯结构：转动浮梯的通道净宽度不小于 650mm。能随浮顶的升降而在浮顶上滑动。当储罐外输油品时，储罐浮顶将下降，当下降到最低位置时，转动浮梯的仰角不超过 55°；当储罐进满油时，浮梯处于最高位置，此时浮梯不与浮顶上其他附件相碰。为达到当浮梯处于任何位置时，中点都能够承受 5kN 集中荷载的目的，浮梯必须具备足够的强度和刚度。沿浮梯全长两侧设有栏杆和扶手。浮梯的踏步板在浮顶活动过程中始终能够自动保持水平并且具有足够的刚度和防滑性。滚轮应选用与轨道摩擦或碰撞不产生火花的材质。转动扶梯与罐体及转动扶梯与浮顶这两处应做电气连接，连接导线应采用横截面积不小于 $50mm^2$ 的扁平镀锡软铜复绞线或绝缘阻燃护套软铜复绞线。

轨道结构：轨道可采用槽钢或角钢制造，在风力作用下，轨道结构应保证不发生浮梯脱轨现象，其安装位置及长度由滚轮轨迹确定，两端留有裕量。轨道要有足够的刚度确保浮梯能够处于适当的位置。浮梯及轨道如图 1-3-23 所示。

(九) 浮顶密封装置

浮顶密封装置作用：一是保证储罐的严密性；二是当储罐储存具有易挥发性的油品时，减少油品挥发和环境污染。

图 1-3-23 浮梯及轨道

浮顶密封装置结构：双盘式外浮顶储罐广泛使用的密封装置由两部分组成，分别是一次密封和二次密封，其中二次密封安装于一次密封顶部。浮顶的密封装置以一次密封为主，二次密封为辅。密封装置选用的材料要具有耐油、耐腐蚀、不污染油品的性能。

1. 一次密封

一次密封的密封形式一般分为：机械滑板式密封(重锤式、弹簧板结构式)、弹性填充式密封(三芯弹性软密封、充液式密封)。

一次密封结构：目前国内大型浮顶储罐广泛使用的是三芯弹性软密封结构，其组成包括：橡胶密封带、弹性元件、支撑组合件和密封托板等。三芯弹性软密封结构具有运行安全可靠，适用范围广等特点。一次密封结构如图 1-3-24 所示。

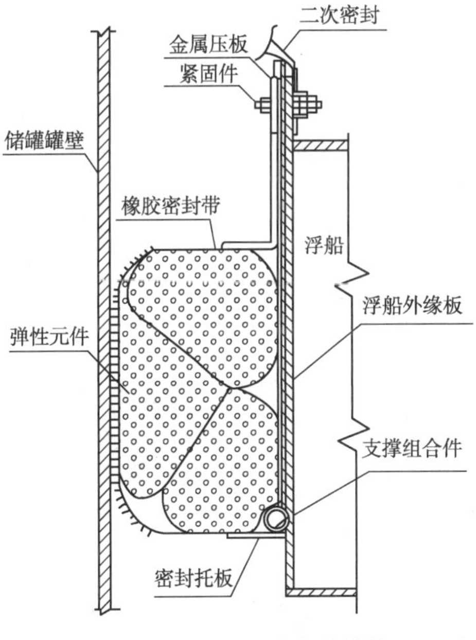

图 1-3-24 一次密封结构

一次密封原理：金属支撑组合件和密封托板等金属构件使橡胶密封带呈规则的囊形，橡胶密封带因其中填充的弹性元件紧贴罐壁，采用浸原油的密封形式，从而不会产生油气空间，有效降低了油品挥发损耗。

2. 二次密封

二次密封作用：大型浮顶储罐储存的油品通过罐壁板与浮顶边缘板之间的环形空间挥发到空气中，这是油品发生损耗的主要形式之一。在一次密封的作用下，可以减少 75% 的油气挥发，当一次、二次密封搭配使用时，可以至少减少 95% 的油气挥发，密封效果显著。

二次密封结构组成：橡胶密封刮板、L 形压条、Z 形压条、承压板、防蒸发隔膜、槽形压条等。二次密封的紧固件等部件采用不锈钢材质。橡胶密封刮板宜采用 L 形结构，保证刮板与罐壁之间形成良好接触；当采用其他结构时，密封油气空间不应存在金属凸出物。二次密封的橡胶密封刮板应具有良好的耐磨性和耐油性。二次密封安装后应平整，承压板之间间隙均匀、搭接严密。橡胶密封刮板与罐壁应贴合严密、无缝隙，且具有足够的调节能力以适应罐壁与浮顶周边环形间隙尺寸上的偏差。二次密封结构如图 1-3-25 所示。

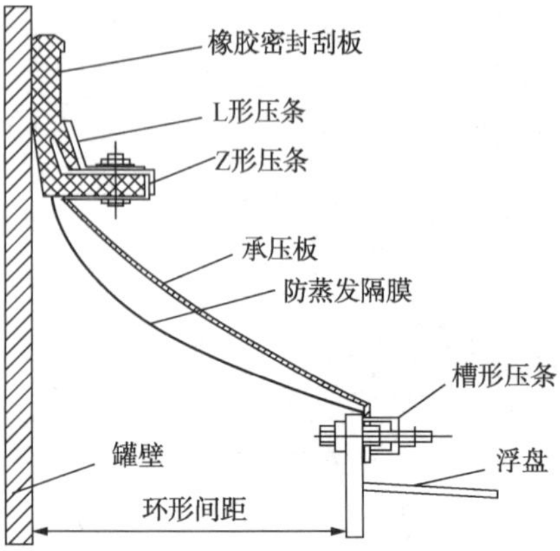

图 1-3-25 二次密封结构

二次密封原理：承压板等金属件将橡胶滑片压紧罐壁，使橡胶滑片能够将附着在罐壁上的蜡刮去，气体阻隔膜起到了良好的密封作用，阻断罐内环形空间以内的油气向罐外泄漏，导静电片能够将橡胶滑片与罐壁摩擦产生的静电及时导出。

（十）防雷防静电装置

1. 静电导出装置

静电导出装置作用：静电导出装置是使用数根软铜绞线，对浮顶和罐体及储罐相关附件进行电气连接，用于消除浮顶与罐体之间的电位差，避免静电引发安全事故。一般情况下，软铜绞线上部连接罐顶平台，并沿转动浮梯到达罐顶，软铜绞线下部则与浮顶连接。

静电导出装置结构要求：外浮顶储罐做电气连接应选用两根横截面积不小于 $50mm^2$ 扁平镀锡软铜复绞线或绝缘阻燃护套软铜复绞线；外浮顶储罐每条排水管均应利用截面积不小于 $50mm^2$ 的扁平镀锡软铜复绞线的跨接线。

2. 接地极

接地极作用：接地极是用来消除雷击、静电所带来的危害的装置。储罐做防雷接地用来降低雷击电的电位、反击电位和跨步电位。储罐的防雷接地极如图 1-3-26 所示。

接地极结构要求：沿储罐周长的间距不宜大于 18m，接地电阻不宜大于 4Ω，接地点不少于两处。在距离地面 0. 3~1. 0m 处应装设断接卡，断接卡与接地极的连接应可靠。

（十一）雷达液位计

雷达液位计是用于测量储罐液位的设施。

雷达液位计原理：雷达液位计向液体发射雷达波，遇到介质后雷达波被反射回，通过内部计算液位高度。雷达液位计如图 1-3-27 所示。

图 1-3-26 储罐的防雷接地极

图 1-3-27 雷达液位计

（十二）外贴式超声波液位开关

外贴式超声波液位开关作用：在储罐罐壁监测储罐液位。外贴式超声波液位开关是构成油库"四个系统"中安全仪表系统的一部分。在储罐上部和下部分别安装 3 个高液位开关和 3 个低液位开关，高液位开关用来检测储罐收油时是否达到允许最大收油量，防止发生溢罐；低液位开关用来检测储罐付油时是否达到储罐输空状态，防止发生储罐抽瘪现象。通常采用"三取二"的模式来采取紧急措施，将危险和损失降到最低。

外贴式超声波液位开关原理：外贴式超声波液位开关传感器会产生高频超声波脉冲穿过储罐罐壁，此脉冲在储罐罐壁和储罐内的原油中传播时会被反射回来。通过对超声波脉冲的反射特性的检测和计算，可以判断出监测点处储罐内是否有原油。同时后级电器或其他设备可以接收到液位控制器输出的继电器信号，从而实现对液位的监测。保障储罐在收发油时罐内液位处在一个安全的状态，防止付油时油罐抽瘪或收油时溢罐等事故的发生。外贴式超声波液位开关如图 1-3-28 所示。

（十三）波纹管补偿器

波纹管补偿器作用：使大型储罐与其相连接的管线系统因基础不均匀沉降、管道热胀冷缩和地震影响等原因产生的相对位移得到适当补偿，合理调节储罐与输油管线连接处的受力情况，最大限度地降低应力集中，保证储罐与其相连接的进出口系统管线的安全运行。波纹管补偿器如图 1-3-29 所示。

图 1-3-28　外贴式超声波液位开关

图 1-3-29　波纹管补偿器

波纹管补偿结构组成：波纹管、网套、接头。波纹管是一种具有弹性和吸收变形补偿位移的金属软管，作为主体结构波纹管起着挠性的作用；网套为主要承压部位，对波纹管起保护作用，同时起着加强、屏蔽的作用；接头起着连接的作用。

（十四）盘梯、平台和栏杆

盘梯是为操作人员上罐检查、检尺而设置的附件。

盘梯净宽度不小于 65mm，盘梯的最佳升角为 45°，最大升角为 50°，处于同一罐区内的盘梯升角大小一致。踏步板表面为格栅板或防滑板，宽度不小于 200mm，整个盘梯所有的踏步板高度一致。盘梯外侧设有栏杆。盘梯如图 1-3-30 所示。当检尺平台与地面的距离超过 10m 时，在盘梯中间处应设休息平台。

图 1-3-30　盘梯

平台与栏杆结构设计应满足下列要求：平台和走道的净宽度不小于 650mm。选用格栅板或者防滑板作为铺板，若采用防滑板，要开设排水孔。在大型储罐盘梯进口处，应设置安全有效的人体静电释放装置。

（十五）牺牲阳极

牺牲阳极作用：可以干扰腐蚀，是保护金属防腐的有效手段。

牺牲阳极原理：通过施加外加的电动势把电极的腐蚀电位移向氧化性较低的电位而使腐蚀速率降低。在金属构筑物上连接或焊接电位较负的金属（如锌、镁），阳极材料不断消耗，释放出的电流供给被保护金属构筑物阴极极化，从而起到保护作用。牺牲阳极如图 1-3-31所示。

（十六）量油口

量油口作用：测量罐内油面高低和调取油样的附件。

量油口结构特点：测量孔的直径为 150mm，设有能密闭的孔盖和松紧螺栓，为防止关闭时孔盖与铁器撞击产生火花，在孔盖的密封槽内嵌有耐油胶垫或软金属（铜或铝）。由于测量用的钢卷尺接触出口容易摩擦产生火花，在孔管内侧镶有铜（或铝合金）套，或者在固定的测量点外装设不会产生火花的有色金属导向槽（投尺槽）。为保证检尺时每次都沿同一位置下尺，减少测量误差，在量油孔内壁的一侧装有铝制或铜制的导向槽。正对量油孔下方的储罐底板不应有焊缝，必要时可在该处焊接一块计量基准板，以减少各次测量的相对误差。量油口如图 1-3-32 所示。

图 1-3-31　牺牲阳极

图 1-3-32　量油口

（十七）光纤光栅

光纤光栅作用：光纤光栅具有实时发现火灾的作用。

光纤光栅结构：是一种通过一定方法使光纤纤芯的折射率发生轴向周期性调制而形成的衍射光栅，是一种无源滤波器件。由于光纤光栅具有体积小、熔接损耗小、能埋入智能材料等优点，且其谐振波长对温度、应变、折射率、浓度等外界环境的变化比较敏感，故在光纤通信和传感领域被广泛应用。外浮顶储罐具有光纤光栅报警系统。光纤光栅报警系统是感温型报警系统，每隔 3~6m 设置一个传感器，检测信号传至控制室。光纤光栅如图 1-3-33 所示。

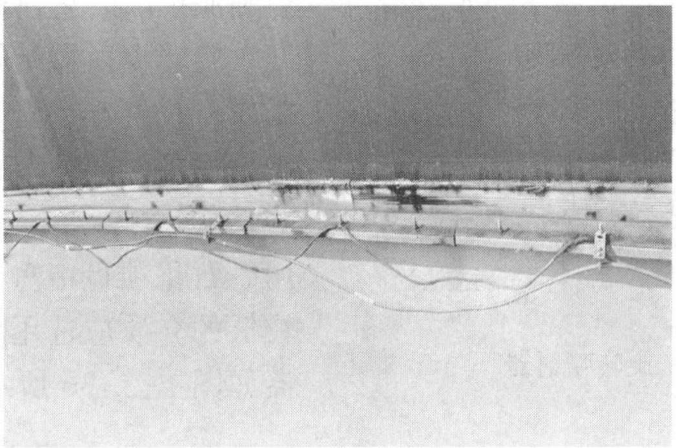

图 1-3-33　光纤光栅

（十八）测厚点

测厚点作用：通过对储罐罐壁进行测厚以检验储罐是否因为腐蚀等原因厚度发生变化。

储罐罐顶和罐壁测厚位置要求：罐壁下部两圈壁板的每一块板沿竖向至少测 2 个点，其他圈板可沿盘梯每圈板测 1 个点；浮顶储罐罐顶每块板至少 1 个测厚点。测厚点应固定，在罐体上做好标记，按编号做好测厚记录或报告，内容应包括测厚点布置图及编号。罐壁测厚点布置及标识如图 1-3-34、图 1-3-35 所示。

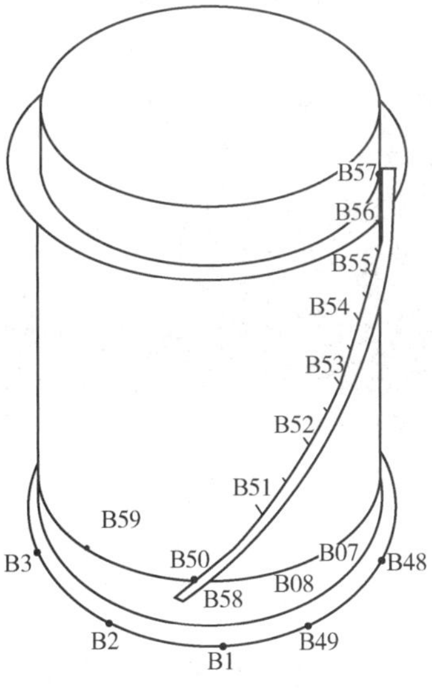

图 1-3-34　罐壁测厚点布置

图 1-3-35　罐壁测厚点标识

（十九）搅拌器

搅拌器作用：将罐底沉积物进行搅拌，避免储存物质出现堆积现象。在大型储罐中常

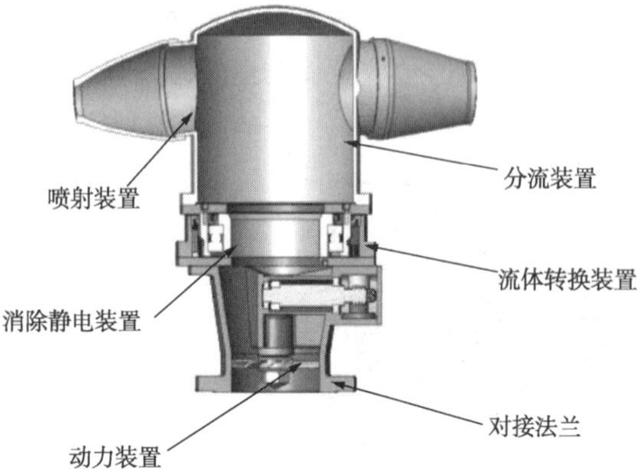

图 1-3-36　旋转喷射器

用的储罐搅拌设备为旋转喷射器。

旋转喷射器工作原理：在储罐进口处设置单喷嘴或多喷嘴，使油品在罐内由喷射旋流扩散以达到均匀混合的目的。

旋转喷射器结构特点：设备简单，易操作，投资小，管理方便，无须维护，减少泵循环时间，节省能源，降低蒸发损耗等。近年来，在石化行业中得到广泛应用。石化项目中重油含固量少、黏度相对较低的介质应选用旋转喷射器。旋转喷射器如图 1-3-36 所示。

（二十）泡沫堰板

在浮顶储罐环形空间处应设置消防泡沫堰板。

泡沫堰板作用：围封泡沫，将泡沫的覆盖面积限制在罐壁与浮顶之间的环形空间内，减少泡沫覆盖面积。

泡沫堰板结构：浮顶储罐消防泡沫堰板主要由泡沫堰板、边缘角钢和支撑角钢组成。消防泡沫堰板位于浮顶边缘舱的浮顶板上，距罐壁一定距离，沿圆周方向在浮顶上布置一圈。泡沫堰板与罐壁之间形成一个环形空间，用以存储消防泡沫液。泡沫堰板如图 1-3-37 所示。

（二十一）泡沫产生器

泡沫产生器作用：当发生火灾时，可以产生泡沫，隔绝氧气，降低燃烧物表面的温度，可有效扑灭火灾。泡沫产生器如图 1-3-38 所示。

图 1-3-37　泡沫堰板

图 1-3-38　泡沫产生器

泡沫产生器结构：泡沫喷射口设置方式分为两种，其一为传统的罐壁顶部设置方式，其二为喷射口设置在浮顶上。目前常见的大型原油储罐泡沫产生器设置在罐壁顶部，少部分泡沫喷射口设置在浮顶的密封或挡雨板上方，$10\times10^4m^3$储罐设置泡沫产生器 12 个。

泡沫产生器原理：泡沫通过固定于储罐底部的入口管和可盘起来的耐压软管，穿过油层将泡沫混合液输送到分配器，再通过钢管将其输送到设置于周边的若干泡沫产生器，最后通过泡沫喷射口将泡沫直接施加到密封区上方灭火。

（二十二）可燃、有毒气体报警器

可燃、有毒气体报警器作用：检测硫化氢的浓度，是保证生产和人身安全的重要仪表。

可燃、有毒报警器结构组成：检测传感器、放大电路、报警系统、显示仪表等。

可燃气体报警器工作原理：分为催化型和红外光学型。大型外浮顶原油储罐通常采用红外光学型。它是利用红外传感器通过红外线光源的吸收原理来检测现场环境可燃气体浓度的。

硫化氢报警器包括气体探测器和气体报警控制器两部分。一般探测器都放在使用、储存硫化氢的现场，控制器放于室内，一旦出现泄漏，人员能够早发现、早通知，避免事故的发生。可燃气体报警器高报的气体浓度设定值为25%LEL，高高报的设定值为50%LEL。有毒气体报警器高报的气体浓度设定值为6ppm，高高报的设定值为12ppm。可燃、有毒气体报警器如图1-3-39、图1-3-40所示。

图1-3-39　可燃气体报警器

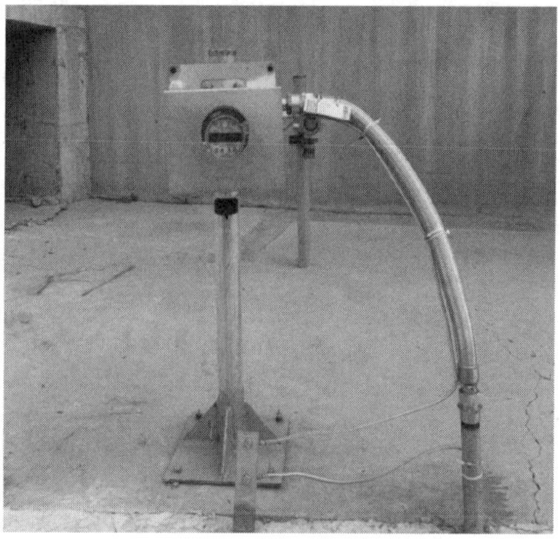

图1-3-40　有毒气体报警器

（二十三）紧急切断阀

根据《油气储存企业安全管理指南（试行）》要求，大型地上常压储罐（公称直径大于或等于30m或公称容积大于或等于10000m^3的储罐，不含低温储罐）应按照《油气储存企业紧急切断系统基本要求》设置紧急切断系统。即所有与储罐直接相连的工艺物料进出管道上均应设置紧急切断阀，其应该设置在储罐与柔性连接之间，并采取防止水击危害的措施。紧急切断阀应同时具备以下关闭功能：①液位超高联锁关闭进料切断阀；②通过阀门本体手动关闭切断阀；③在防火堤外手动按钮关闭切断阀；④在控制室内手动遥控关闭切断阀。$10 \times 10^4 m^3$原油储罐通常采用液压型执行机构，其故障模式为FC（故障关），可保证在火灾状态下阀门处于安全位置。

储罐紧急切断阀由油缸组件（油缸+反馈装置）、液压机构和电控箱三部分组成。油缸组件可以和其他部分整体安装或分体安装，通过传感器电缆和液压油管连接。储罐紧急切断阀电液执行器如图1-3-41所示。

油缸组件：由液压缸、位移传感器组成。

液压机构：包含动力模块、阀组模块、蓄能器和油箱等。动力模块输出高压动力油流，通过阀组模块的控制驱动油缸准确动作或向蓄能器充油。在故障复位时，蓄能器中存储的高压动力油通过阀组模块释放，驱动油缸执行故障复位。液压机构包含手动泵系统，也可以手动操作油缸动作。

电控箱：电控箱上安装了一个宽温型 OLED 显示屏，用以显示用户界面。控制箱上有一个电气隔离的感应式旋钮和 4 个电气隔离操作按钮，这五个操作键是操作、设定和校准执行器的重要部件。可以通过它们设置电液执行器参数。

图 1-3-41　紧急切断阀电液执行器

第二章　生命周期概述

第一节　生命周期概念的提出

一、生命周期的定义

生命周期的概念有广义和狭义之分。狭义是指本义——生命科学术语，即生物体从出生、成长、成熟、衰退到死亡的全部过程。广义是本义的延伸和发展，泛指自然界和人类社会各种客观事物的阶段性变化及其规律。

产品生命周期理论是由美国经济学家雷蒙德·弗农于1966年在《产品周期中的国际投资与国际贸易》中提出的。它从产品生产的技术变化出发，分析了产品的生命周期以及对贸易格局的影响。他认为，制成品和生物一样具有生命周期，会先后经历创新期、成长期、成熟期、标准化期和衰亡期五个不同的阶段。对于某个产品而言，就是从自然中来到自然中去的全过程，也就是既包括制造产品所需要的原材料的采集、加工等生产过程，也包括产品储存、运输等流通过程，还包括产品的使用过程以及产品报废或处置等废弃回到自然的过程，这个过程构成了一个完整的产品生命周期。

对于生产设备而言，同样会经历生命周期的磨合期—正常使用期—磨损期—老化期—加速磨损期—衰老加剧磨损期—设备报废结束生命周期。设备的使用寿命长短、加工技术参数精度和正确的选址、安装、调试的结果，与平时正确定期的保养维护、检查、修理是分不开的。

二、常用管理模式

（一）设备绩效指标管理

目标管理，就是指组织中的上级和下级一起协商，根据组织使命确定一定时期内组织的总目标，由此决定上下级的责任和分目标，并把这些目标作为组织绩效考核、部门绩效考核和个人绩效考核的标准。目标管理是以目标为导向，以人为中心，以成果为标准，而使组织和个人取得最佳业绩的现代管理方法，设备绩效指标管理就是典型目标管理的成果体系。

关键绩效指标（Key Performance Indicator，KPI）是通过对关键参数进行设置、采集、计算、分析，衡量工作成效的一种目标式量化管理指标，是把企业的战略目标分解为可操作的工作目标的工具，是企业绩效管理的基础。设备绩效指标管理以风险管控为主线，进行细化分解，在体现指标安全性、先进性、可靠性的同时兼顾经济性，通过设置合理的设备绩效指标，全面地对维护、维修质量、设备可靠性、维修成本、效率进行评价。参照企业制定的 KPI 设备指标设置及计算规则，设置合理的设备绩效指标，依托信息化进行数据采集计算，专业人员每月对指标完成情况进行统计分析，查找设备完整性管理中存在的问题，提出设备可靠性分析指导意见，强化调整与考核，提高设备管理水平。

KPI 指标往往比较难界定，会使考核者误入机械的考核方式，且不能针对所有岗位适用。同时，目标管理往往比较聚焦于短期目标，绩效指标计算通常以月度、季度、年度为一个周期，在建立完善设备管理的长效机制中存在弊端，无法在全生命周期管理中体现价值。

（二）设备完整性管理

国内石化企业实施设备管理已积累了大量实践经验，针对维护、检修等领域总结了许多制度规范要求和设备技术管理手段。然而，随着石化企业内外因素的持续复杂化，传统设备管理模式存在管理体系不健全、管理周期不完整、人员培训不到位、过分依赖经验个人因素等弊端，为了改进传统的设备管理模式，设备完整性管理理念应运而生。

设备完整性（又称资产完整性）就是维护基本硬件设施，从而确保安全、可靠及高效地生产运营。完整性管理是规范设备管理和技术改进措施的有机综合，旨在为设备在物理上和功能上的完整性、可控性提供保障，使设备的功能符合预期。区别于以往单纯依靠工程结束后的事后维修、定期维护、状态检修等管理模式，设备完整性管理更注重整体性、全过程动态性、持续改进等特征，是智能工厂设备管理的理论方法基础。

但设备完整性管理仅贯穿设备自安装使用开始直至报废的生命周期，未考虑前期设计、选材、施工、投产等程序，存在设计与后期维护不连贯、不匹配的可能性，因此需建立全生命周期管理体系，关注每一环节的安全投入与风险把控，从而实现本质安全。

第二节　全生命周期本质安全管理

一、储罐管理现状

近年来，随着我国社会经济建设的发展和国家油气资源战略的实施，我国原油储运技术取得了一定发展。在原油储运技术和储运设备不断发展的社会背景下，原油储存对油库设备管理人员的管理技术提出了新的要求，但在实际的储罐管理中，管理人员安全意识不足，设备管理人员技术知识结构参差不齐，导致在实际的储罐管理中，设备安全管理没做到最大化。首先，原油是多组分的烃类化合物，在低温下易失去流动性，具有遇到明火易燃易爆的性能，并且在储运的过程中易蒸发、易产生静电，有一定的毒害性。其次，在原油储运过程中存在设备故障、防静电措施不到位、非防爆设备、油气蒸发严重以及违规动火作业等安全隐患。因此，对这些储罐定期进行在役检验，可以在事故发生之前，及时发现劣化的部位/部件，并对其采取必要的维修措施，为储罐能够继续安全运行提供有效保障。

储罐的安全运行与管理是石油石化安全生产管理的重点工作。近年来连续发生了多起储罐区着火爆炸事故，造成了严重的经济损失和恶劣的社会影响，对环境造成较大破坏，在当前严格的安全环保形势下，各级安全生产管理部门必须加强对储罐区的安全生产管理，确保储罐的安全运行。

二、全生命周期管理的必要性

从概念上来看，设备完整性管理的概念已经朝全生命周期管理的方向靠拢，全生命周期是从设备的选型、设计、制造、安装、使用维护到报废的全过程，企业设备管理覆盖设备全生命周期，建设设备完整性管理体系要将体系化的管理思维与设备管理实践需求深度融合，把完整性管理与全生命周期管理两者有机结合，形成设备全生命周期管理模型。目的是建立体系化管理，将管理方法融入设备全生命周期的各阶段。

储罐设备设施是油库正常运营的物质基础。储罐管理关系着企业的经济效益与油库的安全，是油库管理的重点工作之一。为加强储罐的管理，一系列有关储罐设备的技术规范先后发布，例如《石油库设计规范》(GB 50074—2014)、《立式圆筒形钢制焊接油罐操作维护修理规程》(SY/T 5921—2011)等。企业也相应制定了相关的制度和实施细则，使得从制度上保证了油库储罐管理工作做到有法可依、有章可循。

储罐管理是对其设备的设计、选型、购置、制造、安装、维护、检修、改造、更新进行全生命(过程)管理，须不断提高设备的综合效率，降低储罐生命周期费用，节省开支，最终达到储罐生命周期费用最经济、设备综合效益最高的目的。

三、全生命周期管理规划

(一) 前期管理

储罐的形式是储罐设计必须首先考虑的问题，它必须满足给定的工艺要求，根据场地的条件(环境温度、风载荷、地震载荷、地基条件等)、储存介质的性质及容量大小，操作条件、设置位置、施工方便、造价、耗钢量等有关因素来决定。我国 $10\times10^4m^3$ 外浮顶储罐的储罐设计、制造、施工和验收技术条件，各设计院都在《立式圆筒形钢制焊接储罐施工规范》(GB 50128—2014)基础上做一些补充规定，对中间检验和最后验收的要求提高了，以保证罐整体质量提高。做好储罐管理的基础是储罐设备设施的前期管理，即从设备设施的规划、选型、购置、安装、调试直至验收使用这一阶段的管理工作。具体包括：

1. 制定好油库近、中、长期发展规划

为了避免油库改扩建的盲目性和可能产生的新问题，各库应以自身的实际情况出发，组织专业人员根据《石油库设计规范》(GB 50074—2014)等有关规范，对本库进行认真仔细的调查，充分掌握本地的水文、地质、现有设备状况等资料，进行整理、分析、研究，根据油库将来发展的需要，制定出油库近、中、长期总体发展规划，为搞好油库设备管理打下基础。

2. 加强技术经济分析

在进行油库设备的新建、扩建和技术改造时，应加强项目的可行性研究论证，确保所上项目和所改设备(施)技术可行，经济合理，效益可观。必须认真地进行技术经济分析，从储罐设备设施的生命周期和综合经济效益出发，确保油库的整体效益。在进行油库设备选型时，要对设备的可靠性、节能性、维修性、耐用性及适用性等进行综合考虑。要注意选用成熟先进的技术，提高油库设备现代化水平。结合油库储、输油设施的硬件改造，推广应用安全仪表系统、可燃有毒气体报警器，以及输油设施收、发、存工艺流程动态模拟显示控制等成熟先进的管理手段，提高油库的计量准确度和安全系数，减轻职工的劳动强度。

3. 抓好施工建造中的技术监督

在储罐设备设施的建造过程中，必须有专门机构和专业人员对建造全过程进行监理。要通过招标，选择信誉好、水平高的工程公司。在设施建造中，应按照设计要求，严把材料的质量关，选用合格的材料和产品，并注意选用正规厂家的产品，杜绝伪劣产品。特别是对技术含量低、工艺简单的产品，更要防止伪劣产品混入。在建造阶段要严把质量关，要派有工程经验、工作责任心强的同志对工程的全过程进行监督，防止偷工减料。最后，必须进行调试工作，了解施工质量及安装调试的基础数据，熟悉并掌握设备设施的结构特点和调试方法，做好工程的验收工作。

（二）日常管理

1. 规范操作，注意日常维护保养

储罐的操作要按照有关规章制度进行，因此，所定制度必须联系实际，便于操作。操作人员应严格遵守规程，做到用好、管好设备，使设备处于正常工作状态，并且达到储罐、油泵、阀门无渗漏，各种设备无锈蚀，地面无油迹的效果，坚决杜绝无章可循和有章不循的现象。另外，要规范维修和保养的范围，明确各级人员工作职责，严加管理。

2. 做好储罐的全天候管理

储罐管理是一项季节性很强的工作，不同的季节，其工作侧重点有所不同。一般说来，在雷雨季节到来之前，要认真检测储罐防雷、防静电接地装置，避免雷击、静电引发事故；在梅雨季节，要做好防洪工作，保证各设施正常运转；在夏季，要做好储罐降温、管线膨胀泄压等工作，尤其要注意预防突发狂风暴雨所引起的瘪罐事故和洪水侵袭；在冬季，特别是雨雪冰冻时节，要防止发生瘪罐、阀门冻裂等设备事故。操作工、维保员、值班人员要坚持做好设备的日常巡查，及时抢修损坏的设备；设备管理人员要认真对设备进行检查，找出在用设备的潜在问题。特殊情况，如恶劣气候、重大节假日等要加强重点检查，把事故消灭在萌芽状态。

3. 做好储罐的检修工作

储罐修理方法主要有计划修理法、故障修理法和状态修理法。故障维修是指设备运转到发生故障时才进行的维修，它可使平均维修周期最长，对简单、零星的设备可以采用这种方式。显然对关键设备采用这种方式，既不安全又延长维修时间，从全生命周期来看维修费用也较高。

为了保证油库的正常生产运转，必须根据储罐的使用年限、检修周期以及设备自身的技术状况、使用性能，按照《立式圆筒形钢制焊接油罐操作维护修理规程》(SY/T 5921)，合理安排、计划检修，保证在用储罐始终正常工作。为了使检修工作顺利进行，需要进行周密的计划准备和组织实施，油库要编制储罐检修计划，包括检修技术规程、切实的维修间隔期(周期)等内容。

在进行储罐检修时，必须注意安全，杜绝引发事故。由于油库的储罐处在一个特定的环境中，因此在维修中要按照有关安全制度进行，要保证人员及设备的安全。设备检修过后应组织进行检测验收。对于发生的事故要组织人员进行调查，详细分析发生原因，认真总结经验和教训，并采取有效措施避免更大的事故发生。

（三）后期管理

油库储罐都有一定的使用寿命，当接近或达到使用年限时，如何管理也是值得重视的问题。

1. 科学确定储罐状态

一般说来，当设备到了年限，就应该更新换代。但是，由于储罐建造材料的质量、工艺水平与外界自然环境有密切的关系，因此，规定的储罐使用寿命只是一定的参考标准，要根据不同情况区别对待。比如，储罐的使用寿命规定为10~15年，但某油库的储罐始建于20世纪20年代，经过一定的维修后，直到现在还能正常使用，而有的储罐建成7~8年后就必须更新了。因此当储罐设备设施接近使用年限时，应请专家，有关技术单位，并采用先进仪器对相关设备设施进行鉴定，准确地确定储罐的工作状态，对可用设备要进一步延长寿命，发挥其作用。

2. 坚持淘汰报废设备

对超过使用年限或其他原因经检测其主要结构或部件已严重损坏的设备、不能修复或修复费用过高的设备应坚决淘汰，因为从安全角度来说，这些设备故障率高，存在严重的事故隐患，严重威胁油库的安全。

另外，要对设备适时更新，从根本上有步骤、有计划地更新改造储罐设备设施，使其逐步适应油库现代化管理的要求。

第三章　储罐设计

目前，随着我国对油气资源的需求量逐渐提升，原油储罐的体积也在不断增大，对其进行设计施工的难度也不断提升，出现安全风险问题的概率增加，储罐储存的石油属于易燃易爆的危险化学品，一旦发生火灾爆炸事故，可能导致严重的经济损失和人身伤害，社会影响巨大。因此如何保障大型原油储罐的设计使用安全成了一项重要问题。本章对储罐设计过程进行了详细的描述，为保障储罐使用安全奠定基础。

第一节　选址及平面布置

储罐的选址是一项政策性、技术性很强的工作，是储罐建设中的一个重要环节。选址应根据建设规模、地域环境、储罐的功能定位，以及给邻近建(构)筑物、上下游带来的影响等综合考虑，从宜于建设的场址中，确定出较为合适的储罐地址。

一、选址原则及基本要求

(一) 选址原则

(1) 严格执行国家及行业标准中有关防火、防爆、防洪、安全卫生、环境保护等方面的有关规定。把保证安全和保护环境作为总平面布置的首要考虑因素。

(2) 满足工艺要求，力求物料流程合理、便捷，以减少能耗、降低运营成本。

(3) 结合周边环境和现状，合理利用当地的自然条件，充分依托、利用并保护现有设施和资源，以求最大限度地节约建设投资。

(4) 节约宝贵的土地资源，在满足安全要求的前提下，各种设施的布置力求相对紧凑而合理，以有利于安全生产、满足各项管理、方便生产操作为原则。

(二) 基本要求

(1) 储罐的地址应具备良好的地质条件，不得选在有土崩、活动断层、滑坡、沼泽、流沙、泥石流的地区和地下矿藏开采后有可能塌陷的地区，以及其他方面不满足工程地质要求的地区。

(2) 平原地区建设，地址最好具有明显的缓坡地形，以利于排水等。

(3) 由于储罐储存原油，它的位置应尽量避开大型水库、重要交通枢纽、机场、电站、重点工矿企业和其他军事战略目标，以免增加各种不安全因素。

(4) 油库地址应具备满足生产、消防、生活所需的水源和电源、排洪排水的条件。

(5) 应同时考虑油库建设、运行不可缺少的动力线路和通信线路。

二、储罐区的平面布置

储罐区和邻近各种建(构)筑物之间应满足一定的安全防火距离。按照《石油库设计规范》(GB 50074—2014)和《石油储备库设计规范》(GB 50737—2011)，储罐区与建(构)筑物之间的安全距离不得小于表 3-1-1 中的规定，储罐区与周围居住区、工矿企业、交通线等的安全距离不得小于表 3-1-2 中的规定。

表 3-1-1 储罐区与建(构)筑物之间的安全距离 m

序号	建(构)筑物名称	石油储备库设计规范	石油库设计规范
1	油泵房	20	20
2	油码头	45	—
3	隔油池	30	30
4	消防水池	35	—
5	消防泵房	40	40
6	办公室、控制室、专用消防站、宿舍、食堂等人员集中场所	60	60
7	变电所和独立变配电间	40	60
8	罐组专用变配电间	20	—
9	有明火和散发火花的建筑物	35	35
10	围墙	25	25
11	泡沫站	20	—

表 3-1-2 储罐区与周围居住区、工矿企业、交通线等的安全距离 m

<table>
<tr><th rowspan="2">序号</th><th rowspan="2" colspan="2">名称</th><th colspan="3">安全距离</th></tr>
<tr><th>油罐区</th><th>油码头</th><th>油泵站</th></tr>
<tr><td rowspan="2">1</td><td rowspan="2">居住区及公共建筑物</td><td>≥100 人或 30 户</td><td>120</td><td>90</td><td>90</td></tr>
<tr><td><100 人或 30 户</td><td>90</td><td>75</td><td>75</td></tr>
<tr><td rowspan="3">2</td><td rowspan="3">工矿企业</td><td>大型企业</td><td>80</td><td>60</td><td>60</td></tr>
<tr><td>中型企业</td><td>70</td><td>55</td><td>55</td></tr>
<tr><td>小型企业</td><td>60</td><td>45</td><td>45</td></tr>
<tr><td>3</td><td colspan="2">国家铁路线</td><td>200</td><td>200</td><td>200</td></tr>
<tr><td>4</td><td colspan="2">工业企业铁路线</td><td>80</td><td>30</td><td>30</td></tr>
<tr><td rowspan="2">5</td><td rowspan="2">道路</td><td>公路、城市道路</td><td>100</td><td>100</td><td>10</td></tr>
<tr><td>其他道路</td><td>35</td><td>25</td><td>25</td></tr>
<tr><td rowspan="3">6</td><td rowspan="3">码头</td><td>油码头</td><td>60</td><td>0.25L 且不小于 55</td><td>45</td></tr>
<tr><td>货运码头</td><td>150</td><td>150</td><td>110</td></tr>
<tr><td>客运码头</td><td>300</td><td>300</td><td>225</td></tr>
<tr><td>7</td><td colspan="2">国家架空通信路和通信发射塔</td><td>150</td><td>40</td><td>40</td></tr>
<tr><td>8</td><td colspan="2">架空电力线路、非国家架空通信线路和通信发射塔</td><td>1.5 倍杆(塔)高</td><td>1.5 倍杆(塔)高</td><td>1.5 倍杆(塔)高</td></tr>
<tr><td>9</td><td colspan="2">河(海)岸边</td><td>30</td><td>—</td><td>15</td></tr>
<tr><td>10</td><td colspan="2">露天爆破作业场地的爆破点</td><td colspan="3">500</td></tr>
</table>

另外，浮顶每个罐组应设环行消防道路。

油罐组周边的消防道路路面标高应高于防火堤外侧地面的设计标高，其高度不宜小于0.5m。位于地势较高处的消防道路路堤高度可适当降低，但不应小于0.3m。

油罐区周边的消防道路宽度不应小于11m，其中路面宽度不应小于7m；油罐组之间的消防道路宽度不应小于9m，其中路面宽度不应小于7m；其他消防道路宽度不应小于6m。消防道路的内边缘转弯半径不应小于12m。

油罐中心与至少两条消防道路的距离应均不大于120m。当不能满足此要求时，油罐中心与最近消防道路之间的距离不应大于80m。消防道路与防火堤外堤脚线之间的距离不宜小于3m。储备库通向库外公路的车辆出入口不应少于两处，并宜位于不同方向。

两个路口间的消防道路长度大于300m时，该消防道路中段应设置供火灾施救时用的回车场地，回车场不宜小于18m×18m（含道路）。

第二节　储罐地基基础设计

一、地基处理的一般要求

在进行大型原油储罐设计的过程中，首先需要对地基以及基础进行全面的设计，两者的可靠性会对储罐整体的安全性产生重要影响。在进行地基和基础设计之前，工作人员需要进行全面的地质勘查，对储罐建设区域内地表的运动情况进行分析，对影响地基和基础的因素进行研究。针对地基和基础设计过程中可能会出现的众多问题，设计之前工作人员必须对现场进行详细的调研和勘查，根据勘查和调研的结果，对原油储罐进行针对性的设计，为了防止储罐在使用的过程中遭受到地质灾害的影响，工作人员需要进行地质灾害评价，对储罐的抗灾能力进行校核，采取一系列措施，全面保障地基和基础设计的合理性。

储罐基础的设计原则。要考虑以下几点：地基应能支撑罐体和储存液体的重量；地基不均匀沉降应不超过储罐容许值；基础最终沉降量必须满足工艺管道的使用要求；储罐基础应高出地面，以免积水，甚至可能影响使用。

储罐基础工作在设计和施工之前，应按现行国家标准《岩土工程勘察规范》（GB 50021—2001）对场地进行岩土工程勘察。勘察工作量布置一般分阶段进行，储罐区的勘察一般可从初勘阶段开始。初步勘察基本上布置成方格网状，勘探线、勘探点间距布置依据地基复杂程度等级确定。

勘探点根据储罐的类型、容积、场地类别等确定，一般布置在储罐中心边缘；大中型储罐宜以储罐中心为基点，沿半径以环形方式布置勘探点。钢储罐基础设计规范是按场地类别确定每台储罐地基勘探数量，对于$10\times10^4m^3$方储罐的地基勘探点数在简单场地一般为10~13，中等复杂场地为13~21。

岩土工程勘察报告应包括场地地形地貌、地质构造、场地的地震效应、不良地质作用、地层成层条件、各岩土层的物理力学性质、场地的稳定性、岩土的均匀性、岩土的承载力特征值、压缩系数、压缩模量、地下水、土和水对建筑材料的腐蚀性、土的标准冻结深度，以及工程建设可能引起的工程问题等的结论和建议，并附勘探点平面布置图、工程地质剖面图、地质柱状图以及有关测试图表等。根据岩土工程勘察报告来确定地基的处理方式。

二、储罐基础的型式

储罐基础的选型，应根据储罐的形式、容积、地质条件、材料供应情况、业主要求及施工技术条件、地基处理方法和经济合理性等条件综合考虑。储罐基础一般做法是在紧邻罐底板之下做一层沥青砂绝缘层用于阻断地下潮气对罐底板的腐蚀，在沥青砂垫层之下做一层砂垫层，以调节罐底板受力状态，其下是压实填土层。

储罐基础的型式可以分为护坡式、环墙式、外环墙式和桩基等。

1. 护坡式基础

护坡式基础由护坡和护坡内的填料层、砂垫层、沥青砂绝缘层等共同组成。护坡可采用素土护坡、碎石环墙式护坡、碎石灌浆护坡、石砌护坡、混凝土护坡等，如图 3-2-1 所示。

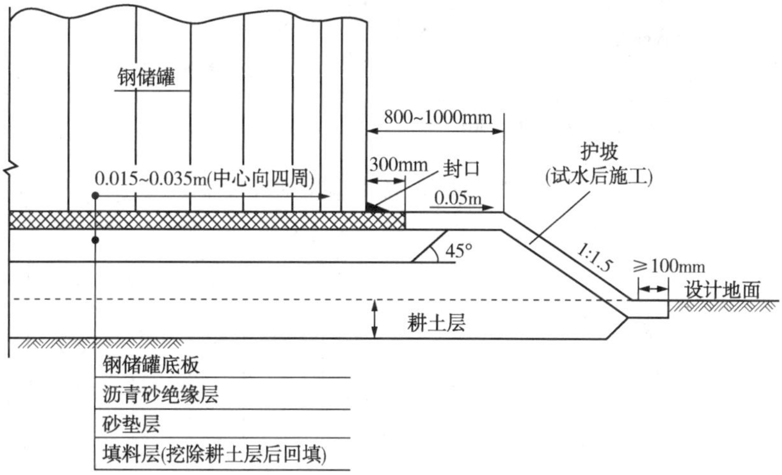

图 3-2-1　护坡式基础

护坡式基础一般用于地基较好的拱顶罐基础和容积较小的浮顶罐基础；不宜用于地基沉降较大地区，因为储罐基础沉降大会使周围毛石护坡砌体开裂。

2. 环墙式基础

环墙式基础由罐壁下的钢筋混凝土环墙和环墙内的填料层、砂垫层、沥青砂绝缘层等共同组成，如图 3-2-2 所示。

这种基础是将钢筋混凝土环墙设在储罐壁板之下，利用该环墙将罐体传来的压力传至地基。大型储罐基础都应采用环墙式基础。

3. 外环墙式基础

外环墙式基础由罐壁外的钢筋混凝土环墙和环墙内的填料层、砂垫层、沥青砂绝缘层等共同组成，如图 3-2-3 所示。

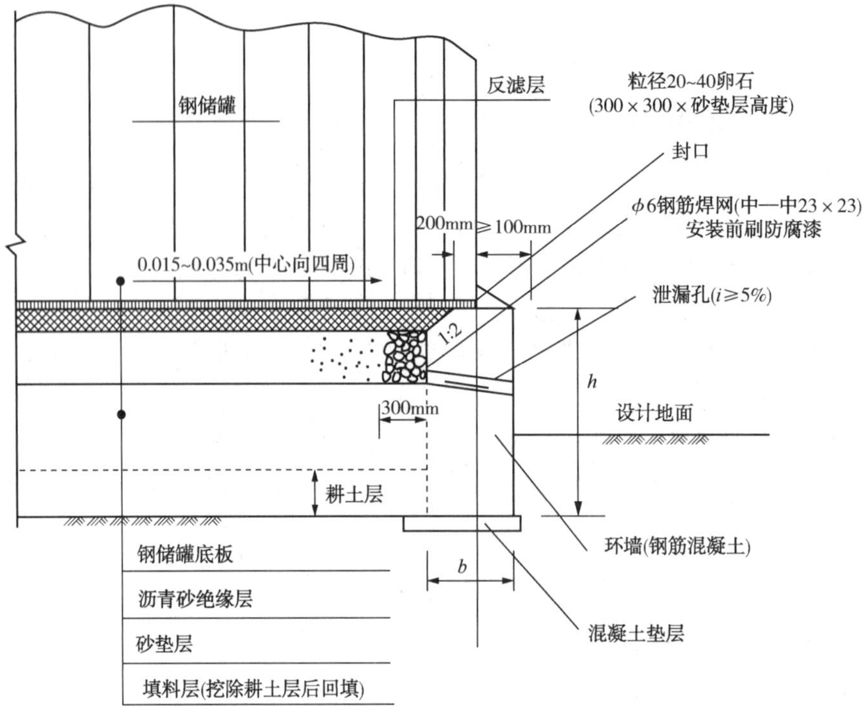

图 3-2-2　环墙式基础

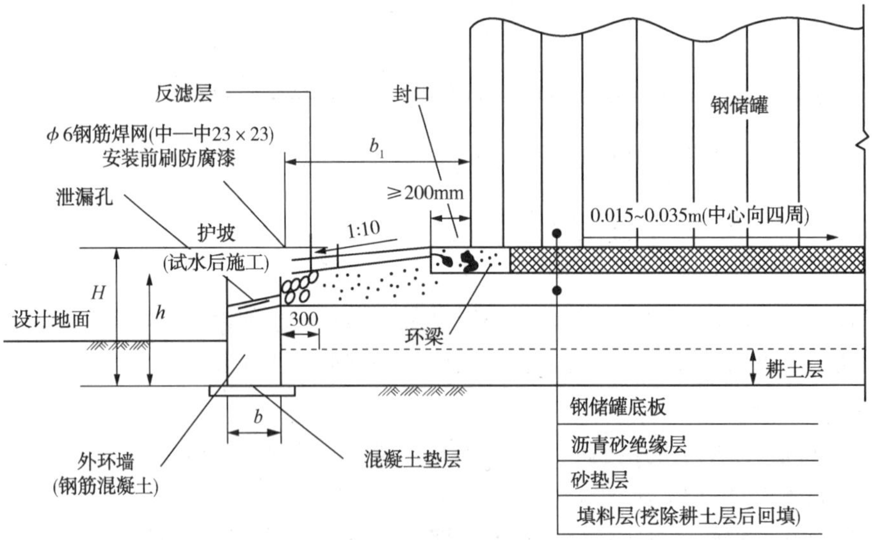

图 3-2-3　外环墙式基础

4. 桩基基础

桩基基础由灌注桩或预制桩和连接于桩顶的钢筋混凝土桩承台及承台上的回填土层、砂垫层、沥青砂绝缘层等共同组成，如图 3-2-4 所示。

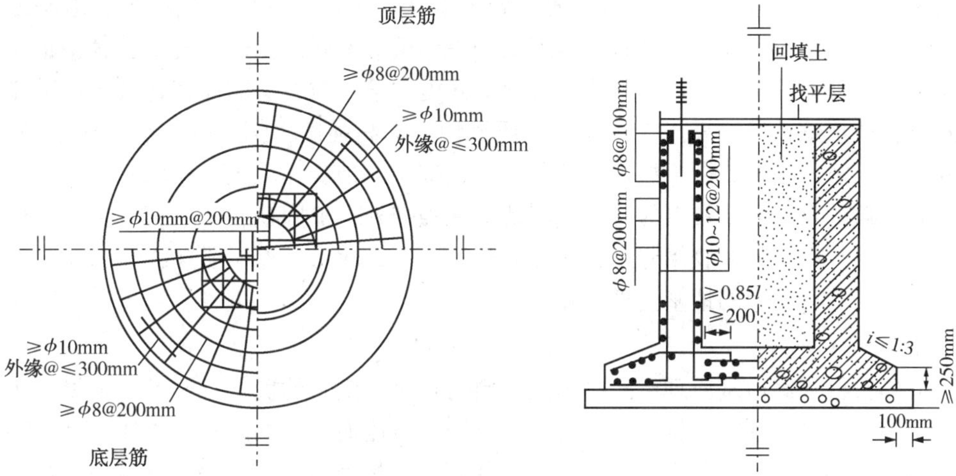

图 3-2-4　桩基基础

储罐基础可以根据场地和地质条件进行选型，宜符合下列要求：

（1）当地基土能满足承载力设计值和沉降差的要求及建罐场地不受限时，宜采用护坡式基础。

（2）当地基土不能满足承载力设计值要求，但沉降差不超过现行国家行业标准规定允许值时，可采用环墙式、外环墙式（钢筋混凝土）、护坡式基础。

（3）当地基土为软土、地基土不能满足承载力设计值要求，且计算沉降差不能满足现行国家行业标准规定允许值或地震作用地基土有液化时，宜采用环墙式（钢筋混凝土）基础。

（4）当建罐区场地受限制时，宜采用环墙式（钢筋混凝土）基础。

（5）当储罐基础建在山区时，应根据具体情况采用不同方案处理，基础垫层可采用当地的黏性土，但必须做好截水与排水工作。

（6）对建在沿海大风地区的储罐基础，应沿罐底周边设置锚固螺栓。

三、储罐基础处理方式

地基处理应充分考虑地址地质勘查报告中对地基处理的建议，结合地区实际，确定地基处理的几个方案。通过对这几个方案适用范围、预期效果、材料消耗、施工器具、材料及环境保护等方面的技术经济指标分析，确定最终地基处理方案。地基处理方案确定后应根据储罐大小和场地复杂程度，选择有代表性的场地进行现场原位试验，以检验设计参数和处理效果，为最终确立大面积施工工艺和技术参数提供依据。

目前，国内大型储罐地基处理技术已经有了具体的行业标准，如《石油化工钢储罐地基与基础施工及验收规范》（SH/T 3528—2005）等。其地基处理方法有振冲碎石桩（振动挤密法、振冲法）、强夯法、桩基础、充水预压法、排水固结法等，但在实际的生产建设中通常是只采用其中的一种方法，并不综合应用多种方法进行处理，这常常会增加储油罐的施工周期，造成油罐造价高、不均匀沉降大。

当软弱地基不能满足沉降或稳定的要求，采用桩基等深基础在技术经济上不可取时，对地基进行加固是有效的措施。储罐地基处理方法，可以从地基处理原理、地基处理目的、处理地基的性质、地基处理时效、地基处理动机等不同角度进行分类，其中最本质的是根据地基处理原理进行分类，大体上可分成两类。第一类方法的原理是减少或减小土体中的孔隙，使土颗粒尽量靠拢，从而减少压缩性，提高强度，例如强夯法、充水预压法、排水固结法、振冲法等。由于黏性土的渗透系数较小，饱和黏性土中孔隙水的排走、孔隙的缩小和土粒的靠拢需要较多的时间，因此，除强夯外，加固期较长。第二类方法的原理是用各种胶结剂把土颗粒胶结起来，例如旋喷法、电硅化法、深层搅拌法等。

下面介绍两种常用的地基处理方式：

1. 振冲碎石桩

振冲碎石桩加固地基原理：一是填入石料时对桩周围土的侧向挤密及置换增大了桩周围土的密度；二是使桩间土排水固结，桩间土因受挤压而产生的超孔隙水压力使土中水经桩身排出，从而增加了桩周土的有效应力，使其进一步固结；三是由于桩身强度高于桩间土，增大了桩土应力比，使复合地基承载力值显著提高。对于不排水抗剪强度大于20kPa的饱和软黏土和松散或稍密状态的粉土、砂土，通过振动挤密作用，排出土中水，减少土的孔隙比，增加土的抗剪强度。

桩身石料对桩周土体进行挤密，桩周土因挤密而强度增高，又抑制了碎石向四周扩张，并使碎石自身挤密成桩，这种挤密关系是互相关联和制约的。由于碎石桩是柔性桩，具有可压缩性，能很好地协调桩土应力差异，保证桩与土在上部荷重的作用下同步沉降。

碎石桩法处理油罐地基的优越性有以下几个方面：

(1) 提高地基强度。碎石桩法处理地基可使无凝聚性土，如砂类土、碎石土、砂质粉土、粉煤灰等得到加密，提高地基土强度。碎石桩法处理黏性土地基主要依靠强度高的碎石桩与周围土组成复合地基提高地基强度。

(2) 改善地基不均匀性：振动挤密时用电流控制地基的质量，当地基内土强度低时，需要填入较多的石料；反之，填入较少的石料。通过填入石料的多少可使处理后的地基土减少不均匀性。

(3) 消除液化土层：碎石桩法将粉土、砂土加密使其具有的抗震防液化效果已为工程界认同，并已得到日本大地震的多次证实。

(4) 排水固结作用：大量工程实例证实，碎石桩法在软黏土中设置的碎石桩有良好的排水效果。考虑井阻和涂抹作用，碎石桩地基可按固结排水原理进行沉降计算。

(5) 调整油罐中心和边缘沉降差：油罐以均布荷载作用于柔性地基，罐中心沉降量大、边缘小。碎石桩法处理油罐地基可以在中心部位减少桩距或增加处理深度，以减少油罐中心和边缘的沉降差。

碎石桩处理的软土地基，通常可成倍地提高地基的承载力。有的从60~70kPa提高到120~130kPa，通过预压可达到220kPa，甚至250kPa，但该种桩型沉降量较大。

2. 强夯法

强夯法也称动力固结法，主要是利用吊到一定高度的重锤自由下落并冲击地面，产生强大应力波，来达到让地基土中的孔隙体积压缩、孔隙水压力急剧上升的目的。在这样的处理过程中，砂土会局部液化，黏性土会在夯点周围产生辐射状的铅直裂缝，使得孔隙水能够顺利逸出，起到提高地基土体的承载力，降低地基土体的压缩性，改善砂土的液化条件和消除湿陷性黄土的湿陷性等目的。

强夯法自发明以来，由于具有操作简单、施工方便、经济易行、适用范围广等优点，在工程中得到了广泛的认可和应用。依据加固原理与作用，可以将强夯法分为三种类型：基于动力密实机理的强夯法、基于动力固结机理的强夯法和基于动力置换机理的强夯法。这三种类型的共同特点均是破坏了土质的天然结构，达到了新的稳定状态和平衡。下面依据不同的地质条件对三种机理的运用进行详细介绍。

(1) 在孔隙多、颗粒粗大的非饱和土质中，由于重锤自由落体产生了巨大的夯击能量，其产生的冲击力和动应力以波的形式在土中传播，造成土质颗粒破碎或瞬间出现一定的相对运动，排除孔隙内空气，形成更密实的土质结构，促使非饱和土变成饱和土，提高土质的饱和度。针对湿陷性黄土，加固机理应强调破坏湿陷性结构，让微观结构在遇到水之前就崩塌，减少其中间孔隙，在这种情况下，强夯法应符合动力密实机理。

(2) 在砂土地，由于夯击破坏了原有的土体结构，形成土体局部液化，增加了新的裂隙，产生了新的排水通道，孔隙水可以从中顺利逸出，一旦孔隙水压力消散，土体就会固结，而且由于软土的触变特性，土体强度会得到进一步的提升，在这种情况下，强夯法应符合动力固结机理。

(3) 在饱和软土中，特别是透水性极低的饱和土中，强夯法虽然能使土体结构破坏，然而不能使孔隙水压力迅速消散，虽然在夯坑周围会产生土体隆起，然而土的体积并没明显减小，因而存在着强夯效果不理想，甚至会形成橡皮土的不足的现象。在这种情况下，可以先通过在设置土中袋装砂井等方式来改善土体的透水性，再进行强夯，此时加固的机理既可归类为动力固结机理，也可归类为动力置换机理。

第三节　储罐本体设计

对于 $10\times10^4m^3$储罐，从设计来看，还不能采用任何一部国内标准规范来进行储罐的整个完整的设计、计算。目前国内已经建成和正在建设和 $10\times10^4m^3$储罐通常选用的是美国石油协会的 API 650《钢制焊接石油储罐》，同时参考我国的《立式圆筒形钢制焊接油罐设计规范》(GB 50341—2014)。

一、储罐材料选择设计

在 2005 年之前，我国的大型储罐设计和施工所用的钢板以及所有的焊接材料都是从日本引进。随后，国内的几家机械研究单位对国产的高强钢板进行实验，主要对进口钢板、焊材以及国产的焊材进行研究，钢板以及焊材的性能都得到了提升，具有建造大型储罐的能力。不久之后，国产的高强度钢板和焊材直接投入容量为 $10\times10^4m^3$和 $15\times10^4m^3$ 的储罐建造当中，且效果较好。经过几年的实践检验，储罐材料通过了各项检验，且合格率都达到标准。从此，我国的储罐材料达到了国产化水平，在替代进口材料的过程中大大降低了成本。

由于施工技术条件和材料技术限制，储罐罐壁的壁厚不能无限制增加，为了避免底层罐壁过厚和解决焊接问题，建造大型储罐时罐壁和罐底边缘板普遍使用屈服强度 490MPa 级的调质钢。这类材料强度高、韧性好、碳当量较低、焊接性能较好，目前国内已经建成的 $10\times10^4m^3$ 浮顶储罐均采用屈服强度为 490MPa 的国产 12MnNiVR 高强度钢板。

焊缝长是大型储罐的一个特点。从安全性、经济性等方面综合考虑，应尽可能使用大规格的钢板建造储罐。对于罐壁来说，使用宽度大的钢板虽然使储罐钢材重量略有增加，但减少了焊缝数量并缩短了焊缝长度，也就是说减少了焊接和焊缝检查的工作量。综合考虑，使用较宽的钢板比较经济，并且有利于提高储罐的安全性。对于罐底和浮顶来说，使用大规格的钢板会大大地减少焊缝数量，缩短焊缝长度，减小焊接变形，容易保证施工质量。另外，缩短焊缝的长度，相应地降低了焊缝缺陷发生的概率，有利于提高储罐的安全性。

因此，由强度决定厚度的罐壁部分采用 12MnNiVR 高强度钢板（$R_{eL}\geq 490MPa$；$610MPa\leq R_m\leq 730MPa$），由刚度决定厚度的罐壁部分采用 Q235B 钢板，二者之间采用 Q345R 过渡。与罐壁连接的罐底边缘板采用 12MnNiVR 国产高强度钢板（与底层罐壁同材质），罐底中幅板、浮顶、抗风圈、加强圈等部件采用 Q235B 钢板，但位于高强度钢板上的加强圈，材料应选用 Q345R。

二、储罐罐壁设计

（一）罐壁计算

罐壁采用逐级增厚的阶梯状变截面壁板组焊而成，底圈壁板厚度必须大于上圈壁板厚度。罐壁厚度设计有定点法和变点法两种，对于 $10\times10^4m^3$ 外浮顶储罐来说，采用变点法来确定罐壁板厚度更为合适。

1. 最底层罐壁板的厚度计算

计算最底层罐壁板的厚度，首先要确定在设计条件下和充水试验条件下的初步厚度 t_{pd} 和 t_{pt}。

$$t_{pd}=\frac{4.9D(H-0.3)\rho_r}{S_d}+C_1$$

$$t_{pt}=\frac{4.9D(H-0.3)}{S_t}$$

式中 S_d——设计条件下钢板的许用应力，MPa；

S_t——充水试验条件下钢板的许用应力，MPa；

D——储罐内直径，m；

H——储罐设计液位高度，m；

ρ_r——原油的相对密度；

C_1——腐蚀裕量，mm。

其次用以下公式分别计算设计条件和充水试验条件下的最底层罐壁板的厚度。

$$t_{1d}=\left(1.06-\frac{0.0696D}{H}\sqrt{\frac{H\rho_r}{S_d}}\right)\left(\frac{4.9HD\rho_r}{S_d}\right)+C_1$$

$$t_{1t}=\left(1.06-\frac{0.0696D}{H}\sqrt{\frac{H}{S_t}}\right)\left(\frac{4.9HD}{S_t}\right)$$

注：设计条件下 t_{1d}不能大于 t_{pd}；试水条件下 t_{1t}不能大于 t_{pd}。

2. 第二层罐壁板的厚度计算

第二层壁厚与储罐半径、第一层壁厚及宽度有关，因此，分别按照操作和试水两种情况计算出底层的比值。

$$\Psi=\frac{h_1}{\sqrt{rt_1}}$$

式中 h_1——底层壁板宽度，mm；

r——储罐半径，mm；

t_1——底层壁板的实际厚度，减去附件的腐蚀裕量，用以计算设计条件的t_2，mm。

当 $\Psi\leqslant1.375$ 时，取$t_2=t_1$。此时，底层壁板宽度相对较窄，储罐容量较大，最大应力点落在第二层壁板上，因此，第二层壁板与底层壁板等厚。

当 $\Psi\geqslant2.625$ 时，取$t_2=t_{2a}$。此时，底层壁板宽度相对较宽，储罐容量较小，底板的约束对第二层壁板影响较小，底层壁板的最大应力靠下，因此，第二层壁板与第三层、第四层等壁板同等对待，不受罐底影响，只需考虑下层圈板的影响。

当 $1.375\leqslant\Psi\leqslant2.625$ 时，则取：

$$t_2=t_{2a}+(t_1-t_2)\left(2.1-\frac{h_1}{1.25\sqrt{r_{t1}}}\right)$$

式中 t_2——第二层罐壁的最小设计壁厚(不包括任何腐蚀裕量)，mm；

t_{2a}——按第二层以上的罐壁计算方式求得的第二层罐壁板厚度，不包括腐蚀裕量，mm。

此时，底板的约束对第二层壁板有一定的影响，最大应力点落在第一层壁板上，但位置靠上，因此，第二层壁板不必与底层壁板等厚，也不与第三层、第四层同等对待。

3. 第三层以上罐壁板的厚度计算

使用变点法时，圈板的最大环向应力不是一个固定值，而是$(H-x)$，x 是可变设计点离该层壁板底端的距离，它与储罐半径、液位及该层与相邻壁板的厚度比值等因素有关。因此事前并不知道该层壁板的厚度，必须进行计算。计算分设计和充水试验两种情况。计算步骤如下：首先按定点法计算一个初试厚度 t_u，其次计算可变设计点距离改成罐壁底板的距离 x，x 取以下三式中的最小值：

$$x_1=320CH+0.61\sqrt{rt_u}$$

$$x_2=1000CH$$

$$x_3=1.22\sqrt{rt_u}$$

式中 t_u——环焊缝上侧所要计算的圈层的罐壁厚度(不包括任何腐蚀裕量)，mm；

C——系数。

$$C=\frac{(K-1)\sqrt{K}}{1+K\sqrt{K}},\ K=t_L/t_u$$

式中 t_L——环焊缝下侧所要计算的圈层的罐壁厚度(不包括任何腐蚀裕量)，mm；

H——设计液面到计算圈层底部的高度，m。

对于设计条件和充水试验条件下所需的罐壁最小厚度，分别应用以上公式计算得到最小 x，之后用下式计算。

设计条件：

$$t_{dx}=\frac{4.9D\left(H-\dfrac{x}{1000}\right)\rho_r}{S_d}+C_1$$

试水条件：

$$t_{tx}=\frac{4.9D\left(H-\dfrac{x}{1000}\right)}{S_t}$$

根据计算得到的t_{dx}和t_{tx}，分别重新计算 x，并进行迭代，直至算出t_{dx}或t_{tx}之间的差别较小，能满足精确度要求。从而计算出本层的罐壁厚度。

各层选取的计算壁厚应为设计和充水试验情况两者的较大值。

(二) 罐壁的开孔补强

由于使用要求，必须在罐壁上开孔并接管，例如进出油空、人孔、排水管等。在罐壁上开孔后将在孔的附近产生应力集中，必须采用可靠的接管方式和适当的补强措施，防止造成疲劳破坏或脆性裂口使孔口撕裂。

罐壁开孔接管应使用无缝钢管，开孔接管的材质要与开孔处罐壁板的材质相同或接近。补强的办法就是在开孔的周围焊上补强圈板，以增大开孔周围的壁厚，降低开孔周围的应力。

实际工作中采用“等面积”补强的方法，有效补强面积不应小于孔口的截面积(开孔直径与罐壁厚度的乘积)。有效补强面积包括：

(1) 罐壁富余壁厚提供的面积；

(2) 补强板的面积；

(3) 接管富余壁厚提供的面积；

(4) 焊接金属的面积。

当两开孔至少 1 个有补强板时，要求其最近角焊缝边缘之间的距离不应小于较大焊脚尺寸的 8 倍，且不应小于 150mm；若不满足，应采用联合补强板，联合补强板应能覆盖各开孔单独设置时的补强板，且外缘平滑。

罐壁开孔角焊缝外缘到罐壁纵环焊缝中心线应有一定的距离，从而减少焊缝间的相互影响。

对于罐壁厚度不大于 12mm，或接管与罐壁板焊后进行消除应力热处理时：距纵向焊缝不应小于 150mm；距环向焊缝不应小于壁板名义厚度的 2.5 倍，且不应小于 75mm。

当罐壁厚度大于 12mm，且接管与罐壁板焊后不进行消除应力热处理时：应大于较大焊脚尺寸的 8 倍，且不应小于 250mm。

(三) 抗风圈设计

风吹在罐壁上，相当于对储罐罐壁施加了一定的外力，如果罐壁刚度不足，就会引发储罐的壳体失稳。由于储罐内储存大量可燃液体，如设计时未考虑抗风要求，则在风载荷的作用下往往会引发严重灾害。

容积为 $10\times10^4m^3$的储罐一般有 2 个抗风圈。抗风圈的外周边缘可以是圆形的，也可以是多边形的，当抗风圈兼作走道时，其最小净宽度不应小于 650mm，抗风圈上表面不得存在影响行走的障碍物。

抗风圈结构形式可采用钢板、型钢或两者组合焊接而成；钢板最小名义厚度应为 5mm，角钢的最小规格应为 63mm×6mm，槽钢的最小规格应 160mm×60mm×6. 5mm。抗风圈水平铺板上应开设排液孔，孔径宜为 16～20mm。抗风圈自身部件的对接接头应采用全焊透对接结构，对接焊缝下部宜加垫板，且距罐壁纵焊缝的距离不应小于 150mm；抗风圈与罐壁的连接，上侧应采用连续焊，下侧可采用间断焊，且距罐壁环焊缝的距离不应小于 150mm。

《立式圆筒形钢制焊接油罐设计规范》(GB 50341—2014) 中规定，顶部抗风圈面风压由抗风圈承担，因此可以确定抗风圈的抗弯刚度。顶部抗风圈的最小截面模数应按下式计算：

$$W_z = 0.083D^2H\omega_0'$$

式中 W_z——顶部抗风圈的最小截面模数，cm^3；

H——罐壁总高度，m；

D——油罐内径，m；

ω_0'——基本风压，kPa。

计算顶部抗风圈的截面模数时，应计入顶部抗风圈上、下两侧各 16 倍罐壁厚度范围内的罐壁截面积。当罐壁有厚度附加量时，计算时应扣除厚度附加量。

当盘梯穿过抗风圈时，抗风圈应开设盘梯洞口；开口处任意截面的截面模数不应小于顶部抗风圈、中间抗风圈各自最小截面模数的规定。盘梯洞口处的罐壁应采用角钢加强，角钢两端伸出洞外的距离不应小于抗风圈的最小宽度；加强用角钢的尺寸不应小于罐壁包边角钢的尺寸。抗风圈腹板开洞边缘应进行加强，加强件有效截面积不应小于所在位置 32 倍罐壁厚度范围内的截面积。加强件之间及加强件与罐壁之间应进行双面满角焊，并与罐壁加强件焊接成整体。

（四）加强圈设计

1. 罐壁许用临界压力的计算

储罐临界压力一般通过下列公式计算：

$$p_{cr} = 16.48\frac{D}{H_E}\left(\frac{t_{min}}{D}\right)^{2.5}$$

式中 p_{cr}——核算区间罐壁筒体的许用临界压力，kPa；

H_E——核算区间罐壁筒体的当量高度，m；

t_{min}——核算区间最薄圈罐壁板的有效厚度，mm。

2. 罐壁设计外压力的计算

罐壁设计外压力一般通过下列公式计算：

$$p_0 = 3.375\varpi_0\mu_Z$$

式中 p_0——罐壁筒体的设计外压，kPa；

ϖ——基本风压，kPa；

μ_Z——风压高度变化系数。

当$p_{cr} \geqslant p_0$时，就可以认为罐壁具有了足够的抗风能力，可不设抗风圈；

当$p_0 > p_{cr} \geqslant p_0/2$时，应设一个加强圈，加强圈的位置应设于$1/2H_E$处；

当$p_0/2 > p_{cr} \geqslant p_0/3$时，应设两个加强圈，加强圈位置宜分别设在$1/3H_E$与$2/3H_E$处；

当$p_0/3 > p_{cr} \geqslant p_0/4$时，应设三个加强圈，加强圈位置宜分别设在$1/4H_E$、$1/2H_E$、$3/4H_E$处；

当$p_0/4 > p_{cr} \geqslant p_0/5$时，应设四个加强圈，加强圈位置宜分别设在$1/5H_E$、$2/5H_E$、$3/5H_E$、$4/5H_E$处；

当$p_0/4 > p_{cr} \geqslant p_0/5$时，应设四个加强圈，加强圈位置宜分别设在$1/5H_E$、$2/5H_E$、$3/5H_E$、$4/5H_E$处；

当$p_0/5 > p_{cr} \geqslant p_0/6$时，应设五个加强圈，加强圈位置宜分别设在$1/6H_E$、$1/3H_E$、$1/2H_E$、$2/3H_E$、$5/6H_E$处。

三、储罐罐底设计

（一）罐底板结构形式

储罐的中间部分相当于一个铺在弹性基础上的薄板，除非基础有过大的沉降，否则罐底中间部分的受力是很小的，但罐底板边缘板的受力状况十分复杂。

罐底结构有不设环形边缘板罐底和设环形边缘板罐底两种形式，对于$10\times10^4 m^3$储罐罐底结构一般选择设环形边缘板罐底。根据应力分析，可将罐底受力分为中幅板（罐底中部等厚的薄板）和边缘板（罐底外周边缘的加厚板）两部分。由于边缘板受力十分复杂，因此其厚度比中幅板略有增加。

罐底板可采用搭接、对接或者两者的组合形式，较厚板应采用对接。采用搭接时，中幅板之间的搭接宽度为5倍板厚，且实际搭接宽度不小于25mm，且不大于30mm；中幅板搭接在环形边缘板的上面，实际搭接宽度不小于60mm。采用对接时，焊缝下面应设厚度不小于3mm的垫板，垫板应与罐底板贴紧并定位。罐底板搭接接头、对接接头如图3-3-1、图3-3-2所示。

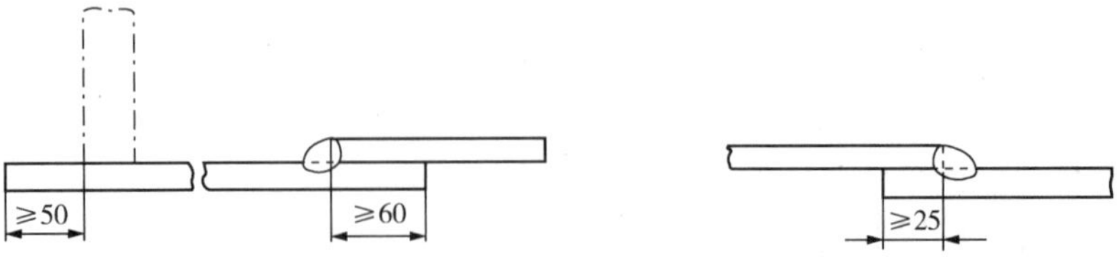

(a)中幅板与边缘板对接　　(b)中幅板与中幅板搭接

图3-3-1　罐底板搭接接头（mm）

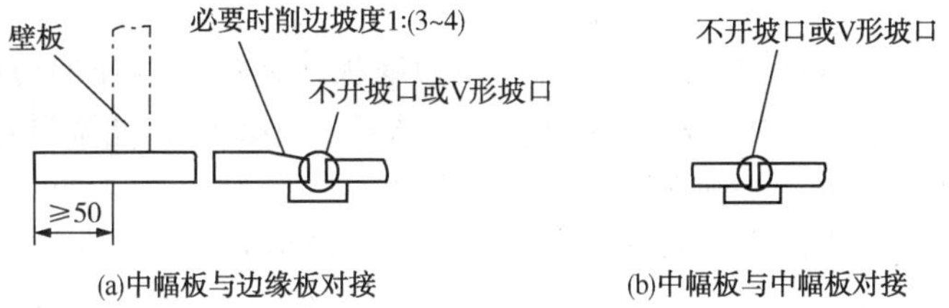

图 3-3-2　罐底板对接接头(mm)

厚度不大于 6mm 的罐底边缘板对接焊缝可不开坡口，焊缝间隙不小于 6mm；厚度大于 6mm 的罐底边缘板对接焊缝采用 V 形坡口，边缘板与底圈壁板相焊的部位做成平滑支撑面。中幅板、边缘板自身的搭接焊缝以及中幅板与边缘板之间的搭接焊缝，应采用单面连续角焊缝，焊角尺寸应等于较薄件的厚度。

(二) 罐底板尺寸

《立式圆筒形钢制焊接油罐设计规范》(GB 50341—2014)规定，除腐蚀裕量外，罐底最小公称厚度要大于 6mm，其材质与应与底圈壁板相同。

当边缘板与中幅板采用对接结构时，下列情况应符合罐底板的对接接头要求：

(1) 当中幅板厚度不大于 10mm 时，两板厚度差大于或等于 3mm；

(2) 当中幅板厚度大于 10mm 时，两板厚度差大于中幅板厚度的 30%。

因此 $10\times10^4m^3$ 外浮顶储罐罐底边缘板规格为 20mm×1600mm×6300mm，罐底中幅板规格为 12mm×3000mm×14800mm。对于罐壁与罐底边缘板的连接，在油罐内侧采用下凹形圆滑过渡的不等边角焊。罐底采用加垫板的对接结构，罐底边部采用弓形边缘板。对接罐底节约材料，且承受罐底变形的能力强，可大大提高罐底的安全性和使用寿命。

四、储罐罐顶设计

国内外使用比较广泛的浮顶结构是单盘式浮顶和双盘式浮顶。单盘式浮顶和双盘式浮顶结构特点对比见表 3-3-1。

表 3-3-1　单盘式浮顶和双盘式浮顶结构特点对比

序号	单盘式浮顶	双盘式浮顶
1	单盘板形状及焊接变形较难控制，下雨后局部积水比较严重，长期处于水-气交互作用中，腐蚀问题应认真对待及高度重视	浮顶由边缘板、桁架、隔板、浮顶底板及浮顶顶板等所组成，焊接变形小，浮顶刚性好
2	单盘板形状及焊接变形如果控制不好，容易形成浮顶排水不畅，施工过程中应加强监管，保证施工质量	容易保证排水的坡度
3	一次性投入成本低	一次性投入成本高
4	结构简单，容易施工，维护修理简单	结构复杂，消耗的钢材量较大，施工难度高，浮舱狭小，焊接或防腐施工有局限性，漏油等问题不容易发现；浮舱维护复杂
5	受外载荷影响大	受外载荷影响小

（一）浮顶设计

双盘式浮顶其上下两层盖板外侧通过环形边缘板连接，并被环形边缘板、径向隔板、环向隔板分隔为若干舱室，每个舱室应设置船舱人孔，$10\times10^4m^3$储罐设置83个船舱人孔，人孔直径为550mm，以便人员进入舱内施工和检查。

浮顶还包括桁架、中心筒、密封支持板等附件。浮顶的底板是水平的，而顶板根据储罐大小来决定排水坡度形式，通常有“W”和“V”两种形式，大型外浮顶的顶板坡度为“W”形，坡度为1.5%。

双盘式浮顶的结构设计应符合下列规定：

（1）当排水管失效时，浮顶应能承受24h内降水量为250mm的雨水荷载而不沉没；对设置紧急排水设施的浮顶，可不受此条件限制，但紧急排水设施的排水能力应使浮顶上存留的积水荷载小于浮顶设计所允许的积水荷载。

（2）在浮顶上没有雨荷载和活荷载的情况下，浮顶任意两个隔舱同时泄漏时，浮顶应能漂浮在液面上不沉没。

（二）人孔

浮顶上设置4个*DN*600的浮顶人孔，分别在距浮盘中心13m的四周均匀布置，以便于维修和储罐排空后进行通风。人孔设有不被大风吹开的轻型防雨板，人孔接管上端应高出浮顶的允许积水高度。

（三）浮顶支柱

浮顶支柱环向分布安装于浮顶下部，其高度一般可在1.2~1.8m范围内调节，浮顶支柱的最小安装高度应满足施工和检修的需求，且长细比不应大于150。浮顶支柱与罐底板接触的部位应设置厚度不小于5mm的垫板，垫板直径不小于500mm，其周边应与底板连续焊，浮顶外边缘底部距罐底上表面的垂直距离不宜小于1.8m。

支柱套管伸出浮顶上表面的高度应高于浮顶最大允许积水量时的积水液面，且不应使储液溢流到浮顶上，支柱套管浸入储液的深度不应小于100mm，此处应高于17.7m。用钢管制作的支柱上端应盲死，下端应盲死或开设排油口。支柱与套管上端的间隙处应密封。每台$10\times10^4m^3$原油浮顶储罐设有184根浮顶支柱。

（四）中央排水系统

浮顶排水系统的排水能力应能防止浮顶处于最低操作液位时，浮顶积水超过设计许可值。每台$10\times10^4m^3$原油浮顶储罐采用2条*DN*200中央排水系统。

（五）紧急排水系统

浮顶紧急排水系统的构件与油、水接触，因此材料应能耐油品腐蚀，特别是耐水腐蚀，常用主体材料多以不锈钢为主。紧急排水管中心距浮顶最低点210mm，排水管顶部距最低点距离为103.3mm，每台$10\times10^4m^3$原油浮顶储罐均应设置6个*DN*150紧急排水装置。

（六）自动通气阀

为了避免事故的发生，自动通气阀设计时应根据油罐的最大进出油量和油罐的体积，正确地确定通气阀所需要的通气面积，再根据通气面积计算出通气阀阀体需要的高度。

$10\times10^4m^3$原油浮顶储罐设12个自动通气阀，均匀设置在浮盘中心与边缘浮舱之间的单盘板上，位置靠近边缘浮舱一侧。

（七）呼吸阀

$10\times10^4m^3$ 原油浮顶储罐共设有 *DN*250 边缘呼吸阀 7 个，分别在浮顶上方距中心 39. 25m 四周均匀布置。

（八）阻火器

为有效排除储罐进油时罐内气体，每个罐顶浮盘均匀布置了 7 个呼吸阀，为防止外部明火通过呼吸阀引燃罐内油品，每个呼吸阀安装了一个阻火器。阻火器的选用执行《石油化工石油气管道阻火器选用、检验及验收标准》（SH/T 3413—2019）规定。

（九）转动扶梯及轨道

在罐壁盘梯的顶平台与浮顶之间还应设置一架转动浮梯，作为到达浮顶的通道。在设计时要考虑当浮顶上升到最高位置时，转动浮梯不会与浮顶上任何附件相碰，转动浮梯通道净宽度不应小于 650mm；当浮顶处于最低位置时，转动浮梯的仰角不宜大于 55°。

在浮顶升降的全行程中，转动浮梯的踏步应能自动保持水平，梯子下端的滚轮应始终在轨道上滚动。当浮梯在最低位置和最高位置时，轨道两端必须有足够的富余长度，浮梯应有足够的强度和刚度，当浮梯处于任何位置时，中点应能承受 5kN 的集中荷载。

（十）密封装置

浮顶与罐壁之间的环形空间应装设密封装置。在浮顶外边缘板与罐壁之间的环形空间径向间距偏差为±100mm 条件下，密封装置应能保持良好密封效果。

浮顶油罐的一次密封采用三芯弹性软密封，二次密封采用带油气隔膜的密封结构，二次密封配设能密封环形空间连续分布的油气隔膜。二次密封的紧固件采用不锈钢；二次密封承压板、支撑板、压条连接件、螺栓螺母等材料选用不锈钢。

第四节 储罐防腐设计

大型原油储罐发生火灾事故，大部分都是由于储罐遭受到了腐蚀，进而引起原油泄漏引发火灾事故。为此，做好大型原油储罐的防腐蚀工作就显得尤为重要。而储罐最容易发生腐蚀的地方是在罐底和罐壁，不管是罐底的内壁还是罐底的外壁都是发生腐蚀比较严重的地方。通过研究可以发现，在储罐的不同地方，引起腐蚀的原因也不同。那么在采取防腐蚀措施时，就不能够一刀切，而需要根据腐蚀的部位有针对性地选择防腐蚀措施。

考虑到储存油品的腐蚀性和建罐当地的自然环境，为了确保储罐长期安全运行，储罐内外表面均应做防腐工程。防腐结构采用涂料防腐与电化学防护相结合的方案，电化学防腐措施对提高储罐的使用寿命具有很重要的经济意义。

一、腐蚀原因和机理

大多数金属处于热力学不稳定状态下，在一定条件下，这些金属可以生成金属氧化物、碳酸盐等，或转变为可溶性离子，即恢复到它们本来相对稳定的状态。储罐腐蚀的机理主要有四种腐蚀，一是化学腐蚀，二是氧浓差腐蚀，三是电化学腐蚀，四是物理腐蚀。

就目前而言，对于腐蚀机理的研究国内外理论界都取得了丰富的成果。

1. 化学腐蚀

化学腐蚀是指金属材料在干燥气体和非电解质溶液中发生化学反应生成化合物的过程中没有电化学反应的腐蚀，其特点就是非电解质中的氧化剂在金属表面发生直接氧化反应形成了氧化还原反应的腐蚀产物，在这个过程中不会产生电流。一般储罐外壁容易发生化学腐蚀，并且其腐蚀程度比较轻。

2. 氧浓差腐蚀

氧浓差腐蚀是指同一金属的不同部位与含氧量不同的溶液相接触，形成氧浓差而导致的腐蚀，这是局部腐蚀的重要因素之一。氧气浓度大为正极，氧气浓度低为负极。

负极反应：$M-ne^{-} \longrightarrow M^{n+}$

正极反应：$O_2+2H_2O+4e^{-} \longrightarrow 4OH^{-}$

远离水线以下的区域虽然氧浓度低，但是，由于溶液的电阻大、腐蚀电流小，腐蚀并不严重，通常严重腐蚀区域部位离水线不远。由于基础变形等原因造成罐底板与基础接触不良会产生氧浓差，罐周与罐中心部位的透气性有差别也会引起氧浓差，这时中心部位成为阳极而被腐蚀。

3. 电化学腐蚀

电化学腐蚀是指电解质与金属表面发生了化学反应产生的腐蚀破坏现象。电化学腐蚀中至少包含一个阴极反应和一个阳极反应，并且这些电极反应都会通过腐蚀介质中的离子或者是通过金属的电子流促使形成回路。

电化学腐蚀是油罐内部发生的最为频繁的腐蚀类型，并且其腐蚀严重，危害性大，是防范的关键点。电化学反应主要在罐底、罐壁和罐顶等位置发生频率较高。

电化学作用对于金属的腐蚀是多种形式的，一方面，电化学作用可以单独对金属进行反应，引发油罐金属腐蚀；另一方面，电化学作用又可以和其他生物作用或者和其他机械作用共同加速油罐金属的腐蚀。金属在电化学和拉应力与压应力的交变应力的共同作用下会发生腐蚀疲劳。而微生物的新陈代谢又可以促进电化学腐蚀的进一步进行，成为微生物腐蚀。

4. 物理腐蚀

所谓物理腐蚀是指油罐金属仅受到了单纯的物理溶解作用而产生的腐蚀破坏。最典型的就是熔融金属的腐蚀，在这种腐蚀中，固态金属熔融如铅、锌、汞等液态金属，两者相接触而导致的金属开裂或者金属溶解现象。这种腐蚀不是由化学引起的，而是由于物理溶解作用，形成合金，或液态金属渗入晶间造成的。

二、储罐防腐设计

储罐的腐蚀防护可以通过在不同部位选择不同材质(如高强度钢、不锈钢等)来解决腐蚀问题。但由于投资成本等原因，近年来，大部分储罐防腐都采用喷金属、阴极保护和导静电防腐涂料等技术来缓解腐蚀。考虑到储存油品的腐蚀性和建罐当地的自然环境，为了确保储罐长期安全运行，储罐内外表面均应做防腐工程。防腐结构采用涂料防腐与电化学防护相结合的方案。石油储罐的防腐蚀根据《钢质石油储罐防腐蚀工程技术标准》(GB/T

50393—2017)要求，防腐蚀涂层表面电阻率应为 $10^8 \sim 10^{11}\Omega$。防腐蚀涂层应具有耐温性和耐酸碱腐蚀性能；防腐蚀材料本身对油品无污；防腐蚀层应有良好的附着力；满足工艺条件的要求；一旦防腐蚀层破损，不能成为腐蚀发生的阴极，加快腐蚀的速度。

（一）外表面防腐

储罐外表面包括罐壁外表面、罐壁内表面上部 2m 部分、浮顶顶板上表面、抗风圈表面及其他金属结构外表面。储罐的外防腐采用耐紫外线、耐化工大气、耐水的聚氨酯类、丙烯酸类涂料，罐壁外表面最外层涂刷防粘贴氟硅树脂面漆，防止锈蚀影响外观。

因此储罐外表面防腐采用环氧富锌底漆 1 道，环氧云铁中间漆 1 道，氯化橡胶面漆 2 道，防腐涂层厚度在 155μm。

（二）内表面防腐

储罐内表面包括罐壁内表面下部 1.6m 至刮蜡机构刮蜡板的下缘部分、浮顶底板下表面、浮顶外边缘板外表面、罐内金属结构表面。

储罐内部腐蚀比较复杂，油罐水相部位即罐底板内表面和 0.6m 以下的壁板的腐蚀为严重的电化学腐蚀，所以储罐内部腐蚀程度以罐底内表面和底板“T”形相交的第一、二圈板最为严重。原油储罐底板内表面的面漆要求具有耐酸碱、耐盐水、耐硫化物和耐油等特性，它与罐底沉积水中复杂的化学成分有关。

因此储罐内表面防腐采用环氧富锌底漆 1 道，G4-1 防静电涂料(黑)3 道，防腐蚀涂层的厚度应在 250μm 以上才能达到与阴极保护相配套的长效防腐蚀效果。

（三）储罐底板上表面防腐

储罐底板上表面与内壁表面下 0.6m 部分与油析水接触，腐蚀主要是电化学腐蚀，油析水是一种电解质水溶液，同时原油中存在的硫化物、氯化物等又增加了水溶液的电导率，加快了腐蚀的进程。可采取涂料和牺牲阳极相结合的防腐措施。

1. 涂料防腐

罐底板上表面(包括罐壁内表面下部 0.6m 部分)采用无溶剂环氧类耐油涂料，干膜总厚度 250~350μm。由于油罐罐底板上表面采用牺牲阳极，所以该部位防腐采用绝缘涂料。

2. 牺牲阳极阴极保护系统

原油储罐内底板的阴极保护系统设计应考虑下列因素：(1)罐底、壁板及其他内构件与腐蚀性介质(如海水或原油沉积水)相接触的表面积；(2)腐蚀性介质的化学成分和温度；(3)保护电流密度不宜低于 $10mA/m^2$；其中，涂装的钢表面保护电流密度范围应为 $10 \sim 30mA/m^2$；裸露的钢表面保护电流密度范围应为 $30 \sim 150mA/m^2$，充海水期间应为 $70 \sim 100mA/m^2$；在含有去极化剂(如 H_2S 和 O_2)和较高温度的环境下，需要较高的电流密度。

1) 阳极材料的选择

镁、铝、锌是牺牲阳极保护最常用的材料，阳极材料的选择和使用应基于被保护的建(构)筑物所需的电流、土壤条件和被保护的建(构)筑物的温度。每种阳极材料的输出电流取决于土壤条件、阳极形状和阳极净驱动点位。土壤中牺牲阳极种类的应用选择见表 3-4-1。

表 3-4-1 土壤中牺牲阳极种类的应用选择

可选阳极种类	土壤电阻率/Ω·m	可选阳极种类	土壤电阻率/Ω·m
带状镁阳极	>100	镁(-1.5V)	<40
镁(-1.7V)	60~100	镁(-1.5V)、锌	<15
镁	40~60	锌	<5

2）储罐底板内表面牺牲阳极设计计算

（1）保护面积为储罐底板与底板和水接触的面积即为阴极保护面积，计算公式如下：

$$S=\pi R^2+2\pi Rh$$

h 取 0.6m，储罐半径 R 为 40m，计算 $S=5174.72\mathrm{m}^2$。

（2）总保护电流计算公式如下：

$$I_{总}=SI$$

式中 $I_{总}$——总电流，mA；

S——被保护的面积，m^2；

I——阴极保护电流密度，$\mathrm{mA/m^2}$。

保护电流密度取 $30\mathrm{mA/m^2}$。计算的 $I_{总}=155.24\mathrm{A}$。

（3）牺牲阳极的重量由于牺牲阳极在输出保护电流的同时发生自身溶解，因此，牺牲阳极的重量取决于其使用年限，计算公式如下：

$$W=8760I_{总}T/Q$$

式中 $I_{总}$——总电流，A；

W——牺牲阳极的实际重量，kg；

Q——牺牲阳极的实际电容量，A·h/kg，取 2870A·h/kg；

T——牺牲阳极的使用寿命，a，设计年限为 12 年。

考虑到牺牲阳极的电流效率为 80%，阳极实际利用率为 85%，因此实际需要阳极总质量 W 为 3866kg

（4）阳极数量计算公式如下：

$$n\geqslant W/g$$

式中 n——阳极只数；

W——牺牲阳极的实际重量，kg；

g——单只阳极重量，kg。取 23kg。

计算得出 n 为 168 块。

（四）储罐底板下表面防腐

罐底板下表面采用涂料防腐与外加电流阴极保护钢板结合的方案。

1. 涂料防腐

每张钢板边缘采用可焊性涂料，其余部位采用厚浆型环氧煤沥青涂料。

2. 外加电流阴极保护系统

外加电流阴极保护系统，主要由电源、辅助阳极、参比电极、电缆、测试片构成。

（1）电源

外加电流阴极保护系统不以牺牲辅助阳极为代价，而是直接依靠外部电源给需要保护的金属配送保护电流。国内一般采用恒电位仪作为电源。恒电位仪适用于被保护金属/腐蚀介质电位不稳定的情形下，以参比电极输入信号为自动控制所需的标准信号源，自动调整输出电流，以实现维持阴极电位处于保护电位。

（2）辅助阳极

保护电流必须首先被输入腐蚀介质，这个过程靠辅助阳极实现。电流经腐蚀介质流入被保护建(构)筑物从而使需要保护的金属阴极极化。作为保护回路中的辅助电极，辅助阳极在理论上可以采用任何导体材料。从实际应用的角度出发，外加电流阴极保护系统要求其阳极满足以下条件：电导率高、极化小、化学及电化学性能稳定、有足够的机械强度，可加工性好、消耗率低、成本低。

比较常见的辅助阳极有：高硅铸铁阳极、混合金属氧化物阳极、导电聚合物型阳极、混合物金属氧化物(MMO)阳极。

（3）参比电极

参比电极用于电位的测量，其作用是为比较电位提供参照物，为控制输出保护电流提供标准信号。参比电极的结构一般为金属/金属离子。阴极保护所需的参比电极应是电位稳定、可重复性强、使用寿命长的电极。

参比电极一般选用铜/饱和硫酸铜参比电极(CSE)，也可以用高纯锌参比电极。

（4）设计参数

① 储罐规格：$10\times10^4m^3$ 双盘式浮顶油罐，罐底直径 80m。

② 保护范围：罐底板下表面。

③ 设计寿命：40 年。

④ 保护电位：储罐罐底板外壁相对于铜/饱和硫酸铜参比电极-1.10~-0.85V。

⑤ 设计保护电流密度：$i_a=10mA/m^2$。

⑥ 埋砂电阻率：实际数值须在施工现场即时测定，设计计算可暂取 200~500Ω·m。

⑦ 阳极埋深：距离罐底板 250mm。

⑧ 阳极规格及性能要求。

网状阳极由混合金属氧化物阳极带和钛导电片组成，相互垂直交叉布置并焊接在一起，呈网状埋设在罐底板下面的回填沙中。钛导电片用于和阳极带构成网状结构，以减少沿阳极带上的电压降。

阳极带规格如下：

成分：混合金属氧化物；

宽度：6.35mm；

厚度：0.635mm。

钛导电片规格如下：

成分：一级钛 ASTM265；

宽度：12.7mm；

厚度：0.9mm；

质量：59.6kg/km；

电阻率：0.049Ω·m。

(5) 设计计算

① 总保护电流计算公式如下：

$$I_{总}=SI$$

式中 $I_{总}$——总电流，mA；

S——被保护的面积，m^2；

I——阴极保护电流密度，mA/m^2。

保护电流密度一般取 $10mA/m^2$。直径为 80 米储罐，计算的 $I_{总}=50.24A$。

② 阳极长度计算如下：

$$L=I/I_m$$

阳极最大工作电流为 17mA/m，计算的阳极长度 $L=50.24/0.017=2956m$。

③ 阳极寿命计算如下：

$$Y=\frac{U}{I_{总}}\times S_{表}$$

式中 Y——牺牲阳极的使用寿命，a；

U——阳极消耗率，取 $58A\cdot a/m^2$；

$S_{表}$——阳极总表面积，m^2。

$S_{表}=2L(0.00635+0.000635)=41.3m^2$，计算 $Y=47a$。

④ 恒电位仪输出电压估算：

取 20%裕量，估得输出电压

$$V=1.2I_aR=35.81V$$

式中 I_a——保护总电流，A；

R——总回路电阻，Ω。

⑤ 参比电极位置：

参比电极共四组，分别埋设在罐底中心点处、11 点方向 13m 处、7 点方向 26m 处、3 点方向 39m 处。

第五节 防雷设计

雷击储罐时，浮盘上的电荷通过与罐壁相连的各通道进行泄放，包括等电位连接线、导电片、二次密封金属构件、机械密封金属件、导向柱、刮蜡器等金属部件，这些部件都是储罐雷电火花放电的隐患点。如果这些关键部件电气连接不可靠、绝缘等级低或存在金属放电突出物，雷击时极易产生火花放电，如果周围存在可燃气体，极易发生爆燃事故。储罐防雷设计有以下几种：

(1) 储罐本体做防雷接地，每罐接地点的间距沿油罐周长不大于 18m，接地电阻小于 4Ω，地下接地网连成环形。浮顶油罐不需装设避雷针。与罐体相接的电气配线应采用金属管屏蔽保护。配线金属管上下两端与罐壁应做电气连接。在相应的被保护设备处，应安装与设备耐压水平相适应的浪涌保护器。

(2) 浮顶应与罐体做电气连接，连接导线不少于2根，每根导线应选取截面积不小于50mm^2 扁镀锡软铜绞线，并通过罐壁接地。

(3) 在浮顶边缘二次密封上方沿圆周每隔1.5m设置导电片，靠导电片的弹性保持与罐壁滑动接触，形成电气通路。浮顶至罐顶的空间划分为爆炸危险1区。当储罐附近发生雷击时，浮盘的束缚电荷就会发生间隙放电，当密封处油气与空气混合浓度在其爆炸上下限值之间时，就会导致浮顶边缘密封处发生火灾。

(4) 储罐的防静电接地应与防雷接地一并考虑。在储罐扶梯口处，设置安全有效的人体静电消除装置，在罐顶取样口两侧1.5m之外应设一组接地设施，以消除人体静电及取样绳索、检尺工具等接地。

第六节　消防系统设计

根据储罐火灾危险的特点，防火安全设计本着“以防为主，防消结合”的原则，从预防火灾、防止火灾蔓延和消防三方面采取措施，确保安全。发生火灾时，首先固定消防设施进行灭火；包括罐上消防冷却水喷淋系统、罐顶固定泡沫灭火系统等；同时油库内消防站作为移动消防力量展开辅助灭火。

一、泡沫灭火系统

根据《石油储备库设计规范》(GB 50737—2011)第8.1.3条“油罐应设置固定式低倍数泡沫灭火系统”，因此$10\times10^4m^3$原油浮顶储罐采用固定式低倍数泡沫灭火系统。

1. 泡沫供给强度

泡沫供给强度是指为了在单位时间内(即泡沫连续供给时间)有效地扑灭储罐火灾，单位时间内必须向单位燃烧面积上提供的泡沫体积。对于$10\times10^4m^3$储罐泡沫混合液供给强度不应小于12.5L/(min·m^2)，连续供给时间不应小于30min。单个泡沫产生器的最大保护周长应符合表3-6-1的规定。

表3-6-1　单个泡沫产生器的最大保护周长

泡沫喷射口设置部位	堰板高度/m	保护周长/m
罐壁顶部、密封或者挡雨板上方	软密封≥0.9	24
	机械密封<0.6	12
	机械密封≥0.6	24
金属挡雨板下部	<0.6	18
	≥0.6	24

2. 泡沫混合液流量计算

泡沫混合液是指单位时间内供给的泡沫体积，它由储罐的保护面积和供给强度来确定。储罐的保护面积是指罐壁与泡沫堰板间的环形面积。$10\times10^4m^3$浮顶储罐采用传统的喷

射口设置在罐壁顶部，泡沫堰板与罐壁的距离（标准型）为 1.2m，其保护面积 F 为 297.1m^2，

泡沫混合液设计流量为 126L/s。

$$Q_1=ZF$$

式中 Q_1——泡沫混合液流量，L/s；

Z——泡沫供给强度，L/s·m^2，取 12.5L/(min·m^2)；

F——储罐保护面积，m^2。

通过计算得出 Q=3713.75L/min。

3. 泡沫产生器的数量

泡沫产生器数量的计算公式如下：

$$n=Q_1/q_1$$

式中 N——泡沫产生器数量，个；

Q_1——泡沫混合液流量，L/s；

q_1——每个泡沫产生器的泡沫产生量，L。

根据《泡沫灭火系统技术标准》（GB 50151—2021）第 4.1.2 条第 3 款“外浮顶储罐应采用液上喷射系统”。选择 PC-8 型液上喷射型空气泡沫产生器，其流量 q_1=480L/min，则计算 n=7.74。

外浮顶储罐所需泡沫产生器的数量应根据计算所需要的泡沫混合液流量确定且设置数量不应少于下列要求 $n\geq$储罐圆周长/泡沫产生器最大保护周长 L(24m)，即 $n\geq10.67$，储罐设置的泡沫产生器数量至少为 11 个，在此设置 12 个 PC-8 型泡沫产生器，并沿罐壁周围均匀布置。

4. 泡沫液设计量计算

储罐区泡沫灭火系统扑救一次火灾的泡沫液设计用量应按罐内用量、该罐辅助泡沫枪用量、管道剩余用量三者之和确定。储罐泡沫液设计用量计算公式如下：

$$Q=Q_1T+nQ_2t+V$$

式中 Q——泡沫液设计量，L；

Q_1——泡沫混合液流量，L/min；

T——泡沫液连续供给时间，min；

n——泡沫枪数量，支；

Q_2——每支泡沫枪的泡沫混合液流量，L/min；

t——泡沫枪的混合液连续供给时间，min；

V——系统内管道剩余用量，L。

根据规范，泡沫混合液连续供给时间不应小于 30min，在此 T 取 30min。

根据《石油储备库设计规范》（GB 50737—2011），外浮顶储罐泡沫枪配备 3 支，每支泡沫枪流量为 240L/min，供给时间不应小于 30min。

由于各个罐区的总平面布置不同，则系统的管道长度不同，按照 1000m 管径为 DN250 的管道长度计算，V 为 49087L。

得出泡沫液设计量为：Q=275087L。

由泡沫液设计量可计算得出泡沫液总储量：

$$W = Qb\%$$

式中 W——泡沫液总储量，L；

Q——泡沫液设计量，L；

$b\%$——泡沫液混合比，在此选用3%的水成膜泡沫液。

得出泡沫液总储量为：$W = 8252.6 \approx 8.3\text{m}^3$

当然，在实际工程泡沫液储备量应在计算的基础上增加不少于50%的裕量，另外中国石化对于外浮顶储罐的安全规定中要求“泡沫混合液连续供给时间不应小于于60min”。在实际的计算中应根据行业不同的要求进行设计计算。

5. 泡沫比例混合器

由于大型浮顶油罐的火灾危险性较大，为实现泡沫灭火系统的自动控制和满足行业内的有关规定，同时根据生产管理实际应用情况，泡沫比例混合器推荐选用平衡压力式泡沫比例混合器。

6. 泡沫泵扬程计算

泡沫泵扬程计算公式如下：

$$H = h_0 + \sum h + h_{吸} + 0.01Z$$

式中 H——泡沫消防泵扬程，MPa；

h_0——最不利点泡沫产生器的工作压力，MPa；

$\sum h$——系统管道的沿程水头损失与局部水头的损失之和，MPa；

$h_{吸}$——泵的吸入水头损失，MPa，查产品参数可知；

Z——最不利点泡沫产生器与吸水池最低水位的高程差，MPa。

最不利点泡沫产生器的工作压力应根据制造商提供的参数确定，应为其额定值±0.1MPa，PC-8型泡沫产生器采用0.5MPa。

沿程水头损失与局部水头损失应根据系统管道的流量和管径计算出管道的水力坡降，再乘以管道长度即为系统管道的沿程水头损失，系统管道的局部水头损失可按沿程水头损失的20%计算，泡沫比例混合器的局部水头损失应按制造商提供的参数确定。

最不利点泡沫产生器与吸水池最低水位的高程差应根据具体的工艺布置确定。

7. 泡沫泵的选择

根据计算出的泡沫消防泵的最小流量和最小扬程乘以1.05的裕度系数选取泡沫消防泵的流量与扬程，且泡沫消防泵宜选用特性曲线平缓的离心泵。泡沫泵宜采用1用1备形式，各设置独立的吸水管，备用泵的流量、扬程不小于最大工作主泵的相应性能参数值。

二、消防冷却系统

根据《石油储备库设计规范》(GB 50737—2011)的规定，外浮顶储罐采用用固定式消防冷却水系统。

1. 消防冷却水系统流量的计算

消防冷却水系统流量计算公式如下：

$$Q_t = FI$$

式中 Q_t——消防冷却水系统流量，L/min；

F——需要冷却的储罐罐壁外表面积，m^2；

I——冷却水供给强度，L/(min · m^2)；一般取 2. 0L/(min · m^2)。

$10\times10^4 m^3$浮顶储罐直径为 80m，罐壁高 21. 8m，罐壁表面积为 $5476m^2$，因此消防冷却水系统流量 $Q_t = 182.54$L/s。

2. 消防冷却水量的计算

根据《石油储备库设计规范》(GB 50737—2011)的规定，消防冷却水供给时间要求不应小于 4h，冷却水量为 $Q_{水} = 182.63\times3600\div1000\times4 = 3944m^2$。

3. 消防总用水量

储罐的消防总用水量是扑救最大罐火灾配置泡沫用水量、储罐固定冷却用水量的总和，即为 $Q_{水}+Q \cdot 97\%$。

4. 消防泵扬程计算

$$H = h_z + h_d + h_g + \Delta Z$$

式中 H——清水泵的扬程，m；

h_z——为了保证一定长度的充实水柱，在水枪喷嘴出口处所必需的压力，MPa；

h_d——水带的摩阻损失，MPa；

h_g——自消防水池出口经消防给水管网至消火栓出口的总摩阻损失，需根据管网形式分段计算，MPa；

ΔZ——水枪高度与消防水池出口高度标高的差值，MPa。

消防给水系统压力不应小于在达到设计消防水量时最不利点所需要的压力，并应保证每个消火栓出口处在达到设计消防水量时，给水压力不应小于 0. 25MPa。

5. 消防泵的选择

消防泵主要是用来对着火储罐及其邻近储罐提供冷却水，其工作流量必须满足水枪所需的出水量，扬程必须满足任意水枪出口处所需的压力，且消防泵宜选用特性曲线平缓的离心泵，当石油储备库油罐规格形式单一时，消防冷却水泵采用 2 台，备用 1 台。

6. 消防补水

消防水储备一般采用钢罐，补水时间不应超过 72h，消防水罐数量不少于 2 个，并用带阀门的连通管连通。当采用水池时，水池分隔为两个池，并用带阀门的连通管连通。

三、火灾报警系统

《火灾自动报警系统设计规范》(GB 50116—2013)第 12. 2. 1 条规定："外浮顶油罐宜采用线型光纤感温火灾探测器，且每只线型光纤感温火灾探测器应只能保护一个油罐，并应设置在浮盘的堰板上。"第 12. 2. 3 条规定："采用光栅光纤感温火灾探测器保护外浮顶油罐时，两个相邻光栅间距离不应大于 3m。"因此在每个储罐敷设两路光栅光纤感温探测器，光纤感温探测器设置在储罐浮盘二次密封圈的上面，探头的实际间隔约为 3m。故储罐设置光栅光纤感温火灾探测器的个数为：储罐圆周长×探测器间距 = 3. 14×80/3 = 83. 7，取 84 个。

在罐区防火堤外的四周道路边设置手动火灾报警按钮和声光报警器，手报和声光报选用防爆型，且一般为非编码的，采用支柱安装在堤外的路肩上。

储罐上的光栅光纤感温火灾探测器根据消防灭火系统的要求进行报警分区，每个储罐至少设一个报警区域，以便火灾发生时，能迅速确认着火的储罐，并对其进行有效的灭火。因此每台储罐设计 2 个报警回路，相对应在控制中心机柜间内配置 1 台 2 路的信号处理器，实现对储罐火情的实时监测，并实时显示探测温度值。光纤光栅感温火灾探测器的报警及故障信号接入站控中心的火灾报警控制器终端。

在石油储备库的消防控制室、消防站值班室和生产控制室，设置火灾报警控制器终端，监控整个石油储备库的火灾报警信息。火灾自动报警系统与电视监控系统联网，实现对原储罐的联动视频监视，以便及时确认火情，组织人员灭火。当发生火警时，报警信号发送至所连接的火灾报警控制器上，并联动控制相应的摄像机，在图形显示终端上确认火情后，启动消防设施；消防站通过图像确认火情后，组织消防人员投入灭火工作。

第七节 安全仪表系统设计

《国家安全监管总局关于加强化工安全仪表系统管理的指导意见》(安监总管三〔2014〕116 号)中规定，“涉及‘两重点一重大’在役生产装置或设施的化工企业和危险化学品储存单位，要在全面开展过程危险分析(如危险与可操作性分析)基础上，通过风险分析确定安全仪表功能及其风险降低要求”，在此基础上增设安全仪表系统，提升油库安全联锁保护水平，完善紧急停车功能，做到安全合规生产。

第一步，通过 HAZOP(危险与可操作性分析)，根据罐区 PID 图(管道仪表流程图)、仪表联锁逻辑图等资料辨识油库工艺过程中存在的危险，查找是否存在可操作性问题。主要目标包括：(1)查找工艺过程中存在的危险与可操作性问题；(2)分析现有安全措施是否足以保证异常情况下工艺处于安全状态；(3)提出建议措施以降低系统的风险并消除潜在的可操作性问题。

第二步，需要进行 SIL(安全完善性等级)评估，采用 LOPA(保护层分析)方法，LOPA 分析法是建立在 HAZOP 分析基础上的一种半定量风险评估方法，是通过计算已有保护层的保护能力以及在失效的情况下，危险事件发生的概率，辨识保护层的数量和质量，如发现保护措施不足，推算出需要的保护措施等级，即确定风险降低到允许风险所采用的安全仪表功能所需要的 SIL 等级。

第三步，根据 HAZOP 分析 SIL 评估结论，罐组的 SIL 等级定为 SIL1，原油储罐应新增一个独立的 SIF，新增液位高高联锁关闭进料切断阀，其联锁独立于现有 BPCS(基本过程控制系统)。

每台储罐新增 3 台具有 SIL 认证的高高液位开关组成 3 选 2 冗余方式，并独立于原有液位开关重新安装，敷设电缆，信号接入新设置的安全仪表系统。进罐阀急停控制信号接入安全仪表系统，采用独立电缆接线，重新敷设电缆，接入安全仪表系统 PLC 机柜。每台储罐新增 3 台具有 SIL 认证的低低液位开关并组成 3 选 2 冗余方式，独立于原有液位开关重新安装，敷设电缆，信号接入新设置的安全仪表系统。低低液位报警信号与输油泵联锁，报警停泵并关闭泵出口电动阀，控制信号接入安全仪表系统，采用独立电缆接线，重新敷设电缆，接入安全仪表系统 PLC 机柜。

储罐的进罐阀门更换为具有 SIL2 认证等级的电动执行机构。进罐阀急停控制信号接入安全仪表系统，采用独立电缆接线，重新敷设电缆，接入安全仪表系统 PLC 机柜。

新设 1 套安全仪表系统，在控制室设置安全仪表操作站，在机柜间设置 PLC 机柜，监视储罐液位开关报警信号，完成高高液位联锁停止进料，低低液位联锁停止出料，出站压力高高联锁，输油泵汇管压力联锁等功能。设置一台工程师站，兼作 SOE 工作站，对 SIS 系统进行组态编程、系统维护等，放置在控制室；一台操作员站，用于流程及报警画面显示；一面辅助操作台。安全仪表系统与库区控制系统通信采用冗余的 RS485 通信接口，将液位开关及进罐阀急停信号上传至库区控制系统。

第四章　储罐施工

本章依据现行的储罐工程施工规范、规程和质量验收标准，并汲取了储罐工程的新技术、新工艺，按照合理的施工程序，对储罐施工的全过程进行了介绍，主要介绍 10×10^4 m^3双盘式外浮顶储罐从地基处理、储罐预制、安装、焊接到防腐保温的施工程序以及验收标准，使读者对于储罐施工主要工序有一定的了解。

第一节　概　　述

一、储罐的施工特点

（1）储罐建造地点相对固定施工场地集中，现场露天作业。

建造期间的施工地点是固定的，有利于施工管理。为方便施工，减少材料及半成品倒运，一般将储罐的材料堆放场、预制加工区、储罐安装区集中设置在罐区及附近。

（2）储罐用钢量大，长直焊缝数量多，宜应用自动焊接技术。

储罐是由多块钢板拼制焊接而成，钢板的数量和尺寸需要根据储罐规格、钢板规格以及施工工艺来确定，此外，罐体上还有人孔、清扫孔、液位计、工艺接管、通气孔等多个需要开孔焊接的附件。总之，储罐上焊缝数量较大，并且对焊接变形的控制、焊缝外观及内部质量的要求较高。由于储罐的长直焊缝数量较多，宜应用全自动、半自动焊接技术。

（3）储罐施工工序复杂，使用设备及机具较多。

储罐施工涉及土建、预制、组对、焊接、防腐、试压等多种工艺，工序复杂，施工设备种类较多，包括吊车、拖车、卷板机、切割机、焊机、提升设备、倒链、焊条烘干箱、水泵、真空箱检漏仪等多种设备和机具。此外，还要制作大量的胎具、支架、胀圈、卡具、脚手架、平台等施工用临时设施等。

（4）储罐容积庞大，存在高空作业、交叉作业。

立式储罐的容积比较大，当采用正装法施工时，随着壁板的逐层安装，作业面也在逐渐升高，高空作业量较大。壁板吊运需要使用大型吊装设备，壁板组对时需要起重、铆工、焊工等多工种协作，并且操作空间有限，存在安全隐患。储罐施工时，壁板组对焊接、浮舱组对焊接、挂件及附件安装、防腐、无损检测等多种作业常常交叉进行，存在诸多不安全因素。

二、储罐施工内容

储罐施工内容主要包括以下几个方面：

1. 土建工程

土建工程包括：储罐基础施工，主要包括测量放线、基础开槽、土方回填、地基处理

(本书主要介绍桩基)、环墙开槽、绑筋支模、垫层浇筑、环墙浇筑、砂垫层及沥青砂绝缘层铺设等。

2. 储罐安装工程

储罐安装工程包括：储罐罐体安装，主要包括罐底板的预制、铺设及组焊，罐壁板的预制、组装及组焊，浮舱板的预制、铺设及组焊等；储罐附属构件安装，包括抗风圈、加强圈、盘梯、罐顶扶梯、刮蜡密封装置、浮顶排水装置、罐体喷淋和泡沫消防系统等的预制安装；充水试压等。

3. 工艺配套工程

工艺配套工程包括：储罐配套储运、消防工艺管线的组对和焊接；工艺管线安装、给排水系统安装等。

4. 防腐保温工程

防腐保温工程包括：罐壁、罐底、浮舱及附件的除锈、刷漆和保温；储运、消防工艺管线的除锈、刷漆和保温等。

三、外浮顶储罐施工技术概况

1. 预制技术

外浮顶储罐预制包括罐底板、壁板、浮舱板以及储罐附件的下料、切割、滚板、接管法兰的焊接、壁板热处理、除锈防腐等工序，目前已经全部实现了机械化。下料采用大型龙门式数控自动切割机，实现了多枪头切割，可一次精确切割坡口成型。热处理采用便于拆卸的台式加热炉，除锈防腐采用了抛丸除锈喷涂自动化流水线，整个预制程序实现了工厂化流水作业，加大了大型储罐的预制深度，提高了预制质量，为提高安装质量提供了保证，同时也加快了施工的总体进度。

2. 安装技术

外浮顶储罐主体安装方法采用正装法。正装法是指以罐底为基准平面，罐壁板从底层第一节开始，逐块逐节向上安装。正装法的优点是可以充分利用大型吊装设备，加大预制深度，易于掌握，便于推广储罐的自动焊接技术，成为大型储罐施工的主流方法；其缺点则是要求有较大的施工场地，技术难度大，高空作业多，不安全等。

3. 焊接技术

国内外在大型浮顶储罐的建造中，罐体普遍采用自动焊工艺，技术已相当成熟。我国在 20 世纪 80 年代初就引进了大型储罐自动焊接技术及设备，目前储罐自动焊技术装备已经实现了国产化。目前，储罐施工应用最多的焊接方法是焊条电弧焊和埋弧自动焊(包括横焊、平焊、角焊)，其次是 CO_2 气电立焊。

第二节　施工准备

一、技术准备

技术准备在整个储罐工程项目施工准备中非常重要，是其他施工准备工作的基础，影响其他准备工作的进行，任何技术上的差错和失误都会带来安全隐患和质量事故的发生。

技术准备工作主要包括：准备施工标准与验收规范等技术资料；熟悉设计文件、施工图纸及标书内容，组织内部会审；进行施工现场的踏勘，参加设计交底、图样会审；编制施工组织设计、检验试验计划及设备调试计划，编制专项施工方案、施工作业指导书等。

1. 准备施工标准与验收规范，熟悉和学习设计文件

施工标准、验收规范及设计文件是储罐施工的依据，是指导储罐施工与验收投产全过程的重要技术文件，熟悉并掌握施工标准、验收规范及设计文件是储罐施工的前提与基础。储罐工程开工前，要求参加施工的技术人员充分了解和掌握施工图样和技术要求，内容包括：

（1）施工图样是否完整和齐全。储罐施工图通常都是由总图和各部位单体图组成，按照总体目录索引来检查各单体图及各专业图是否齐全；施工图样是否符合国家有关工程设计和施工的方针及政策。

（2）储罐施工各专业图样与其图样说明书在内容上是否一致；储罐施工总图及其各组成部分之间有无矛盾和错误。

（3）储罐基础图与主体图在尺寸、坐标、标高和说明方面是否一致，技术要求是否明确。

（4）熟悉与储罐连接的生产工艺流程和技术要求，掌握配套投产的先后次序和相互关系；审查工艺安装图样总体图与各单体图在衔接和各类标注尺寸上是否一致；各张图样之间、各施工专业之间是否有错、漏、碰、缺的现象。

（5）储罐基础设计或地基处理方案同建造地点的工程地质和水文地质条件是否一致。

（6）掌握拟建储罐的结构形式和特点，需要采取哪些新技术；复核脚手架、吊装工具、组装卡具、胎架等主要承重结构强度、刚度和稳定性能否满足施工要求。

2. 参加图纸会审和设计交底会议

图纸会审工作一般是在施工单位、建设单位、监理单位完成自审的基础上，由建设单位主持，监理单位组织，设计单位、施工单位、质量监督管理部门和物资供应单位等有关人员参加。会审的各方对设计意图及技术要求全面了解，能发现问题并提出建议与意见，提高图样会审的工作效率，将图样上的差错、缺陷，在施工之前纠正并改进。

建设单位组织设计单位对于图纸的设计意图、工程技术与质量要求等向施工单位和监理单位做出明确的技术交底，通过图样会审重点解决以下问题：

（1）理解设计意图和建设单位对储罐建设的要求。

（2）储罐采用新技术、新工艺、新材料、新设备的情况，工程结构是否安全合理。

（3）设计方案及技术措施中，贯彻国家及行业规范、标准的情况。

（4）根据储罐设计图样要求，施工单位组织施工的条件是否具备，施工现场能否满足施工需要。

（5）储罐图纸上的开孔及各部件尺寸、位置及数据是否准确一致，各类图样在阀门、管线、附件标注上有无矛盾等。如发现错误，及时更正。

3. 编制施工组织设计、HSE 作业指导书

工程技术人员对图样、标准以及施工现场情况熟悉后，可相应地编制不同的施工组织

设计，并报有关部门批复。对于筹建单个储罐来说，主要编制以下两重施工组织设计。

(1) 单位工程施工组织设计：以单台大型储罐为编制对象，内容详细具体，是指导单位工程施工的技术经济文件，是对工程施工所做的全面安排，如确定具体的施工组织、施工方法、技术措施等。

(2) 施工方案：以分部工程或专项工程为主要对象编制的施工技术与组织方案，用以具体指导施工全过程，对施工中的主要工序，在施工方法、时间配合和空间布置等方面进行合理的安排，确保施工正常进行。

(3) HSE 作业指导书：是储罐在安全、环保条件下正常施工的重要技术文件，主要包括储罐预制安装人员的基本条件、岗位职责、岗位操作规程、风险识别、风险削减及控制、巡回检查内容及注意事项、应急处置程序及应急措施等。

4. 编制项目技术交底资料，组织各专业技术交底

技术交底是储罐施工中极为重要的一项技术管理工作，是在图样会审和设计交底完成后，由施工单位向施工管理和施工作业人员进行的交底，目的是使参与储罐施工的技术人员与工人熟悉和了解所承担的储罐的特点、设计意图、技术要求、施工工艺及应注意的问题，有利于提高施工质量和效率。技术交底主要包括以下几项内容：

(1) 施工组织设计和施工技术措施交底：包括施工的工期、质量、成本目标及内容，采用的设备、施工工艺的特点，本工程要求达到的主要经济技术指标以及实现这些指标应采取的技术措施；施工方案顺序、工序衔接及劳动组织；各工序要达到的技术要求等。

(2) 施工中的 HSE 交底：包括工程的特点、施工中的 HSE 要求和保证 HSE 目标实现的各项技术措施、具体责任人。

(3) 施工质量交底：包括施工中各项质量要求(各个工序的质量要求和质量控制点)及保证质量的各项措施。

(4) 新设备、新工艺、新材料、新结构和新技术交底。

技术交底应有专人负责记录，汇总后填写技术交底记录，并列入技术档案存档，技术交底要有交底人、被交底人签字。

5. 搞好技术培训与新技术推广应用

近年来，在大型储罐施工新技术方面，应用较为成熟的有：

(1) 罐底对接焊缝碎丝埋弧焊接技术：焊接质量好，效率高，焊接变形量小。

(2) 浮顶安装低架台技术：此技术使用了 20mm×20mm 的方钢作为支撑浮顶的平台，既能节省原料，又能缩短工期，是一种较为理想的施工技术。

(3) 罐壁组装同步技术：边组装边焊接的工艺，在工序上既实现了同步作业，又解决了焊缝收缩总量控制的问题。

(4) 储罐后台预制技术：只有浮顶是在现场制造安装的，其余全是预制件，这样能减少现场所需施工人员，提高施工速度，节省施工费用。

(5) 壁板安装自动焊技术：壁板安装采用自动焊接机(立焊机和横焊机)，可以提高焊接施工质量及效率。

在施工前，技术培训与新技术推广应用方面的准备工作包括以下内容：

(1) 做好各专业及各工种的技术培训与质量教育及考核工作。

（2）进行施工组织设计的贯彻和技术交底。

（3）进行施工组织设计的贯彻和技术交底。

（4）在使用新技术、新工艺、新材料、新设备前要先做好技术培训。

（5）建立健全各级技术管理的组织机构和各项管理制度。

6. 做好储罐施工日志

施工日志是重要的施工原始记录，记载施工全过程的活动，是编制竣工文件、写施工总结、签证索赔、申报全优工程资料等的重要依据，施工日志的主要内容包括：

（1）设计文件、技术资料及产品技术文件的接收情况，工程主材的试验化验资料。

（2）工程的开、竣工日期，分部、分项工程的起止日期。

（3）设计疑问、工程现场发现的问题以及设计或业主代表答复结果和答复时间。

（4）工程关键点特殊技术要求和施工方法。

（5）质量、安全、环保、机械事故的分析及处理。

（6）有关领导或部门对工程的意见和建议。

（7）停工、窝工的原因记录。

（8）重要分部、分项工程及单位工程检查验收及中间交工情况等。

（9）施工组织设计或施工技术措施在实施过程中发现的问题及情况汇报。

（10）不符合施工验收规范、质量验收标准或设计图的情况。

（11）主要工程设备、施工主材到货情况及其质量验收情况。

（12）对于涉及进口设备安装配合施工时，要详细记录施工过程中外方代表提出的要求措施等。对于外方代表提供的材料要单独记录并签字确认。

二、人力资源准备

1. 施工机构的组建和人员的配备

施工单位要根据储罐工程规模及专业特点组建相应的项目管理组织机构，项目管理组织机构形式要根据施工项目的规模、复杂程度、专业特点、人员素质和地域范围确定，大型储罐及罐群工程项目一般采用矩阵式项目组织机构，如图 4-2-1 所示。

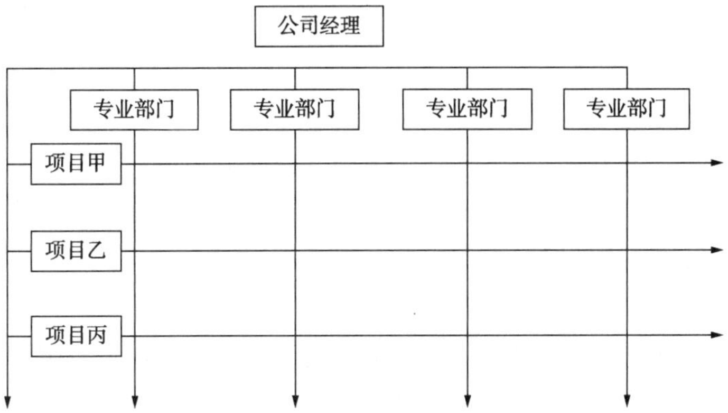

图 4-2-1　矩阵式项目组织机构

2. 建立健全各项管理制度

常见的施工现场管理制度如下：

（1）工程质量检查与验收制度。

（2）工程技术档案管理制度。

（3）建筑材料(构件、配件、制品)的检查验收制度。

（4）施工图样会审制度。

（5）技术交底制度。

（6）焊条烘干、发放、回收制度。

（7）材料出入库制度。

（8）安全操作制度。

（9）机具使用保养制度。

（10）试验化验管理制度。

3. 配置各类施工工种和人员，组织培训、取证

根据项目施工不同的特点，有针对性地进行人员配置，特别地，对于电焊工、电工、起重工等都需要持证上岗，要有针对性地进行岗前培训和考试。

4. 编制人力资源动态需求计划

项目组织机构成立后，要组织有关人员根据项目人员配备、工期及计划、施工方案等编制人力资源动态需求计划。

三、施工物资准备

在储罐工程施工工程中，需要用到的原材料、设备、构件及加工件内容比较多，不仅有一般建筑工程所需的水泥、沙子、钢筋等，还有储罐安装所用的钢板、型钢、焊接材料、附属管线、阀门、法兰、各种电器等。

施工设备和机具也是进行储罐工程施工的重要手段，是保证储罐工程施工质量的前提。所需施工机具有夯机、打桩机、土石方机械、钢筋混凝土机械等，储罐主体施工设备及机具(起重设备、组对工装卡具、脚手架、焊接设备、切割设备、打磨设备、热处理设备、防腐设备、运输设备、各种动力设备)，储罐试运行设备(泵、阀门等)。

四、施工现场准备

施工现场是施工单位开展储罐预制、建造及施工作业的活动空间。施工现场的准备工作，主要是为了给拟建工程的施工创造有利的施工条件和提供物资保证。应主要做好以下几个方面的工作：

（一）施工现场的补充勘探

1. 现场的补充勘探

主要是在施工范围内寻找枯井、地下管道、地下电缆、旧河道与暗沟、古墓等隐蔽物的位置与范围，以便及时拟定处理的实施方案，保证施工安全。

2. 现场的控制网测量

根据设计和施工的要求，将设计好的储罐位置、大小及高程，按照一定的精度要求在

地面标定出来，以便进行施工，实质是将图样上储罐的一些轮廓点(特征点)标定于实地上。

3. 储罐的定位、放线

根据场地平面控制网或设计给定的作为储罐定位放线依据的建筑物以及总平面图，进行储罐的定位、放线，它是确定储罐平面位置和开挖基础的关键环节。

主轴线的放线，可以根据在储罐区为施工测量专门建立的控制网、施工控制网进行。而细部放线一般可根据主要轴线进行，但有时也可以根据施工控制网进行。测量人员应创造从现场标定的轴线进行细部放线的条件。这有利于保证附属罐前阀室等建筑物的几何形状、尺寸及放线工作的顺利进行。

(二) 临时设施的搭建

临时设施的规划与搭建应尽量利用原有的建筑物和永久性的设施，做到既能满足施工需要，又能降低成本。

临时设施可分为施工生产设施和办公生活设施。施工生产设施主要包括水平与垂直运输设施、搅拌站、原材料堆场与库存设施、各类预制场等；办公及生活设施主要包括用于施工管理的各类办公室、试验室、休息室、宿舍、食堂等。临时设施的规模与布置应满足施工阶段生产的需要，同时还应符合防火与施工安全的要求。

(三) 做好“三通一平”

“三通一平”指的是路通、水通、电通和平整场地，为了节约成本，应尽量利用永久性设施。

路通是要按照施工总平面图的要求，修好施工现场的永久性道路(包括厂区铁路、厂区道路)以及必要的临时性道路，见图 4-2-2，形成完整畅通的运输网络，为建筑材料进场、堆放创造有利条件。

图 4-2-2 施工现场

水通是要按照施工总平面图的要求，接通施工用水和生活用水的管线，使其尽可能与永久性的给水系统结合起来，做好地面排水系统，为施工创造良好的环境。

电通是要按照施工组织设计的要求，接通电力和电信设施，确保施工现场动力设备和通信设备的正常运行。

平整场地是按照施工总平面图的要求，首先拆除场地上阻碍施工的建(构)筑物，然后根据储罐总平面图规定的标高和土方竖向设计图样，进行挖(填)土方的工程量计算，确定平整场地的施工方案，做好平整场地的工作。

第三节　储罐地基处理

一、储罐地基处理目的与施工

(一) 储罐地基处理的目的

采用适当的措施对地基进行处理，主要是改善地基土的物理力学性质和提高地基土的抗剪强度，改善土的变形性质，改善地基的强度、压缩性、透水性、动力特性、湿陷性和胀缩性等，使其在上部结构荷载作用下不致发生破坏或出现过大的变形(绝对沉降和差异沉降)，以保证储罐的正常使用。

(二) 储罐地基施工工艺

大型外浮顶储罐一般采用桩基处理工艺，桩基是由设置于岩土中的桩与桩顶连接的承台共同组成的基础。按照桩的形成方式分为预制桩、灌注桩、预应力管桩、管桩、方桩等，本书主要介绍管桩的施工工序。

桩基施工操作主要包括：现场试验、测放桩位、桩机对位、桩基检测与验收、凿桩头。

1. 现场试验

设计单位应根据地质勘查报告配合监理、施工选取需要做竖向抗压静载实验的桩位。桩位的选取，可按以下原则现场选取，选取的数量不少于桩总量的1%。

现场选桩时，应结合地勘和现场情况，充分听取监理和施工现场技术人员的建议，合理选取，便于检测(检测需要一定的施工位置，太靠近基坑护壁不便于检测；选取的成孔灌注桩不宜距邻近桩位过近)，做到重点不遗漏，也要避免不合理的超量选用，以节约检测费用，如图 4-3-1 所示。

图 4-3-1　现场测试

选择桩锤时，充分考虑桩的形状、尺寸、重量、入土长度、结构形式以及土质、气象等条件，并掌握各种锤的特性。

2. 测放桩位

根据桩位分布图对施工区域进行划分，并将各桩进行编号。依据坐标控制点，利用全站仪先放出各区域的基准桩位点，然后用经纬仪、钢尺逐一测放其余桩位点。

3. 桩机对位

根据桩基施工图进行桩位测试，并提前进行平面定位和高程复核以及控制点复核。经项目质量员复核后，最后由监理核查认可，方可施工，如图 4-3-2 所示。

图 4-3-2　施工锤击作业

4. 桩基检测与验收

被检测桩应在达到地基土有关规范规定的休止期后施测。

桩基检测对照《建筑地基基础工程施工质量验收标准》(GB 50202—2018)执行。具体的桩基检测要求将依照有关规定结合业主的要求进行，并委托有相关资质的检测单位进行检测，出具检测报告，桩基检测过程中我们将积极协调配合，确保桩基检测的顺利进行。

验收质量标准见表 4-3-1。

表 4-3-1　验收质量标准

项次	检查项目			规定值或允许偏差	检查方法和频率
1	桩位/mm	群桩	中间桩	200≥d>2	根据轴线测量
			外缘桩	d>4	
		两桩及三桩	两桩	100	
			三桩	150	
2	桩尖高程/mm			不高于设计规定	查沉桩记录

桩基验收：按验收质量标准要求事项进行验收，同时检查桩头损坏情况，对桩头严重打坏的桩责令施工单位进行修补。试桩的桩顶如有破损或强度不足时，将破损和强度不足段凿除后，修补平整。

5. 凿桩头

凿桩头的原理是在桩身混凝土浇筑过程中，由于在振捣过程中混凝土内部的气泡或孔隙会上升至桩顶部分，桩顶一定范围内为浮浆，或是水下砼浇筑时的泥浆、灰浆混合物，为了保证桩身砼强度需将上部的虚桩凿除，如图 4-3-3 所示。

凿桩头一般采用人工凿破和桩头整体破除法相结合。桩头整体破除法主要是在钻孔结束后安装钢筋笼前，安装前要对钢筋笼进行验收，如图 4-3-4 所示，将事先加工好的复合脱松套或 PE 管直接套入钢筋笼外露承台(或伸入冠梁)的主筋和声测管外端表面，将钢筋笼伸入承台的主筋和声测管全部包裹、密封。

图 4-3-3　人工凿桩头

图 4-3-4　现场检验钢筋笼

人工凿破在承台开挖完后，人工用风镐先凿出钢筋笼的主筋和声测管，然后进行桩头分离，再采用大型机械将桩头吊起。

二、储罐基础施工

外浮顶储罐基础为桩及钢筋混凝土承台式，这种基础是将储罐设置在钢筋混凝土承台上，用承台支撑罐体，储罐的荷载通过钢筋混凝土承台传递给各桩顶，再通过桩将上部荷载传至持力层。

桩基几乎可以应用于各种工程地质条件下的各种类型的储罐工程，是一种增强可液化地基抗震性能的良好基础，可以防止储罐的震陷。在液化地基中，当桩穿越可液化土层并伸入密实稳定土层足够长度后，也能起到减轻震害的作用。

储罐基础施工程序主要包括以下分项工程：测量放线、土方开挖与回填、钢筋混凝土环墙施工、防渗层施工、级配砂回填、沥青砂面层等。

(一) 测量放线

用水准仪或全站仪将站内已知绝对高程点引入施工现场的永久建筑物上或受保护的水准点上，经复核无误后，以此点作为控制构筑物标高的相对水准点，如图 4-3-5 所示。用经纬仪将站内已知坐标引入施工现场内，经复核无误后，以此点作为相对坐标。按照图样要求确定构筑物位置，其间做好测量放线施工记录，然后根据构筑物位置坐标，按照图样要求用量程合适的钢卷尺配合经纬仪确定罐基础中心点，并在每个罐四个方向上各设置一个控制桩。以每个罐中心点按图样要求半径加放坡(锥体)和工作面确定开挖范围，并以石灰粉画线做出标记。

图 4-3-5 测量放线

(二) 土方开挖与回填

根据地质勘查部门给出的水文地质资料、现场实测高程和设计图样确定开挖方式，根据设计现场平面图样和现场情况确定开挖顺序及运土方案。土方开挖宜采用机械施工，人工配合。挖掘机挖土并装车，用自卸车将土运出施工现场，堆放在指定场所，并观察场地是否有条件预留回填土。机械开挖时，应随挖随人工找平清底或在基底标高以上预留一层用人工清理，其厚度应根据机械确定，以预留 100~300mm 为宜，基坑不得超挖。土方开挖验收的质量标准应符合表 4-3-2 的规定。

表 4-3-2 土方开挖工程质量标准

项目	检验项目	允许偏差或允许值/mm		检验方法
		基槽	路面基层	
主控项目	标高	0	0	水准仪
		-50	-50	
	中心线位移	20	20	经纬仪，用钢尺量
一般项目	长度、宽度或直径	+200	+200	用 2m 靠尺和楔形塞尺检查
		-50	-50	
	基底土性	设计文件要求		观察或土样分析

储罐基础环墙施工完毕、模板拆除后，将现场杂物清理干净，开始进行土方回填。回填土的含水量应在规范规定范围内，否则会影响回填土的夯实密度。回填时应分层进行、分层回填、分层夯实、分层检测。当设计文件无要求时，每层厚度及压实遍数应符合表 4-3-3的规定。每层回填土用推土机或振动式压路机压实一次，并采用环刀法或其他试验方法对压实结果进行检测，夯实系数要满足设计要求，保证回填土的压实质量。

表 4-3-3　填土每层的铺设厚度及压实遍数

压实机具	分层厚度/mm	每层压实遍数/次
平碾	250~300	6~8
振动压路机	250~300	3~4
柴油打夯机	200~250	3~4
人工打夯机	200	3~4

回填土施工结束后，应检查标高、压实程度等，质量标准应符合表 4-3-4 的规定。

表 4-3-4　填土工程质量标准

项目	检验项目	允许偏差或允许值/mm		检验方法
		基槽	路面基层	
主控项目	标高	0 -50	0 -50	水准仪
	分层压实系数	设计文件要求		按规定方法
一般项目	回填土料	设计文件要求		取样检查或直观鉴别
	分层厚度	设计文件要求		水准仪及抽样检查
	表面平整度	20	20	用靠尺或水准仪

（三）钢筋混凝土基础施工

保证钢筋混凝土基础的施工质量是储罐基础达到设计文件要求的重要环节，保证罐体均匀受力于基础上，达到整体受力、均匀沉降。钢筋混凝土环墙的各项质量验收标准见《混凝土结构工程施工质量验收规范》（GB 50204—2015）。

储罐钢筋混凝土基础施工包括混凝土垫层、钢筋绑扎安装、模板支护、混凝土浇筑养护。

1. 混凝土垫层

基础验槽合格后，进行垫层混凝土支模，从罐中心点用钢尺进行外圈校正，量取垫层宽度为垫层内圈模板外线，用水准仪控制高度。采用钢模板或复合板支设模板，用木支撑或短钢筋间距 300mm 设一个支撑点。

混凝土随浇随用平板振动器振捣密实，垫层表面要求平整，宽度、厚度达到设计要求。垫层混凝土强度达到要求后，在表面画出环梁内、外轮廓线，同时画出后浇带位置。

2. 钢筋绑扎安装

钢筋的品种和质量必须符合设计要求和有关标准规定，钢筋的规格、形状、尺寸、数量、间距、锚固长度、接头位置等必须符合设计和规范规定。储罐环墙钢筋绑扎成型如图 4-3-6所示。

在钢筋骨架绑扎好后，为了保证骨架的强度，沿着梁长每 4m 加设一根八字形加固钢筋，如图 4-3-7 所示，箍筋必须呈封闭形，开口处设置 135°弯钩，弯钩平直段长度不小于钢筋直径的 10 倍。

图 4-3-6　钢筋绑扎成型

图 4-3-7　环墙环筋安装

3. 模板支护

为防止模板整体位移或胀模，保证环梁混凝土浇筑质量及稳定性，模板固定采用 M12 穿墙螺栓和斜支撑，在环梁垂直方向上设 3 道螺栓，底部螺栓距垫层 300mm，中间两道螺栓间距为 400~500mm，环向距离为 1500~2000mm；为防止模板受力变形，模板横向用三道 ϕ48 双根钢管或木方作为水平龙骨，模板竖向沿梁周每 350mm 设一道 50mm×80mm 竖向木方或648 双根钢管，内外的竖向木方或钢管用 3 字形扣件固定；内外模板用木方做斜支撑，一端固定在模板上，一端用木楔打入地下，斜支撑间距为 1.40m，如图 4-3-8 所示。

图 4-3-8　模板安装

4. 混凝土浇筑及养护

(1) 混凝土浇筑。浇筑混凝土时应分段分层进行，每层的浇筑高度控制在500mm范围内。浇注时，从环梁的一点向两个方向同时推进，最后合并接头，不留施工缝(也可以按设计要求设后浇带)，如图4-3-9所示。振捣时采用梅花状布点，保证振密实，严禁直接振捣模板和钢筋，浇筑混凝土应连续进行。环墙上表面混凝土应一次压光，不得二次抹灰。

浇筑混凝土时应派专人经常观察模板钢筋、预留孔洞、预埋件、插筋等有无位移、变形或堵塞情况，发现问题应立即停止浇筑，并应在已浇筑的混凝土初凝前修整完毕。

(2) 混凝土的养护。混凝土的养护采用人工自然养护法。在混凝土浇筑完毕后的12h以内对混凝土加以覆盖塑料薄膜，并浇水养护。当混凝土中无外加剂掺入时，养护时间不得少于7昼夜，当混凝土中有外加剂掺入时，不得少于14昼夜，如图4-3-10所示。

图4-3-9 混凝土浇筑施工

图4-3-10 混凝土覆盖薄膜养护

(3) 后浇带的设置。根据设计要求，施工时考虑温度伸缩设置后浇带，在混凝土浇筑后强度超过70%方可浇筑后浇带混凝土。后浇带在浇筑混凝土前，清除钢筋上的水泥浆、油污等，凿除混凝土表面的松动石子、水泥薄膜等，用水将混凝土表面浮灰冲洗干净，先铺设一层水泥浆，然后浇筑强度提高一级的微膨胀混凝土，保持至少15d的湿润养护。

图4-3-11 砂垫层施工

(四) 砂(石屑)垫层施工

(1) 砂垫层每层虚铺设厚度为200~250mm，如图4-3-11所示，分层厚度可用标桩控制，砂垫层的捣实可选用振实、夯实或压实等方法进行。用平板振动器洒水振实时，砂的最优含水量为15%~20%；亦可用水撼法夯实(湿陷性黄土及强风化岩除外)，砂垫层的厚度不宜小于300mm。

(2) 先回填100mm厚砂垫层，如图4-3-12所示，碾压合格后，交相关单位进行阴极保护施工。

(3) 在砂垫层施工阶段，若储罐有外加电流阴极保护工程，需和该施工单位结合，预留施工时间。砂垫层完工后应注意保持表面平整，防止踩踏。

(4) 砂垫层施工结束后进行检测，地基承载力应达到设计文件要求。测点数量为：每座罐基不应少于 3 点；$1000m^2$ 以上，每 $100m^2$ 至少应有 1 点；$3000m^2$ 以上，每 $300m^2$ 至少应有 1 点。

图 4-3-12　砂垫层回填碾压

(五) 沥青砂绝缘层施工

沥青砂绝缘层的作用，主要是防止罐底的腐蚀，防止水渗入侵蚀基础，同时也便于罐底板的铺设和安装。目前广泛采用的商品热沥青砂，可满足储罐施工要求的各项技术指标。

1. *沥青砂摊铺及碾压*

沥青砂绝缘层应分层分块铺设，每层虚铺厚度不宜大于 60mm，上下层接缝错开距离不应小于 500mm，可按扇形或环形分布。沥青砂用沥青砂摊铺机铺设，首先从罐基础中心处向外侧环向铺设，中心处由人工铺设，如图 4-3-13 所示，虚铺厚度为设计厚度的 1.25 倍。

热拌沥青砂铺设温度不应低于 140℃，用压路机碾压密实，压路机未压到部位，用热辊子碾压平实或用火滚滚压平实，如图 4-3-14 所示。

图 4-3-13　绝缘层施工

图 4-3-14　铺设沥青砂

2. *沥青砂检测及质量要求*

沥青砂层压实后用抽样法进行检验，密实度不得小于设计文件规定。抽样数量为每 $200m^2$ 不少于 1 处，但每一个罐基础不少于 3 处，压实系数不小于 0.95。沥青砂绝缘层应按设计要求铺设平整，其厚度为 80～100mm，罐基础顶面由中心向四周的坡度为 15%～35%，厚度偏差不得大于±10mm，标高差不得大于±7mm。

（六）储罐基础的沉降观测

大罐基础施工完毕后进入罐体安装阶段，其间按照规范要求，沿环梁均布若干个观测点；并进行沉降观测的第一次观测，做好观测记录。观测过程中应遵循固定观测点、固定观测人、固定观测仪器、固定观测路线的“四定”原则。

1. 沉降观测点的布置

每座储罐基础，应按要求设置沉降观测点，进行沉降观测。储罐基础垂直沉降观测点应沿圆周方向在罐壁下部对称均匀设置，点数宜为 4 的整倍数，且不少于 4 点，当设计文件无要求时按表 4-3-5 设置。

表 4-3-5　罐基础沉降观测点设置数量

罐公称容积/m^3	沉降观测点数量/个	罐公称容积/m^3	沉降观测点数量/个
≤2000	4	30000<V≤50000	24
2000<V≤5000	8	50000<V≤100000	24
5000<V≤10000	12	100000<V≤150000	24
10000<V≤30000	16	>150000	32

2. 沉降观测要求

（1）应及时掌握储罐基础在充水预压时的地基变形特征，严格控制基础的不均匀沉降量，并应在整个充水预压和投产使用前期，对储罐基础进行地基变形观测。

（2）沉降观测应包括储罐基础施工完成后、充水前、充水过程中、充满水后、稳压阶段、放水过程中、放水后等全过程的各个阶段。

（3）罐基础沉降应设专人定期观测，充水开始后，每天不少于 2 次，测量精度宜达到Ⅱ级水准测量要求，认真做好记录，并将观测过程延至交工前。

（4）充水预压地基除进行沉降观测外，对软土地基宜进行水平位移观测、倾斜观测及孔隙水压力测试等，防止加压过程中土体突然失稳破坏。

（5）充水预压过程中若发现储罐基础沉降有异常，应立即停止充水，待处理后方可继续充水。

（6）非充水预压地基基础沉降观测，当设计文件无要求时，储罐可一次充水到 1/2 罐高进行沉降观测；当不均匀沉降量小于 5mm/d 时，可继续充水到罐高的 3/4；经观测不均匀沉降量仍小于 5mm/d 时，继续充水到最高液位，罐充满水 48h 后，经观测沉降量无明显变化即可放水。

（7）若非充水预压不均匀沉降超过允许偏差值，则应立即分析原因，采取措施停止充水或紧急向外排水，防止地基失稳，同时要观察罐体是否有渗漏情况。

3. 储罐基础沉降观测的允许值

（1）沉降观测结束后，基础不均匀沉降值不应超过设计文件规定。

（2）储罐基础顶面高出地面不得小于 300mm，排水管应高于地面。

（3）任意直径方向的基础沉降差允许值不得超过表 4-3-6 的规定。

表 4-3-6 储罐基础沉降差允许值

罐内径 d/m	浮顶罐与内浮顶罐/m	罐内径 d/m	浮顶罐与内浮顶罐/m
≤22	0.007d	40<d≤60	0.004d
22<d≤30	0.006d	60<d≤80	0.003d
30<d≤40	0.005d		

（七）储罐底板外壁阴极保护施工

储罐底板外壁阴极保护系统安装内容主要包括：柔性阳极的铺设、参比电极安装、电缆的敷设及连接、防爆箱安装、恒电位仪的安装与调试等。

1. 柔性阳极的铺设

储罐基础砂垫层经密实处理后，再进行柔性阳极的画线、挖沟和敷设。开挖柔性阳极铺设沟槽，建议采用人工开挖，如图 4-3-15 所示。如果采用机械开挖，应避免在开挖过程中破坏储罐防渗层。柔性阳极埋设的平面下应至少有 50mm 厚度的砂垫层，距罐底板外壁平面宜 300mm 左右。

柔性阳极铺设时，应多人沿着铺设圆周同时将柔性阳极放置于铺设位置，避免出现拖曳柔性阳极现象，如图 4-3-16 所示。

图 4-3-15 柔性阳极铺设前挖沟

图 4-3-16 施工人员将柔性阳极放置于铺设位置

柔性阳极电缆通过水泥圈梁时，采用 2 根镀锌钢管预埋管，镀锌钢管预先放置于圈梁模板内，两端用土工布包覆，管内壁应光滑、无异物，并处于同一水平面上，间距为 150mm，如图 4-3-17 所示，待圈梁施工结束后，打通镀锌钢管。

图 4-3-17 储罐环梁的预埋镀锌钢管

2. 参比电极的安装

每座原油储罐采用 4 组参比电极，每组含 1 支进口铜/饱和硫酸铜参比电极和 1 支高纯锌参比电极，沿储罐半径均匀布置，参比电极埋设的平面距离罐底板外壁宜 200mm

左右，第一组放置于储罐底板圆心位置，第二组放置于第二环和第三环柔性阳极的沿半径方向的中点位置，距离罐底板圆心 10m，第三组放置于第四环和第五环柔性阳极的沿半径方向的中点位置，距离罐底板圆心 20m，第四组放置于第六环和第七环柔性阳极的沿半径方向的中点位置，距离罐底板圆心 30m，参比电极出厂自带电缆，且出罐后预留 10m 的裕量，参比电极埋设，应在砂垫层中挖好参比电极埋设坑，再尽快将参比电极袋立式放置于预挖的埋设坑中，并需向坑中浇适量淡水，以降低参比电极与周围土壤之间的电阻。柔性阳极和参比电极安装好之后，储罐基础回填砂垫层和沥青砂。

3. 电缆的敷设及连接

防爆区域的电缆与电缆之间的连接应满足防爆要求，连接点均应进行严格的密封防腐。电缆敷设方式根据现场情况确定，可以走桥架敷设也可以埋设在土壤中。电缆埋设在冻土层以下，具体埋深根据现场所在地冻土层深度而定，但埋深不应小于 800mm，电缆沟的最小宽度为 300mm。依据国家建筑标准设计图集《35kV 及以下电缆敷设》(94D101-5)，电缆的敷设按以下步骤进行：(1)在开挖的电缆沟内铺满一层厚度为 100mm 的细砂；(2)将电缆铺设置在砂层上，再用细砂盖住，细砂厚度为 100mm；(3)在砂层上方放置机砖，用土填埋，在距离地面 300mm 左右时，埋设电缆警示带；(4)最后用原状土进行回填。

当阴极保护电缆需要穿越院墙、公路、管道、水沟以及其他电缆时，应当加适当管径的镀锌钢套管，保护管两端应比穿越段两端各长出至少 50mm。套管所有端部清除毛刺，并用环氧树脂和玻璃布密封。

开挖电缆沟造成路面和水泥面损坏之处，应在回填后迅速加以恢复。

4. 防爆箱安装

每台储罐周边安装一套防爆接线箱和一套防爆测试箱。防爆接线箱和防爆测试箱采用自立式安装在户外；爆炸危险区域，防爆接线箱和防爆测试箱防爆防护等级符为 Exd IIB T4，IP55，WF2。

防爆接线箱和防爆测试箱设置在储罐圈梁外预留套管附近，位于储罐圈梁之外，距储罐圈梁 1~3m。如果安装位置与现场储罐其他设施冲突，由现场施工人员根据实际情况灵活调整。防爆接线箱和防爆测试箱的铭牌应标明工程名称、储罐编号、类型，埋设要牢固，箱体支撑底座要竖直，安装过程如图 4-3-18 所示。

图 4-3-18 防爆接线箱安装过程

防爆接线箱的所有出入箱体电缆都应该按照一线一防爆挠性的原则进行安装。电缆通过防爆挠性管进出防爆箱，防爆箱的挠性管接口必须与防爆挠性管相匹配。

5. 恒电位仪的安装

恒电位仪安装于罐区专用的阴极保护间内，每台储罐使用 1 路恒电位仪。其安装内容主要包括：

(1) 恒电位仪与阳极电缆、阴极电缆、

控制电缆、零位接阴电缆的连接；

（2）设备机壳接地。

恒电位仪安装时，应当严格按照其产品说明书进行，认真检查电缆的规格、型号、标志等，并予以严格区分。通过铜接线片把电缆与恒电位仪相应的接线柱相连，并用铜螺母固定，严禁阴、阳极极性反接，并且确保电气接触导通良好。控制电缆接入相应的恒电位仪信号输入端，其屏蔽层需接地。

第四节　储罐的预制

（一）罐壁板的预制

壁板预制包括画线、切割、坡口加工与打磨、壁板下料后的检查、打组立标记、卷弧、存放与运输等工序。

1. 画线

根据安装技术人员提供的尺寸和坡口形式进行画线，如图4-4-1所示，分别画切割线和测量线。画线所用钢尺必须检定合格。

2. 切割

碳素钢及低合金钢宜采用机械加工或自动、半自动火焰切割加工、不锈钢应采用机械或等离子切割加工；当环境温度低于-16℃时不能采用剪切加工普通碳素钢，当环境温度低于-12℃时不能采用剪切加工低合金钢。

切割直边的轨道一定要平直，并保证在切割过程中不变形，不移位。

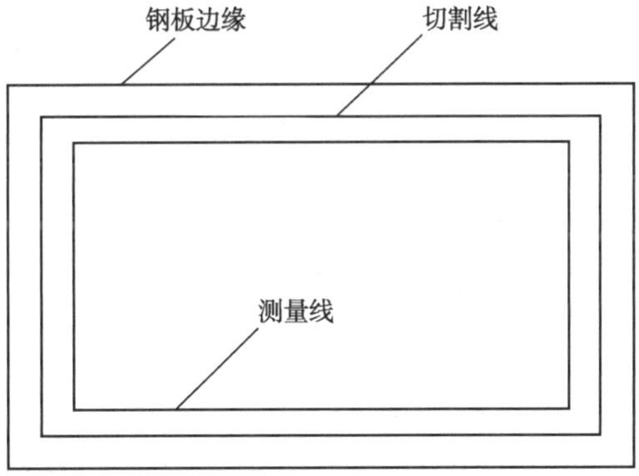

图4-4-1　罐板画线

切割下料完成后，需进行坡口切割，坡口的加工应平整，不得有夹渣、分层、裂纹等缺陷；应去除火焰及等离子切割坡口产生的表面硬化层。最低屈服强度大于390MPa的罐壁板采用火焰切割坡口时，去除硬化层后应对坡口表面进行磁粉或渗透检测。

焊接接头的坡口形式和尺寸，设计文件无要求时，应按《气焊、焊条电弧焊、气体保护焊和高能束焊的推荐坡口》（GB/T 985.1）及《埋弧焊的推荐坡口》（GB/T 985.2）中规定选用；罐壁纵缝气电立焊及环缝埋弧焊的对接接头形式，还应符合《立式圆筒形钢制焊接储罐施工规范》(GB 50128)中相关规定。

3. 坡口加工与打磨

用角向磨光机去除坡口氧化皮，坡口表面凹凸度应小于0.5mm，对于深度大于0.5mm的凹坑，应开长度大于50mm的槽进行补焊、打磨。板厚大于25mm时，补焊前应预热。同时补焊处应进行渗透探伤检查。

4. 壁板下料后的检查

中幅板下料后的尺寸必须符合表4-4-1中规定。

表4-4-1　壁板尺寸允许偏差　　单位：mm

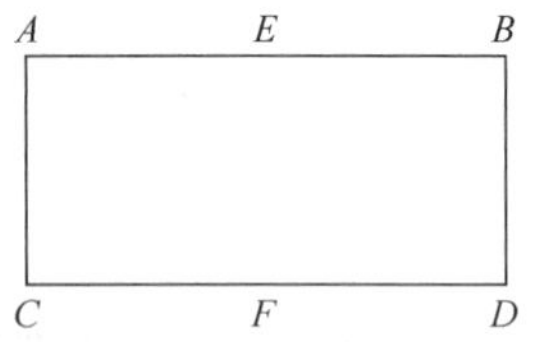

测量部位		板长 $AB(CD)\geq 10m$	板长 $AB(CD)<10m$
宽度 AC、BD、EF		±1.5	±1
长度 AB、CD		±2	±1.5
对角线之差 $\|AD-BC\|$		≤3	≤2
线度	AC、BD	≤1	≤1
	AB、CD	≤2	≤2

5. 打组立标记

根据图纸要求，在距标准壁板边缘1/3板长处，用样冲打两点，并用白漆画括号注明，作为组装壁板标记，如图4-4-2所示。

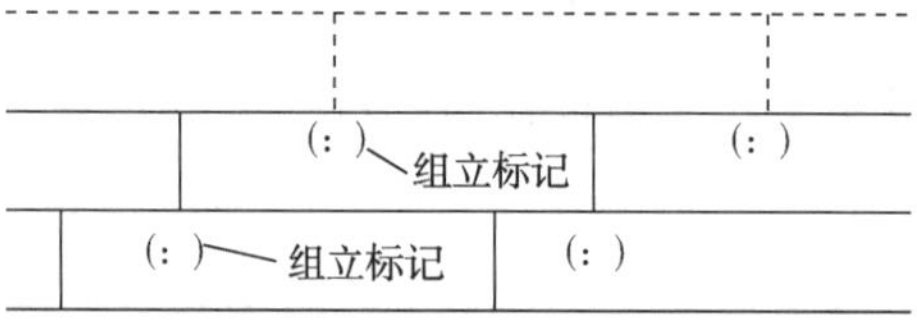

图4-4-2　壁板标记示意图

6. 卷弧

储罐壁板卷弧的关键是板端直段的消除和板端缘的弯曲校形。卷弧机械有普通三辊卷板机、四辊卷板机和上辊可横移式三辊卷板机。下面重点介绍普通三辊卷板机的壁板卷弧方法。

(1) 垫滚压头法卷制壁板。壁板卷制前在三辊卷板机上加一厚圆弧胎板(厚约30mm)，将壁板两端在厚胎板弧内压卷以消除壁板两端直段(俗称垫滚压头)，然后撤去机上厚胎板将壁板卷制成设计要求的弧形。此法简单易行，但不适用于厚度大于14mm壁板卷弧，如图4-4-3所示。

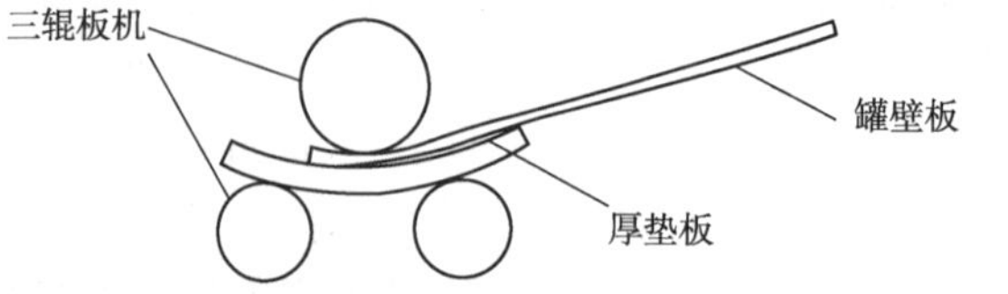

图4-4-3　罐壁板垫滚压头示意图

（2）首尾相接法卷制壁板。壁板下料时，两端先不进行切割加工，在壁板卷制中，先将第一块壁板前端焊接300mm宽同规格引弧板，再将第二块壁板前端与第一块壁板后端焊成一体一起卷制，焊道可断续焊，焊道不可高于1mm，第一块卷制完成后用火焰切割连接焊缝，再以同样方法卷制其他壁板，全部壁板卷制后用火焰切割加工板端坡口，该法可卷制各种板厚的板，但焊条、人工成本略有增加，如图4-4-4所示。

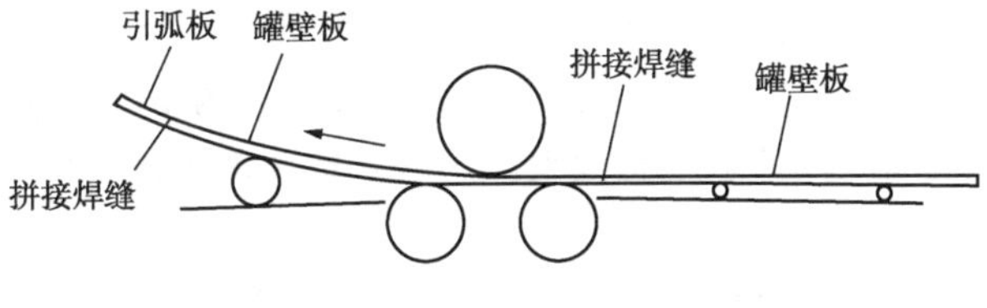

图4-4-4　罐壁首尾相接卷弧示意图

（3）壁板端缘弯曲和弧度校正。厚度10mm以下的壁板端缘弯曲，可用人工锤击法将端缘找直，厚度大于12mm的壁板端缘弯曲，可用瓜钩千斤顶(螺柱)进行校形。壁板的弧度成型质量主要以在卷板机上卷制时用样板测量控制，测得的间隙应小于4mm，若成型不良，重新上机卷制。卷制壁板应采用逐步成型法，以2~3次成型为好，在卷板时应每卷一遍用弧形样板测量一次。

7. 存放

卷弧合格的壁板，应放在弧形胎具上存放。板与板的长边可以上下交错200mm，伸出的一侧应是壁板的上部，以利于吊装，板间严禁支垫东西，以免变形，如图4-4-5所示。

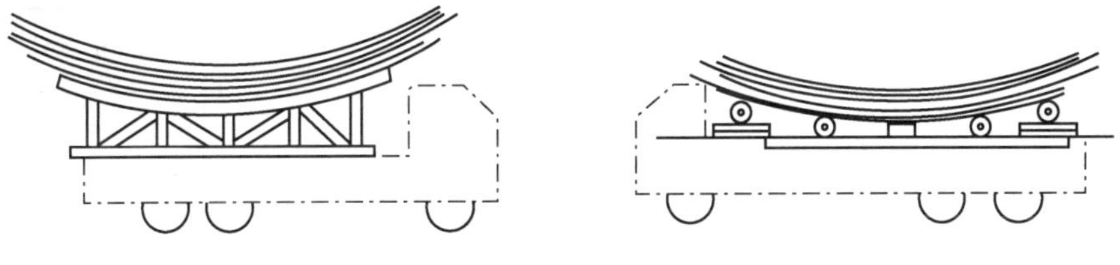

图4-4-5　罐壁板储放与运输示意图

8. 罐壁板预制的其他要求

预制合格的壁板要进行内侧喷砂除锈、防腐。在壁板安装前，按预制时的尺寸要求对壁板进行复验，若不符合要求，需重新加工，直至符合要求，才可进行壁板的吊装。对接、搭接接头应使用钢丝刷、砂纸、棉纱除去焊口及其附近的铁锈污物。

二、罐底板的预制

中幅板的预制与壁板的预制方法完全相同，只不过不需要进行卷弧工序。环形边缘板的尺寸应符合表4-4-2中的规定，切割边缘板外圆的轨道要特殊制作，保证轨道的弧度与边缘板外圆相一致。边缘板切割后，对厚度大于或等于12mm的环形边缘板，应在坡口两侧(表4-4-2中*AC*、*BD*、*CD*)100mm范围内按JB/T 4730《承压设备无损检测》进行超声检查；若采用火焰切割坡口，去除氧化层后应对坡口表面进行磁粉或渗透检测。

表 4-4-2　环形边缘板尺寸测量部位和尺寸允许偏差

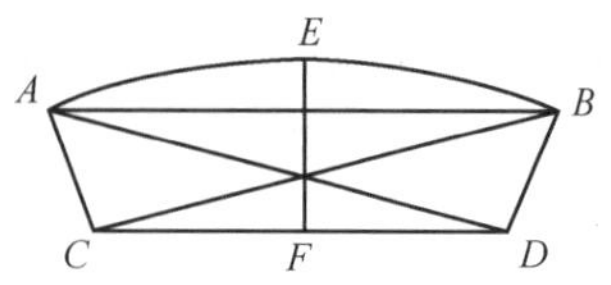

测量部位	允许偏差/mm
长度 AB、CD	±2
宽度 AC、BD、EF	±2
对角线之差 |AD-BC|	≤3

罐底板铺设前，严格按防腐要求对罐底板下表面进行除锈和防腐涂料涂刷，喷砂除锈。涂刷时每板的下表面涂刷两遍防腐涂料，边缘 50mm 范围内不刷。

三、浮顶的预制

（1）浮顶支架预制。浮顶支架可在罐底板上直接按照图纸进行预制。

（2）浮舱花架预制。在预制场，用无齿锯或氧乙炔火焰切割下料，然后运至现场安装。

（3）浮顶板预制。浮顶板在预制场进行预制。首先按照配版图画线，然后用半自动氧乙炔火焰切割机进行切割，用角向磨光机去除边缘处氧化皮。浮舱底板、顶板平面度用直线样板检查，间隙不得大于 5mm；浮舱内外边缘板用弧形样板检查，间隙不得大于 10mm。

预制后的浮顶要进行防腐处理，其防腐方法和防腐要求与罐底板表面基本相同，可参照进行。分段预制浮舱的几何尺寸允许偏差，应符合表 4-4-3 规定。

表 4-4-3　分段预制浮舱的几何尺寸允许偏差

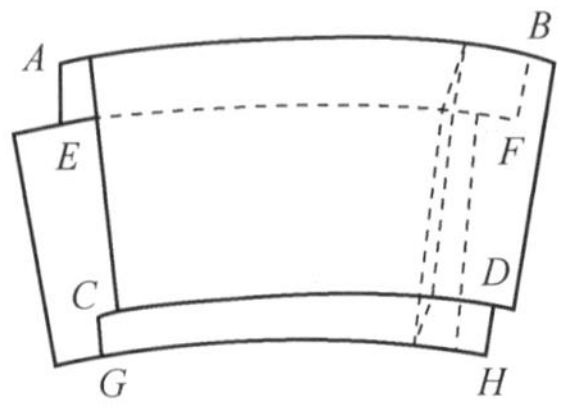

测量部位	允许偏差/mm
高度 AE、BF、CG、DH	±1
弦长 AB、EF、CD、GH	±4
对角线之差 |AD-BC|和 |CH-DG|、|EH-FG|	≤6

四、附件的预制

1. 盘梯预制

按照图纸要求对材料进行画线，放出盘梯侧板、踏板的切割线，并对切割线进行复验。

侧板的加工精度直接影响盘梯的安装质量，要用剪板机进行加工，或用两台半自动火焰切割机同时切割，然后进行矫正。

踏板、三脚架的预制按照图纸技术尺寸要求进行。

盘梯的预制在水平平台上进行，以中间平台为分界点，分上下两段进行预制。先进行下半节盘梯的预制，再进行上半节盘梯的预制。在侧板上，用样板画出踏板安装线，然后进行侧板和踏板的组装，组装过程中，进行点焊。

2. 加强圈、抗风圈的预制

(1) 加强圈预制。

加强圈的预制在预制平台上进行，按加强圈的曲率先在平台上放样，然后点焊上挡块，再进行加强圈的组焊。

(2) 抗风圈预制。

制作抗风圈的板材按图中尺寸画线，用半自动气割机或手工气割下料。因抗风圈要与罐壁组焊在一起，且起到调整罐壁椭圆度的作用，所以其内弧的画线下料必须准确，其曲率半径与安装时该节壁板外圆半径相同。为保证安装精度，切割后用弧形样板进行检查，其间隙不应大于2mm；应放在平台上检查其翘曲变形，变形量不应超过构件长度的0.1%，且不应大于6mm。抗风圈之间是带有垫板的对接焊缝，为保证手工焊的可靠性并焊透，要按图纸尺寸加工成型坡口，每圈留出一张调整板。

第五节　储罐的组装与焊接

浮顶罐的组装工序包括基础验收、罐底组装与焊接、罐壁组装与焊接、浮顶组装与焊接、储罐附件安装及防腐保温，最后进行浮顶罐的充水试验和沉降观测。

一、基础验收

储罐安装前，必须有基础施工记录和验收资料，并应对基础进行复验，合格后方可安装。储罐基础几何尺寸应符合下列规定：

(1) 基础中心标高允许偏差应为±20mm。

(2) 支撑罐壁的基础表面高差应符合下列规定：①有环梁时，每10m弧长内任意两点的高差不应大于6mm，且整个圆周长度内任意两点的高差不应大于12mm；②无环梁时，每3m弧长内任意两点的高差不得大于6mm，且整个圆周长度内任意两点的高差不应大于12mm。

(3) 沥青砂层表面应平整密实，无隆起、凹陷及贯穿裂纹。沥青砂层表面凹凸度应按下列方法检查：①当储罐直径等于或大于25m时，以基础中心为圆心，以不同半径作同心圆，将各圆周分成若干等份，在等分点测量沥青砂层的标高。同一圆周上测点，其测量标高与计算标高之差不应大于12mm。同心圆直径和各圆周上最少测量点数，应符合表4-5-1的规定。②当储罐直径小于25m时，可从基础中心向基础周边拉线测量，基础表面每$100m^2$范围内测点不应少于10点，小于$100m^2$的基础按$100m^2$计算，基础表面凹凸度不应大于25mm。

表4-5-1　同心圆的直径和各圆周上最少测量点数

储罐直径 D/m	同心圆直径/m					各四周上最少测量点数/个				
	Ⅰ圈	Ⅱ圈	Ⅲ圈	Ⅳ圈	Ⅴ圈	Ⅰ圈	Ⅱ圈	Ⅲ圈	Ⅳ圈	Ⅴ圈
$D \geq 76$	$D/6$	$D/3$	$D/2$	$2D/3$	$5D/6$	8	16	24	32	40
$45 \leq D < 76$	$D/5$	$2D/5$	$3D/5$	$4D/5$		8	16	24	32	
$25 \leq D < 45$	$D/4$	$D/2$	$3D/4$			8	16	24		

（4）单面倾斜式基础表面尺寸应符合下列规定：基础中心标高允许偏差应为±20mm；基础表面倾斜允许偏差应为 15mm；支撑罐壁的基础表面高差，整个圆周长度内任意两点的测量标高与设计标高之差不应大于 12mm，且每 10m 弧长范围内任意两点的测量标高与设计标高之差不应大于 6mm。基础表面凹凸度可用拉线或水准仪测量，每 $100m^2$ 的基础应按 $100m^2$ 计算，凹凸度不应大于 20mm，如图 4-5-1 所示。

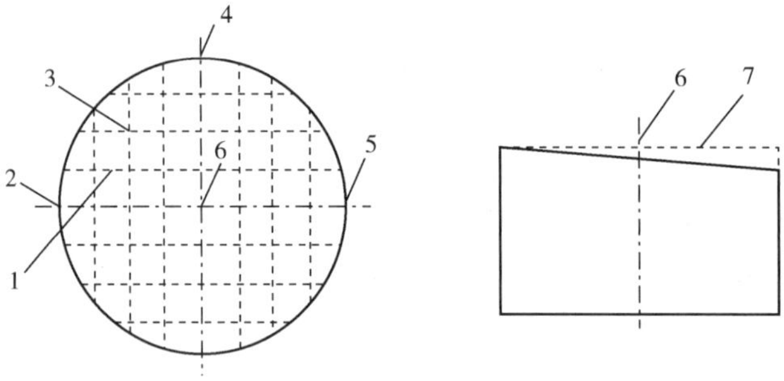

图 4-5-1　单面倾斜式基础表面尺寸测量示意图

1—测量平行线；2—最高点；3—测量点；4—中心线；5—最低点；6—基础中心；7—测量水平面

二、罐底组装与焊接

浮顶罐罐底组装程序：罐底画线→垫板铺设→底板铺设→中幅板焊接→边缘板焊接→龟甲缝焊接→罐底板焊缝试漏→罐底板上表面防腐→罐底成型。下面对几个步骤进行介绍。

（一）罐底画线

罐底板铺设前，应根据平面图的方位，使用经纬仪在储罐基础上画出两条互相垂直的中心线，并在罐底中心打上样冲眼，做出明显标记，同时要标出方位线 0°、90°、180°和 270°，然后放出储罐底板外圆周线。用粉线或弧形样板放出边缘板安装线，最后放出中幅板安装线，并用白色调和漆做好标记。考虑到边缘板各自焊缝的横向收缩变形和角焊缝焊接纵向收缩变形对边缘板的影响，为保证罐体几何尺寸，边缘板安装半径应放大。因此，储罐外圆半径为设计尺寸加焊接收缩裕量、坡度影响尺寸和裕量。一般来说可按如下公式计算（图 4-5-2）。

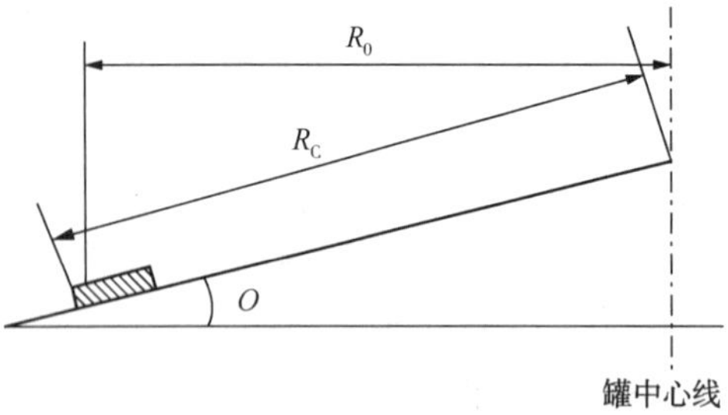

图 4-5-2　边缘板铺设半径计算图

$$R_C=\left(R_0+\frac{na}{2\pi}\right)/\cos\theta$$

式中　R_C——环形边缘板铺设外半径，mm；

R_0——环形边缘板设计外半径，mm；

n——环形边缘板的数量，个；

a——每条焊缝收缩量，mm，手工焊取 3；

θ——基础坡度夹角，°。

（二）垫板铺设

按照排版图，在罐基础上画出垫板的位置，铺设垫板。垫板之间的接头采用对接双面焊，焊后将焊肉磨平。垫板应平整，垫板铺设示意图如图 4-5-3 所示。环形边缘板的垫板要长出边缘板外 50mm。

（三）底板铺设

由于浮顶罐直径较大，安装时可在基础上设一台履带吊，履带吊在基础上行走时，下垫厚度为 20mm 的钢板作为路面，用吊车安装底板到位。

1. 边缘板铺设

垫板可先行铺设，也可把垫板点焊到边缘板上，垫板要露出边缘板外 50mm。按罐底的画线顺时针安装边缘板，留出一张调整板。安装时要注意坡口的间隙是外周间隙小，内周间隙大。边缘板组装后进行点焊，点焊长度为 80mm/300mm，点焊时按规定清理坡口和预热，同时安装焊缝引弧板和防变形固定卡具。防变形固定卡具与罐底板必须满焊牢固，工卡具间距为 200mm，如图 4-5-4 所示。引弧板坡口必须与边缘板坡口相同。

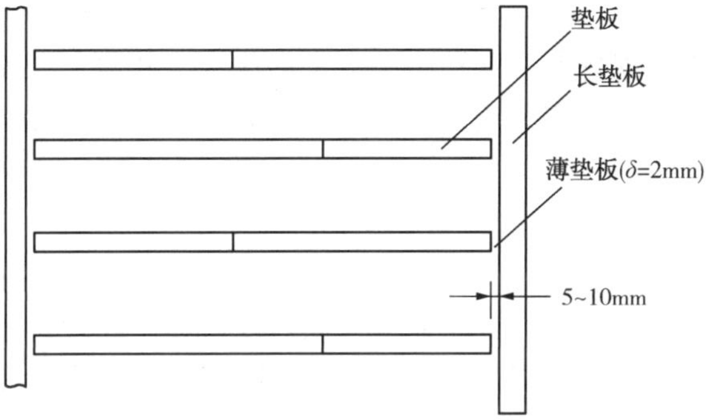

图 4-5-3　罐底垫板铺设示意图

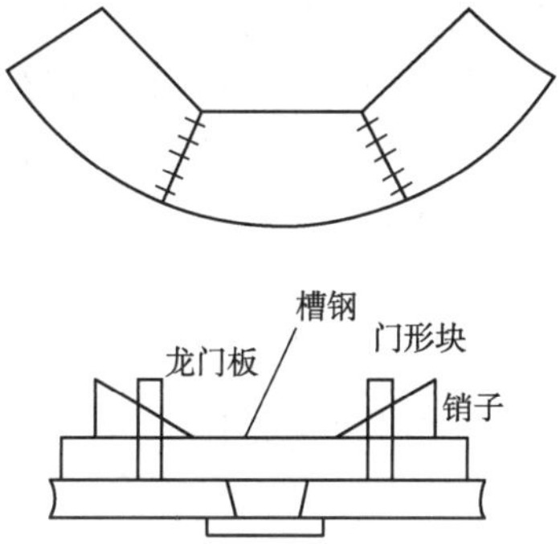

图 4-5-4　边缘板防变形固定卡具示意图

2. 中幅板铺设

罐底中幅板的安装顺序从罐中心的长条大板开始，按顺序向外安装。中心的长条板安装完毕后，安装两侧排列的大板。对两侧排列的大板，也是先安装罐底中心第一块板后，依顺序向外安装，按此顺序直到中幅板大板安装完，最后安装各边小板，各边小板与边缘板相接处要留出调整量。中幅板铺设过程中，边铺边调整焊口间隙，然后点焊固定，焊口间隙调整结构。

（四）罐底板焊接

1. 中幅板焊接

对每个罐底板焊道的焊接，要先进行定位焊，再进行手工打底焊，最后采用自动焊进行填充焊和盖面焊。

（1）中幅板焊接顺序

先焊短焊缝，后焊长焊缝，先焊中间，再向外延伸，焊接顺序（数字表示施焊顺序，箭头表示施焊方向）如图 4-5-5 所示。

短焊缝的施焊方法：采用跳焊法，每条焊缝分成五段。

长焊缝的施焊方法：采用跳焊法，从中间向两端延伸。

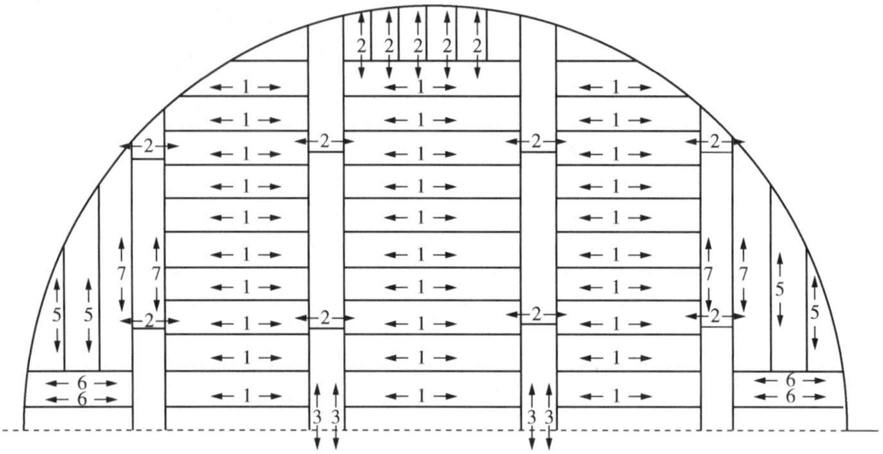

图 4-5-5　中幅板焊接顺序示意图

（2）罐底板定位焊

定位焊所用的焊接材料和焊接工艺与正式焊相同。事先画出定位焊位置，并避免在该处点焊，定位焊时应使垫板与底板贴合紧密，定位焊焊缝长度应在 50mm 以上，定位焊间距一般为 300mm。

（3）手工打底焊

正式焊接前，应检查坡口组对情况是否合乎要求，检查工卡具安装焊接是否牢固，然后用砂轮机和钢丝刷清除坡口内的铁锈和杂物；用喷灯或压缩空气烘烤或吹扫干净坡口内的水分；为避免产生起弧气孔，手工焊应采用退步起弧，严禁在母材上引弧；打底焊采用 400mm（两根焊条熔敷量）间隔、400mm 长的跳焊法施工，由两名焊工同时焊同一条焊缝，从大板中心向两端焊接，端部 3mm 先不焊；焊接程序与安装程序相同，从罐中心向周围方向施焊；第一层手工打底焊的焊缝厚度不应小于 5mm，防止自动焊烧穿和自动焊成型不良；打底焊缝外观检查不得有超标的焊接缺陷，并且外形要平整，凹凸不平处要用砂轮打磨平整，并保证最小厚度为 5mm，如图 4-5-6 所示；低氢焊条焊接时电弧较短，一定要照顾到两侧底板与垫板的尖角处熔合良好。

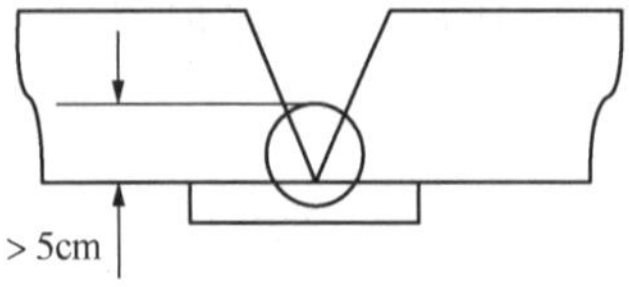

图 4-5-6　手工打底焊成型图

（4）罐底板自动焊

底板的自动焊在第一层手工打底焊完成并经外观检查合格后进行。焊前用钢丝刷清理坡口内的锈和脏污，用喷灯或气焊炬烘烤坡口内的水分。打底焊不良处必须修磨处理后才能进行自动焊，碎焊丝填充量要合适，应与钢板表面齐平，用钢板尺或其他工具刮平。焊接过程中随时注意焊枪是否瞄准焊缝位置，防止焊偏。为保证自动焊成型良好，起焊后应检查最初的 500mm 长焊缝成型情况，并随时随地地加以调整。底板自动焊接过程中，要随时观察其变形情况，出现变形时，要随时进行处理，避免产生较大的焊接残余变形。大板的长边、长条板的短边自动焊，一般用一台自动焊机由焊缝的一端一直焊到另一端，首尾两端一般留下500mm左右的剩余部分待以后进行焊接。长条板的长焊缝一般采用两台自动焊机由长条板的中心焊缝位置对称向两端进行焊接，至焊缝端部也留下500mm左右剩余部分待以后进行焊接。自动焊的轨道组对一定用钢板尺量好其距焊缝的距离，组对平齐，防止焊偏。自动焊的焊剂不要堆得过高，要保持其透气性，焊剂一定要经过充分的烘干，要经常更换新焊剂。大板和长条板剩余部分焊缝要用手工焊打底，T字口处进行着色探伤合格，填充焊、盖面焊可用手工焊，也可用自动焊。

2. 边缘板焊接

考虑到边缘板与壁板内外大角焊缝的焊接收缩，在没有组装壁板前，只焊接壁板正下部的边缘板对接焊缝(长度为从边缘板外端向内约400mm)，焊缝的焊接形式如图4-5-7所示。

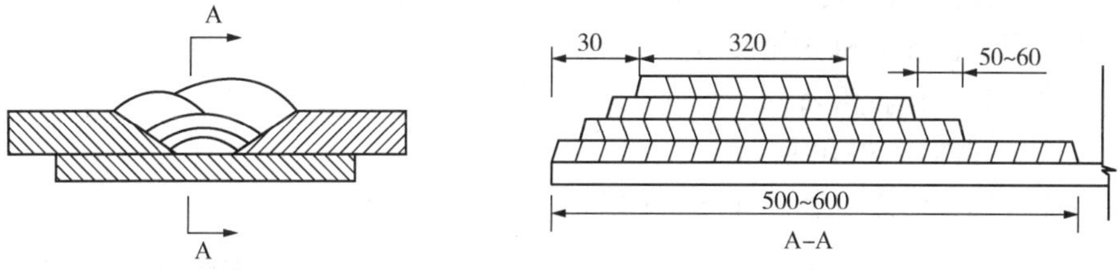

图4-5-7　边缘板外缘300mm焊接形式示意图(mm)

边缘板对接焊缝的外端要加引弧板，如图4-5-8所示，焊完后把引弧板割下并用砂轮打磨光滑。引弧板的厚度与边缘板相同，其坡口形式也同边缘板相同，焊前坡口清理也与罐底中幅板相同。对SPV50Q等钢板，焊前按规定进行预热。焊接边缘板焊缝时电焊工必须均匀分布，同时开始焊接，协调焊接速度一致，避免焊接过程中造成边缘板收缩不均匀，整个边缘板外形呈椭圆。焊接方向为由罐内侧沿径向向罐外侧焊接。边缘板采用手工电弧焊方法，焊接5~6层，第一层焊完后进行着色探伤检查(PT)，PT检查合格后把剩余各层全部焊完。焊后待射线探伤合格后用砂轮机把超高焊肉修磨平整。由于低氢型焊条采用短弧焊接，要特别注意垫板与边缘板贴合良好，并特别注意边缘板与垫板接触面的两侧，保证其熔合良好。边缘板剩余部分的焊接待龟甲缝焊接时进行，其焊接具体要求与先焊的400mm要求相同。

3. 龟甲缝焊接

龟甲缝是指罐底边缘板与罐底小板间的焊缝，如图4-5-9所示。其定位焊方法与罐底板定位焊方法相同，龟甲缝的定位焊和焊接应在边缘板相互间的对接焊缝、罐底小板焊缝、大角缝焊接完成后而且罐壁板完成2~3节板的安装和焊接后，才能进行焊接。

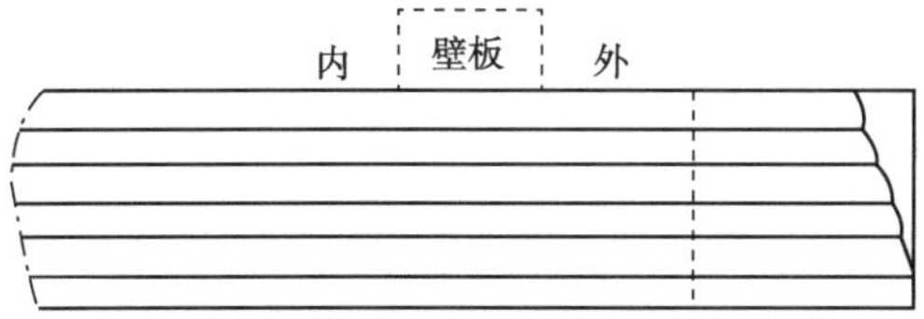

图4-5-8　加装引弧板示意图

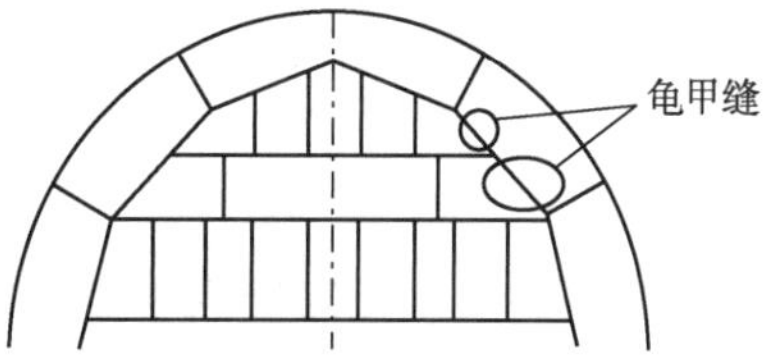

图4-5-9　龟甲缝位置示意图

罐底小板焊缝、大角缝焊接完成后而且罐壁板完成2~3节板的安装和焊接后，才能进行焊接。

焊接时，由数名焊工沿同一方向进行，焊工均布。先焊中幅板剩余缝，再焊边缘板剩余缝，最后焊龟甲缝。龟甲缝变形较大，且易存雨水，因此，应选择晴朗天气、风小时进行，并且要在一天时间内完成龟甲缝的全部切割、组对和定位焊接工作，并把防变形卡具牢固安装焊接完。龟甲缝的焊接方法为一层手工打底焊，然后用角缝自动焊机进行两遍自动焊。焊接前清除坡口内的锈和脏污，用喷灯清除水分。垫板与边缘板和底板小板要贴合紧密。焊前按规定进行预热和检查工卡具防变形措施是否完善。手工打底焊具体要求与底板相同，多名焊工均布一周，朝着同一方向、同时开始焊接，每名焊工焊接速度均匀，焊缝厚度相同，并且用一天时间完成龟甲缝的手工打底焊。手工打底焊采用400mm缝和间距400mm的分段跳焊法。自动焊焊前清理与手工焊相同。因为用角焊机进行焊接，首先要制作靠壁装置，保证焊机磁轮在装置上正常行走，保证角焊机焊嘴对准焊缝位置。两台自动焊机从直径相对位置沿着同一方向、同时开始焊接，连续焊完第一遍后，再按同样方法焊接第二遍，如图4-5-10所示。

罐底板完成铺设后现场如图4-5-11所示。

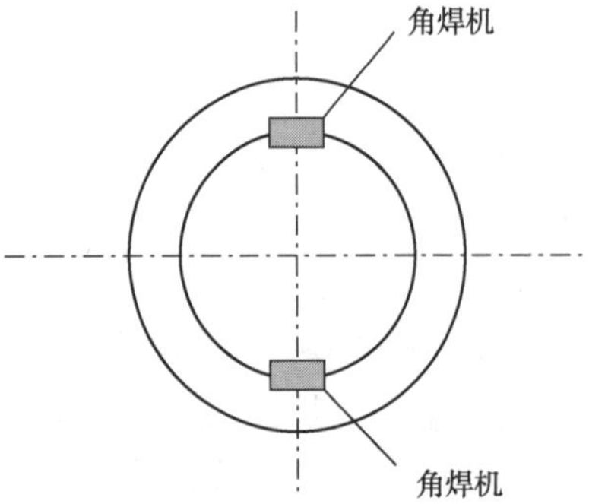

图4-5-10 龟甲缝自动焊接示意图

图4-5-11 底板铺设完成现场

三、罐壁组装与焊接

（一）第一圈壁板组立

1. 画线

考虑到立缝与立缝、立缝与边缘板之间的焊接收缩，应将储罐安装半径适当放大，画出壁板排版图，用样板在边缘板表面画壁板内侧安装线，标出各板位置。在距壁板内侧100mm处，画测量基准圆。底层壁板安装半径的确定应考虑基础的实际坡度及焊接的收缩值，宜按下式计算：

$$R_b=\left(R_i+\frac{na}{2\pi}\right)/\cos\theta$$

式中 R_b——底层壁板安装内半径，mm；

R_i——储罐设计内半径，mm；

n——底层壁板纵焊缝数；

a——每条纵缝焊接收缩值，mm，手工焊取 2mm；

θ——基础坡度夹角，°。

2. 工卡具安装

在壁板内侧安装立缝对口固定块和横缝对口龙门板固定块，此项工作在地面上完成。沿壁板位置线内侧在边缘板上安装调整壁板椭圆度的固定块，内固定块按壁板内侧位置线焊接，外固定块距壁板内侧位置线 60～70mm 焊接。距板端 200mm 处的固定块相对放置，其他固定块相距 1000mm，内外交错分布。在固定块与壁板间打上销子以调整壁板的椭圆度，如图 4-5-12 所示，壁板到位后，用方销子固定。

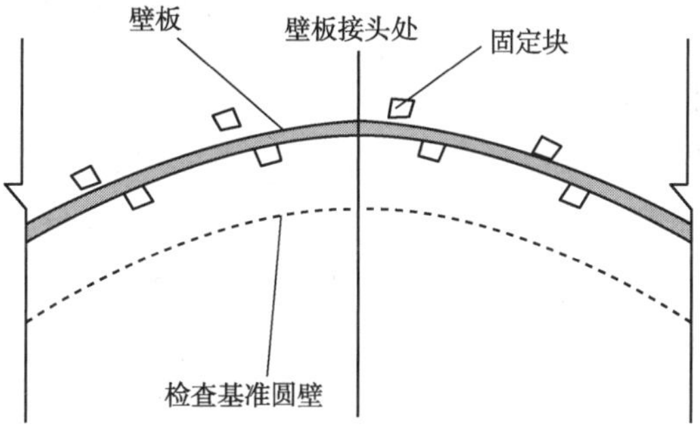

图 4-5-12 挡板安装示意图

3. 吊板组立

壁板组立一般从进出油口开始，然后依次组立。用吊梁和吊具两点起吊壁板，按已画好的壁板安装线和对口间隙确定每张板的位置，安装每一张壁板。

壁板到位后，底部用方销子固定到固定块上，立缝处用对口器固定，如图 4-5-13 所示。每张板安装 2 个加减丝，将加减丝固定到壁板和底板之间。

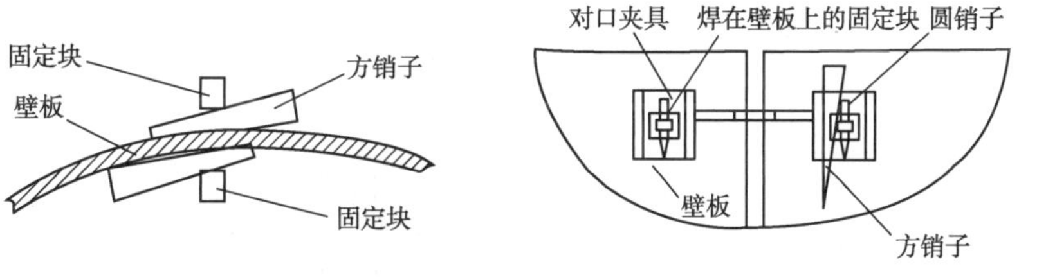

图 4-5-13 壁板固定示意图

4. 调整

用方销子打入固定块间调整椭圆度，椭圆度合格后，再将销子打入边缘板与罐基础圈梁间调整水平度，然后利用正反丝调整壁板垂直度。调整合格后用卡具固定对口间隙，把防变形卡具点焊好，如图 4-5-14 所示。最下层壁板组装点焊后要严格检查几何尺寸，它是整个壁板组装的基准，要求：相邻两壁板上口水平的允许偏差≤2mm，在整个圆周上任意两点水平偏差≤6mm，垂直偏差≤3mm。以上工序检查合格后，在壁板内侧与边缘板间焊上防变形斜支撑，如图 4-5-15 所示，其数量为每张壁板设 3 根，斜支撑可兼作临时脚手架，待龟甲缝焊完之后再拆除。

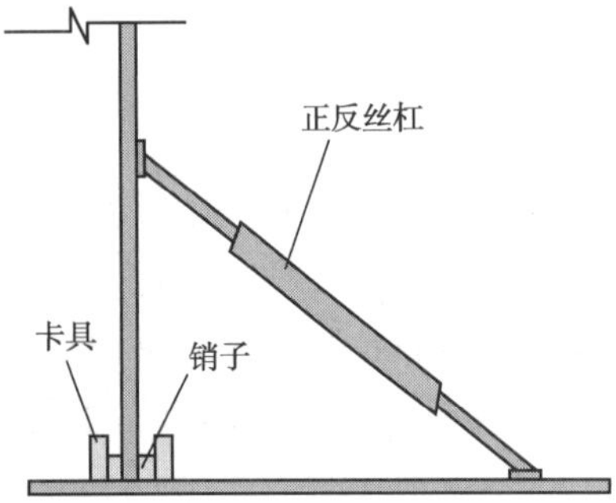

图 4-5-14　壁板调整示意图

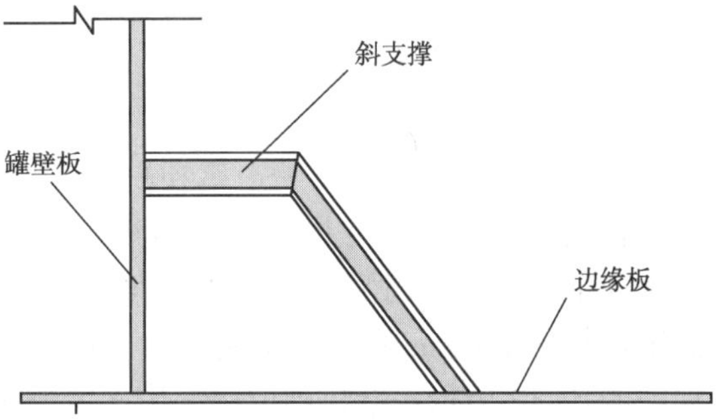

图 4-5-15　斜支撑示意图

（二）第二层壁板组立

第一层壁板立缝组焊完成并检查合格后，开始组立第二层壁板。第二层壁板在组立前，应在壁板内侧画上各种卡具的位置，并将所用的卡具焊在待组装的第二层壁板上，如图 4-5-16 所示。门形卡用于环缝的组对，吊耳用于安装脚手架。

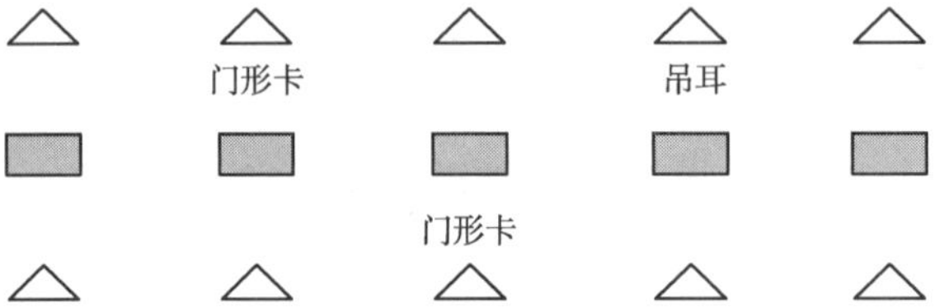

图 4-5-16　壁板卡具安装位置示意图

第二层壁板组对时，在斜支撑上放钢制跳板作临时平台。用吊梁、吊具两点起吊壁板，按底层壁板上的组立基准线和计算出的组装间隙，组立壁板，其方法与底层壁板的组立方法基本相同。立缝处用 3 个对口器固定，横缝处用背杠固定，如图 4-5-17、图 4-5-18 所示。

第三层至顶层壁板组立，要求和方法与第二层壁板基本相同。

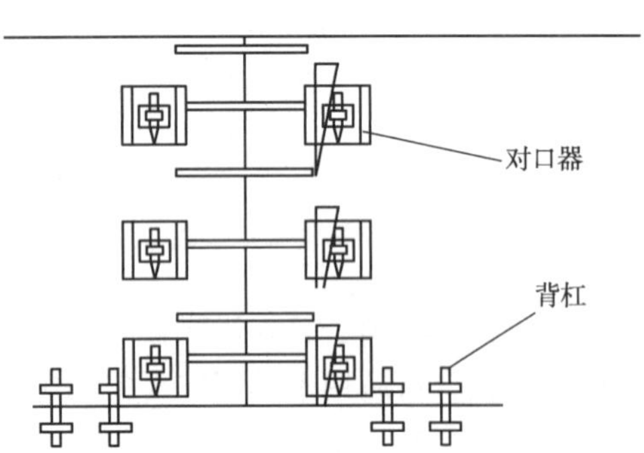

图 4-5-17　第二层壁板立缝环缝组对示意图

图 4-5-18　第二层壁板安装示意图

（三）加强圈、抗风圈的安装

用经纬仪配合，吊车起吊吊篮，在罐壁板上画出抗风圈开口部位中心线、三脚架安装线及抗风圈筋板安装线。先安装、焊接抗风圈三脚架及加强圈筋板，再安装抗风圈。安装抗风圈时，先安装开口部位抗风圈，再以开口部位为起点，安装整圈抗风圈。加强圈应从一点向两边安装，整圈安装结束后，再进行焊接工序。

（四）罐壁板焊接

1. 立缝焊接

壁板组立检查合格后，应先进行点焊。纵缝点焊从距底边 200mm 处开始，点焊长度为 50mm。

壁板立缝的焊接一般采用气体保护自动焊。由数台焊机沿同一方向进行立缝焊接，焊机均匀分布在罐的四周。

焊接前用砂轮和钢丝刷把坡口内的锈、油污、脏物和防锈剂全部清除干净，用气焊炬清除坡口内的水分。壁板立缝一般为“X”形坡口，需要进行双面焊接，先焊外侧焊缝，后焊内侧焊缝。外侧焊完后，在罐内侧用碳弧气刨或砂轮彻底清根，碳弧气刨清根后要用砂轮磨掉积炭和氧化层，确认无缺陷后，进行内侧的自动焊接。焊接内侧立缝前，必要时在罐壁外侧焊上 5 个弧形背杠，防止焊接变形。

第一圈壁板立缝焊接后需要进行除氢处理，除氢处理温度为 200~250℃，保温时间为 0.5~1h，可用液化气作燃料进行预热。

立缝焊接起弧点应预留 100mm，焊接结束后应刨掉起弧点，然后用手工焊接完成。立缝焊接要一次连续焊完一条焊缝。

2. 环缝焊接

壁板环缝的焊接一般采用横向埋弧自动焊。由数台焊机沿同一方向进行环缝焊接，且焊机均布罐的四周。

第一圈壁板和第二圈壁板立缝焊完后，可进行第一圈壁板环焊缝的焊接。在罐壁内侧组对环缝后，用砂轮和钢丝刷清除坡口的锈污，用喷灯烘烤清除水分。环缝的定位焊和正式焊接要求相同，需要按规定预热要求，对需要预热处进行规定温度的预热。环缝的定位焊，焊缝长 100mm，间隔 300mm，焊接材料用低氢焊条。定位焊一定要满足坡口的组对标准要求。为防止焊接中出现变形，背杠和卡具不能拆除，只有外部焊缝完成后，才能拆除卡具。环缝外边焊缝焊完后，进行内部碳弧气刨清根，清根一定要彻底，把根部夹渣和焊接缺陷全部清除，然后用砂轮打磨掉积炭。但清根深度超过 2/3 焊缝厚度时，要用手工焊进行补焊。碳弧气刨时要按照规定预热要求进行预热。焊后内部焊道用高速磨光机把高于母材部分的焊缝磨平，以防止影响防腐性能和浮顶的正常运作。有缺肉处要用手工焊补焊，补焊后再磨平。

第三层至最上层的纵焊缝及其下层的环焊缝，如上所述，焊完上下两层的纵缝之后，再焊中间的环焊缝。

3. 大角缝的焊接

壁板安装焊接 2 层壁板以上时，才可以组对焊接大角焊缝。大角缝壁板内外侧采用手工焊打底，埋弧自动焊焊完。手工焊采用多名焊工均布罐周、沿着同一方向同时开始焊接的方法。自动焊时，2 台焊机可分成两部分或四部分向同一方向对称焊接。焊前要充分清除焊接部位的水、锈、油污物，严格检查罐壁内外的防变形卡具安装、焊接是否牢固。定位焊在罐壁内侧进行，与正式焊接要求相同，如有裂纹、气孔等缺陷要清除。定位焊采用长 100mm、间隔 300mm 的跳焊法。定位焊要按照规定的预热温度进行预热，并保持层间温度不低于预热温度。焊接时在母材上引弧是裂纹的发生源，所以应采取回焊法引弧或采用弧板引弧。内侧打底焊后，应用 PT 方法检查合格后，方可进行其他层次的焊接。手工焊时，应采取有效的防风措施。多层焊接的各层焊接前，用刨锤、风铲等清除焊渣和其他异物。自动焊时，应用砂轮机或碳弧气刨处理起焊和终焊点，随时检查焊接标准条件、焊缝形状和焊脚尺寸，有不符之处要及时调整，保持正确的焊枪角度和焊丝杆伸出量。内侧角焊缝脚处的焊瘤、咬边等缺陷是不允许的，最后要用砂轮机进行整形处理，以保证焊缝的最终成型尺寸。

大角焊缝的焊接层次如图 4-5-19 所示，先焊接罐壁内侧一层手工焊，接着把罐壁外侧焊缝焊完，然后焊接罐壁内侧各道自动焊。

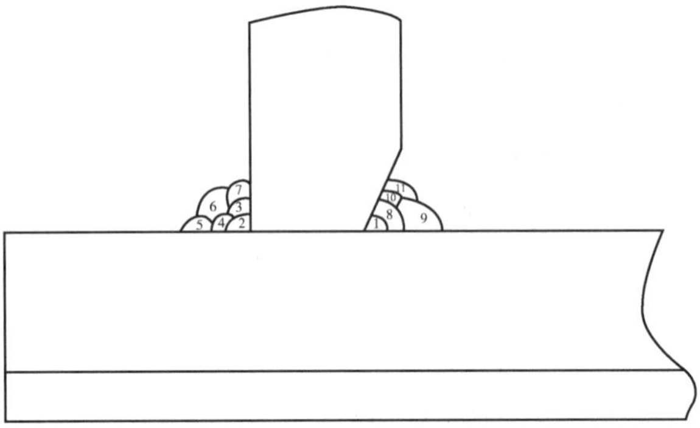

图 4-5-19　大角焊缝的焊接层次

4. 抗风圈、加强圈的焊接

(1) 加强圈的焊接。

加强圈安装时的焊接顺序如下：首先焊接筋板与罐壁板的角焊缝，接着焊接筋板与加强圈腹板的角焊缝，然后焊接加强圈相互间的焊缝(腹板对接缝、垫板与腹板角焊缝、连接板与角钢的角焊缝)，再焊接罐壁板与腹板下面的断续焊，最后安装好防止变形卡具后，焊接罐壁板与腹板上面的连续满焊角缝。

筋板与罐壁板的焊缝为双面满角焊缝，焊角高为 5mm。

筋板与加强圈腹板的焊缝为双面相互错开、焊缝长度相等的断续满角焊缝，焊角高为 5mm。

加强圈盘梯口处，筋板与罐壁板、加强圈腹板的所有焊缝均为双面连续满角焊缝，焊角高为薄件厚度。各支撑角钢、连接角钢与筋板腹板的焊缝也为连续满角焊缝，焊角高为薄件厚度。盘梯口处的腹板与腹板间的焊缝为开坡口的对接焊缝，如图 4-5-20 所示。

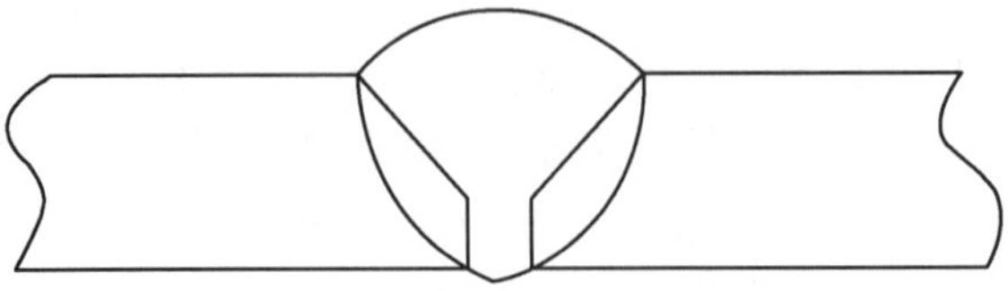

图 4-5-20　盘梯口处腹板与腹板间对接焊缝示意图

非盘梯口处，腹板与腹板间的焊缝为带有垫板的对接焊缝，垫板为角钢。其坡口形式如图 4-5-21 所示。

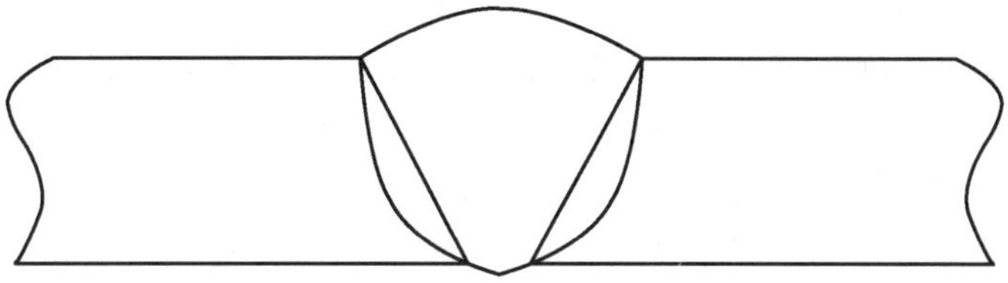

图 4-5-21　非盘梯口处腹板与腹板间对接焊缝示意图

加强圈外缘角钢与角钢间进行坡口对接焊接，并且用连接板连接，连接板与角钢的焊缝为四周封闭的连续满角焊缝，焊脚高度为 5mm。

加强圈腹板与罐壁为上表面单面连续满角焊缝，下表面为间隔 200mm、焊接 100mm 的断续满角焊缝，焊脚高度为 6mm。焊接时，易造成焊接部位壁板向内凸起的变形，可采用与罐底角焊缝相同的措施防止变形。由多名焊工均匀分布，沿着同一方向、同时开始，采用两根焊条长的焊缝分段跳焊方法进行焊接，并且要有专人监视焊接过程，发现焊接变形，立即停止焊接，矫正并采取其他措施后再进行焊接。

(2) 抗风圈的焊接。

抗风圈安装时的焊接顺序如下：首先焊接支架与罐壁板的角焊缝，接着焊接支架与腹板的角焊缝，然后焊接抗风圈相互间的焊缝，再焊接罐壁板与腹板下面的断续焊缝，最后安好防变形卡具后，焊接罐壁板与腹板上面的连续满角焊缝。

支架与罐壁板的焊缝为双面连续满角焊缝，焊脚高度为 6mm。

支架间焊缝为双面对接连续焊缝，支架与腹板间焊缝为双面相互错开 100mm、焊缝长度为 100mm 的断续满角焊缝，焊脚高度为 6mm。

盘梯口处的腹板与腹板间为连续对接焊缝，其形式同加强圈。盘梯口以外的其他腹板与腹板间的焊缝为带有垫板的对接焊缝，垫板为角钢，其形式同加强圈。

抗风圈外缘槽钢间为带有垫板的对接焊缝，对接焊缝坡口如图 4-5-22 所示。上部垫板与槽钢间为连续满角焊缝，焊脚高度为 6mm，中间立式垫板与槽钢间为断续满角焊缝，焊脚高度为 6mm。

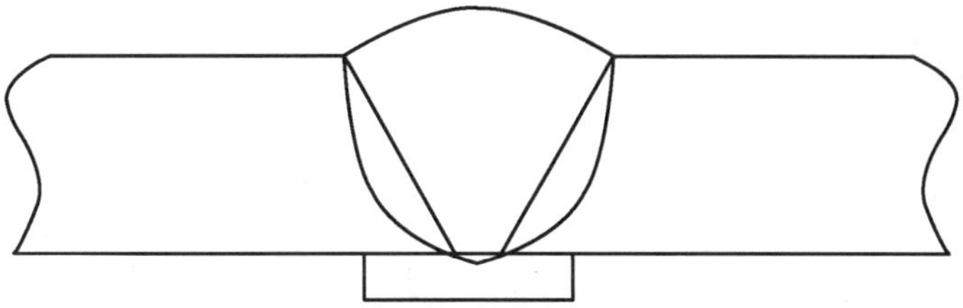

图 4-5-22　带垫板的外缘槽钢对接焊缝示意图

抗风圈腹板与罐壁板为上表面连续满角焊缝，下表面为间隔 200mm、焊接 100mm 的断续满角焊缝，焊脚高度为 6mm。

四、浮顶组装与焊接

(一) 浮顶临时支架搭设

在罐底板上画出浮顶临时支架的安装线、浮顶各附件的安装位置线以及顶板的安装位置线。安装浮顶支架前，需要把安装在浮顶下的附件搬运到罐内，并摆放到位。先在底板上画出支架支柱的位置线，按位置线组立支架支柱。为防止振动失稳和歪扭，在支柱上还要采用斜支撑措施。支架支柱按等分直径确定圈数，按等分直径的不同周长确定每圈支柱个数。浮顶支柱安装后，使用水准仪和水平尺逐个支柱进行调整，使支架上端呈水平状态。然后安装支柱上端的连接板和各个连接角钢，角钢在罐壁四周与其牢固地焊在一起，所有焊缝应为连续满角焊。

(二) 浮顶底板铺设与焊接

用线坠对准罐底板中心，在下部盘板的中心板上画中心线，确定下部盘板的中心，从中心开始顺次向外进行盘板铺设，浮顶盘板间采用搭接形式，搭接宽度≥30mm，三张板重叠的虚线部分应先行焊接。

下盘板整体安装后，先不进行全部焊缝的焊接，只进行浮顶构件所在部位的焊接，焊接长度以不小于300mm为宜(根据抽真空箱的长度而决定)，焊后进行真空试验，浮顶底板的真空试漏采用与底板试漏相同的方法。下盘板上部为连续满角焊，焊脚高度为4.5mm，下盘板下部为断续满角焊，在梁、支柱和其他刚性较大构件300mm范围内为连续满角焊，焊脚高度为4.5mm。

(三) 浮顶船舱组焊

1. 浮顶船舱组装

在浮顶下盘板上，分别画出环形隔板、径向隔板、径向筋、浮顶支柱、集水坑、呼吸阀、透气阀、浮顶人孔等的位置线，画线后用油漆做出明确的标记。先把罐中心第一圈的环形隔板安装并焊接完，然后从中心向外依次进行安装，如图4-5-23所示。安装顺序为环形隔板、径向隔板和径向筋。安装时只进行点焊固定，最外圈环板安装时，把其半径放大。组装完成后，要求浮顶与底层罐壁板同心，浮顶最外圈环板与底层壁板间隙的允许偏差为±15mm；浮顶最外圈环板垂直度偏差不应大于3mm，浮顶最外圈环板与弧样板的局部间隙不得大于5mm。

图4-5-23　浮顶船舱组装示意图

2. 浮顶船舱组焊

组装后，从罐中心开始均布焊工进行焊接。宜采用圆心对称的方法进行焊接，其焊接顺序为：先焊环形隔板的对接焊缝；环形隔板与底板的角焊缝在与径向隔板、桁架相交处，应在安装径向隔板、桁架前先行焊接，焊接长度以300mm为宜；接着焊环形隔板与径向隔板的焊缝，其次焊桁架与环形隔板的焊缝，再次焊环形与径向隔板、桁架、径向筋与下盘板的角焊缝，最后焊接下盘板的搭接焊缝。

焊接浮顶隔板间的对接焊缝和隔板与下盘板的角焊缝时，可采用储罐最下层壁板焊接时的防变形措施。对接焊缝采用三段退焊法，角焊缝采用跳焊法或分步退焊法，跳焊法中焊缝长度为一根焊条的焊接长度。对接焊缝宽度宜在坡口宽度两侧各增加 2mm 左右，焊缝的加强高度可在 0~3mm 范围内选取。角焊缝为连续焊缝，焊脚高度为 4.5mm。

隔板与下盘板的焊缝均为一侧连续满角焊，另一侧为断续满角焊，断续焊为间隔 250mm 焊 50mm，焊脚高度为 4.5mm。

在径向隔板和下盘板间的角焊缝与环向隔板相交处，为保证各舱室间的密闭作用，必须在该处环形隔板上开 7×45°切口，然后和径向隔板的连续焊缝焊在一起，把通孔焊满，如图 4-5-24 所示。为避免径向隔板两端都进行密闭焊接，环形隔板与下盘板的角焊缝与径向隔板、桁架相交处要在安装径向隔板、桁架前先行焊接，以保证环形隔板焊缝的连续性，并规定环形隔板与下盘板的外侧焊缝为连续满角焊缝，内侧焊缝为断续满角焊缝。

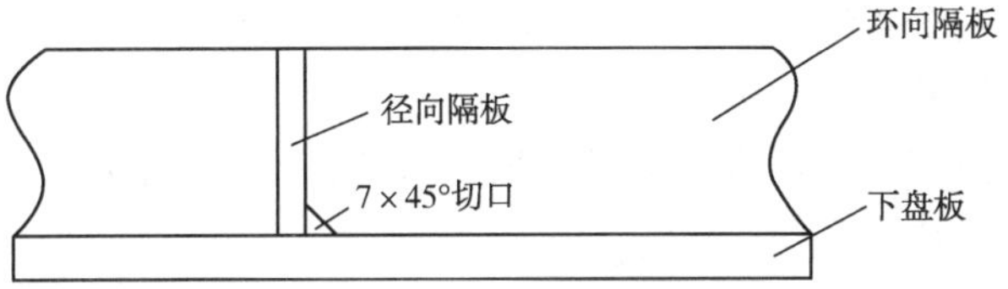

图 4-5-24　径向隔板与下盘板角缝示意图

桁架用 40mm×40mm×5mm 角钢制作，角钢间的焊接均为满角焊缝，焊脚高度为 5mm。桁架与环形隔板间的焊缝为单侧连续满角焊缝，另一侧为间隔 250mm 的断续角焊缝，焊脚高度均为 5mm。桁架与浮顶下盘板的焊缝为单侧断续角焊缝，间隔 250mm 焊 50mm，焊脚高度为 4.5mm。径向筋由 100mm×48mm×5.3mm 的槽钢制作，槽钢间为连续满角焊缝，焊脚高度为 5mm。径向筋槽钢与环形隔板、下盘板间的焊缝均为连续满角焊缝，焊脚高度为 4.5mm。

3. 浮顶顶板铺设与焊接

浮顶顶板与浮顶底板的安装方法基本相同，从罐中心开始沿径向依次向外进行安装。安装时板边要压实靠紧，三张板搭接重叠处要把最上面的板边割成斜边，并压成马蹄口。

浮顶顶板为搭接接头，浮顶顶板上面为连续满角焊缝，焊脚高为 4.5mm，按设计图规定顶板下表面不焊接。浮顶顶板焊接顺序为：先焊浮顶顶板与隔板、桁架、径向筋间的焊缝(该焊缝可以在安装时随时进行焊接，也可在安装完毕后，开船舱人孔进行焊接)，接着焊接浮顶顶板上面的连续满角焊缝(各边缘小板与浮顶顶板的焊缝先不焊，并且其搭接宽度适当增加，留有调整余地)，然后焊接各边缘小板与浮顶最外圈边缘板的连续满角焊缝，最后焊接浮顶各边缘小板与浮顶顶板间的连续满角焊缝，以保证浮顶边缘板与罐壁间的距离。

浮顶顶板与隔板、桁架、径向筋间的焊缝为间隔 250mm 焊 50mm 的连续满角焊缝，焊脚高度为 4.5mm。浮顶顶板与浮顶边缘板间焊缝为上面单侧连续满角焊缝，焊脚高度为 4.5mm；浮顶顶板及与浮顶边缘板间的连续满角焊缝均需要焊工均布，先焊短焊缝，后焊长焊缝，采用一根焊条长度的跳焊法或是分步退焊法。所有浮顶焊缝，必须使板间压紧靠实后再行焊接。浮顶顶板相互间的连续满角焊缝可采用罐底中幅板的焊接顺序，多名焊工均布，先焊短焊缝，后焊长焊缝。顶板宜分成多个区块，区块间搭接宽度适当放大，先焊各区块焊缝，后焊区块间焊缝，采用一根焊条长度的跳焊法或是分步退焊法。焊接过程中，随时用直样板测量，其局部凹凸度不应大于 10mm，如出现异常变形，应停止焊接进行矫正，必要时刨掉焊缝重新焊接。

五、储罐附件安装及防腐保温

（一）附件的安装

1. 支柱安装

测定浮顶支柱安装部位的高度，经过调整后，把杆插入套管内并用销子予以固定。支柱垫板和通气阀垫板安装在罐底板上，垫板边缘与底板的焊缝应错开 50mm 以上。

2. 盘梯安装

下半节盘梯侧板和踏板组装后，可按照图纸要求安装盘梯三脚架。首先画出三脚架安装线，然后沿安装线安装焊接三脚架。

下半节盘梯预制完成后，可进行下半节盘梯的吊装。在吊装时，要注意保持盘梯的稳定，防止与罐壁发生碰撞。

下半节盘梯安装完成后，安装中间平台，在安装过程中，要注意平台与下半节盘梯的连接。

按图纸要求，进行扶手和栏杆的安装和焊接。

上半节盘梯在吊装过程中要特别注意盘梯要从上而下穿过所有抗风圈开口，然后和中间平台连接。

完成盘梯扶手、栏杆组焊。上述工作完成后，盘梯基本成型。这时可进行防腐作业。

若盘梯上有多个中间平台，可把整个盘梯分成多节进行预制和安装。

浮顶罐其他附件的安装方法比较简单，可参照其他文献进行。

3. 罐壁接管安装

接管应在罐壁滚圆成型后，热处理前安装，其余需要消除应力热处理壁板，在罐体成型后进行安装，其施工程序和要点主要如下：

（1）在罐壁上按图样画出接管安装位置线，按样板画出开孔线，其中心位置偏差不大于 10mm，接管或接管补强板外缘与罐壁纵向焊缝的距离不得小于 200mm，与环缝之间的距离不得小于 100mm。

（2）采用气割进行壁板开孔时，应清除表面氧化物或淬硬层，并按设计规定进行检测。

（3）安装接管时，接管伸出长度允许误差±5mm，法兰的螺栓孔应跨中安装，凡位于浮顶行程范围内的罐壁接管内侧应与罐内壁平齐，接管对接焊缝按设计要求进行检测。

（4）补强板的曲率应和罐壁板的外曲 M6～M10 率相同，并开 M6～M10 的信号孔，分块补强板在信号孔每块板上开信号孔。

（5）在安装过程中，法兰密封面应保护好，不得有焊瘤与划痕，法兰与接管的轴线应垂直，其倾斜补强板不应大于法兰外径的 1%，且不大于 3mm。

（6）正式封孔时所用的垫片应耐油，紧固螺栓时，应对称紧固，切不可一次紧固到位，螺栓外露长度均匀。

（7）补强板焊完后应做气密试验，在信号孔通入 100~200kPa 的压缩空气，检查焊缝的严密性，无渗漏为合格。

4. 转动浮梯安装

转动浮梯在大罐充水试验前安装完毕，其施工程序及要点如下：

（1）画出顶部平台的安装位置线，顶部平台安装后，确定浮梯的一个中心点，将这个中心点投影在浮盘上，画出这个点与浮盘中心的连线，即为浮梯安装中心线的投影，也是轨道的安装中心线，如图 4-5-25 所示。

图 4-5-25　转动扶梯轨道放线

（2）分段预制的浮梯，在浮顶上将两节组为一体，检查其不直度，合格后进行焊接，其焊缝为等强连续焊。

（3）安装轨道，以中心线为基准，画出各支脚安装位置线，将支脚定位焊后，安装横杆，用水平尺将横杆顶部找平后进行点固焊，最后安装轨道，轨道与中心线平行。

（4）安装浮梯，将顶部固定后，以转动浮梯轨道中心线与转动浮梯中心线在同一个铅垂面内为合格。

（5）浮梯的检验应在罐体充水过程中进行，浮梯上端的转轴和下端的滚轮应转动灵活，梯子下端的滚轮应始终处于轨道上，浮梯升降自如。

5. 量油管与导向管

量油管与导向管应在上水之前安装完毕。其施工程序及要点如下：

（1）导向管由于过长，不便于长距离运输，需要分段预制，现场组对焊接。组对前应先将盖板、密封板和压板按顺序套在导向管上，并将其固定在导向管上部，调整直线度进行焊接。焊接应有防变形措施，焊后应再次检查直线度，导向管接口焊缝余高不得大于 1mm。其直线度允许偏差不大于导向管长度的 1/1000，且不大于 10mm。

（2）按图样在浮盘上画出导向管安装位置线，开孔中心偏移不得大于 10mm，补强板外缘与其他焊缝的距离应大于 50mm。

（3）浮舱开孔时应先开舱顶板上的孔，后开舱底板上的孔。顶板上的孔开好后，用吊线法，确定底板上的开孔位置，以保证上下孔同心，并将补强板点焊在浮舱板上。用手工气割开孔后，应清除表面氧化物并打磨。

（4）套管找正后进行焊接，其垂直度允许偏差为 1mm，焊后套管与浮舱间焊缝应做煤油试漏。

（5）安装导向管及量油管时应用经纬仪对其垂直度进行测量。先将上面点焊，然后用经纬仪校正，合格后焊接上下固定端。

（6）依次安装盖板、密封板和压板。

（7）导轮与导向管间应留一定的间隙，调整好间隙后将导轮固定。

(8) 最后安装量油管下端部的喇叭口和导向管下部的盲板(如图 4-5-26 所示)。

图 4-5-26　量油管与导向管安装完毕

(二) 罐体的防腐与保温

罐内外壁喷砂除锈、刷漆在脚手架上进行，喷砂除锈所用砂按照石英砂与河砂 1∶5 的比例进行混合，河砂必须经筛选及烘干处理，砂在存放时与地面进行隔离、存放到临时搭设的罩棚里。喷砂除锈时工作人员必须穿戴喷砂衣和防护用具，遇到潮湿的金属表面时将钢板用喷灯烘干以后再进行喷砂，喷砂除锈以后钢板不得过夜，否则必须重新喷砂除锈。防腐底漆涂敷时要求横刷、竖顺、交错涂敷，使漆膜涂刷均匀，不得漏涂。涂刷时单层厚度要大于 0.05mm，如过薄将影响漆膜的质量。第一道表干以后(不粘手)即可涂刷第二道漆。第二道漆表干以后再刷涂第三道漆。在 15℃ 环境温度下，表干时间不要超过一天，否则会影响漆膜的黏结力，施工温度不得低于 5℃，否则固化交联较慢。

为减少散热损失，采取在储罐表面覆盖隔热措施，以保温层和保护层为主体。保温层是利用保温材料优良的隔热性能，增加热阻，从而达到减少散热的目的；保护层是利用保护材料的强度、韧性和致密性等以保护保温层免受外力和雨水的侵袭，从而达到延长保温层使用年限的目的。保温层施工方法主要有捆绑法施工、粘结法施工和喷涂法施工。

第六节　储罐的质量检验与交工验收

一、焊接质量验收

1. 焊缝的外观检查

采用检验尺进行焊缝外观检查，焊缝外观检查前，应将熔渣、飞溅物清理干净。焊缝表面质量应符合下列规定：

(1) 焊缝表面及热影响区，不得有裂纹、气孔、夹渣、弧坑和未焊满等缺陷。

(2) 对接焊缝的咬边深度，不应大于 0.5mm；咬边的连续长度，不应大于 100mm；焊缝两侧咬边的总长度，不应超过该焊缝长度的 10%；罐壁钢板的最低标准屈服强度大于 390MPa 或厚度大于 25mm 的低合金钢的底圈壁板纵缝不应存在咬边现象。

(3) 边缘板的厚度大于或等于 10mm 时，底圈壁板与边缘板的 T 形接头罐内角焊缝靠罐底一侧的边缘，应平滑过渡，且不应有咬边现象；T 形接头焊脚尺寸应符合设计规定。

（4）罐壁纵向对接焊缝不得有低于母材表面的凹陷；罐壁环向对接焊缝和罐底对接焊缝低于母材表面的凹陷深度，不得大于 0.5mm；凹陷的连续长度，不得大于 100mm；凹陷的总长度，不得大于该焊缝长度的 10%。

（5）浮顶及内浮顶罐罐壁内侧焊缝的余高，不应大于 1mm；其他对接焊缝的余高，应符合表 4-6-1 的规定。

表 4-6-1　对接焊缝的余高　　mm

板厚 δ	罐壁焊缝余高		罐底焊缝的余高
	纵向	环向	
≤12	≤1.5	≤2.0	≤2.0
12<δ≤25	≤2.5	≤3.0	≤3.0
>25	≤3.0	≤3.5	—

（6）对纵向焊缝，采用焊条电弧焊，当壁板厚度小于或等于 10mm 时，对接接头的错边量不应大于 1mm；当壁板厚度大于 10mm 时，对接接头的错边量不应大于板厚的 0.1 倍，且不应大于 1.5mm；采用自动焊时，错边量均不应大于 1mm。对环向焊缝，采用焊条电弧焊时，当上圈壁板厚度小于或等于 8mm 时，任意一点的对接接头的错边量均不应大于 1.5mm；当上圈壁板厚度大于 8mm 时，任意一点的错边量均不应大于板厚的 0.2 倍，且不应大于 2mm；采用自动焊时，错边量均不应大于 1.5mm。

（7）罐壁钢板的最低标准屈服强度大于 390MPa 时，其表面的焊缝应在磨平后进行渗透检测或磁粉检测，以无裂纹、夹渣和气孔为合格。

2. 焊缝无损检测

储罐焊缝的无损检测方法有渗透检测、磁粉检测和射线检测三种。

渗透检测是一种以毛细作用原理为基础的检查表面开口缺陷的无损检测方法。焊缝表面被施涂含有荧光染料或者着色染料的渗透剂后，在毛细作用下，经过一定时间，渗透剂可以渗入表面开口缺陷中；去除焊缝表面多余的渗透剂，经过干燥后，再在焊缝表面施涂吸附介质——显像剂；同样在毛细作用下，显像剂将吸引缺陷中的渗透剂，即渗透剂回渗到显像剂中；在一定的光源下（黑光或白光），缺陷处的渗透剂痕迹被显示（黄绿色荧光或鲜艳红色），从而探测出缺陷的形貌及分布状态。

罐底的焊缝检测应符合下列规定：最低标准屈服强度大于 390MPa 的罐底边缘板的对接焊缝，在根部焊道焊接完毕后，应进行渗透检测；在最后一层焊接完毕后，应再次进行渗透检测或磁粉检测。厚度大于或等于 10mm 的罐底边缘板，每条对接焊缝的外端 300mm 应进行射线检测；厚度小于 10mm 的罐底边缘板，每个焊工施焊的焊缝应按上述方法至少抽查一条。底板三层钢板重叠部分的搭接接头焊缝和对接罐底板的“T”字形焊缝的根部焊道焊完后，在沿三个方向各 200mm 范围内，应进行渗透检测；全部焊完后，应进行渗透检测或磁粉检测。

罐壁钢板的最低标准屈服强度大于 390MPa 时，焊接完毕后应至少经过 24h 后再进行无损检测。

罐壁焊缝的无损检测应符合设计要求；设计无要求时，应按下列规定进行检测：

（1）纵向焊缝应按下列方法进行检查：①底圈壁板厚度小于或等于 10mm 时，应从每条纵向焊缝中任取 300mm 进行射线检测；板厚大于 10mm 且小于 25mm 时，应从每条纵向焊缝中任取 2 个 300mm 进行射线检测，其中一个位置应靠近底板；板厚度大于或等于 25mm 时，每条焊缝应进行 100%射线检测。②其他各圈壁板，当板厚小于 25mm 时，每一焊工焊接的每种板厚（板厚差不大于 1mm 时可视为同等厚度），在最初焊接的 3m 焊缝的任意部位取 300mm 进行射线检测；以后不考虑焊工人数，对每种板厚在每 30m 焊缝及其尾数内的任意部位取 300mm 进行射线检测；当板厚大于或等于 25mm 时，每条纵向焊缝应进行 100%射线检测。③当板厚（以“T”字形焊缝较薄板厚为准）小于或等于 10mm 时，底圈壁板除第①项规定外，25%的“T”字形焊缝应进行射线检测；其他各圈壁板，按第②项中射线检测部位的 25%应位于“T”字形焊缝处；当板厚度大于 10mm 时，全部“T”字形焊缝应进行射线检测。

（2）环向对接焊缝应在每种板厚（以较薄的板厚为准）最初焊接的 3m 焊缝的任意部位取 300mm 进行射线检测；以后对于每种板厚（以较薄的板厚为准）应在每 60m 焊缝及其尾数内的任意部位取 300mm 进行射线检测。

（3）罐壁“T”字形焊缝检测位置应包括纵向和环向焊缝各 300mm 的区域。

（4）齐平型清扫孔组合件所在罐壁板与相邻罐壁板的对接焊缝，应 100%进行射线检测。

（5）上述焊缝的无损检测位置，应由质量检验员在现场确定。

（6）射线检测或超声检测不合格时，缺陷的位置距离底片端部或超声检测端部不足 75mm 时，应在该端延伸 300mm 做补充检测，延伸部位的检测结果仍不合格则应继续延伸检查。

（7）当板厚大于 12mm 时，可采用衍射时差法超声检测，检测部位和比例应符合前述规定。

底圈罐壁与罐底的“T”字形接头的罐内角焊缝检查应符合下列规定：当罐底边缘板的厚度大于或等于 8mm，且底圈壁板的厚度大于或等于 16mm，或标准规定的最低标准屈服强度大于 390MPa 的任意厚度的壁板和底板，在罐内及罐外角焊缝焊完后，应对罐内角焊缝进行磁粉检测或渗透检测；在储罐充水试验后，应用同样方法进行复验。底圈罐壁和罐底采用最低标准屈服强度大于 390MPa 的钢板时，罐内角焊缝的初层焊道焊完后，还应进行渗透检测。

罐壁钢板的最低标准屈服强度大于 390MPa，或厚度大于 25mm 的碳素钢及低合金钢罐壁上的接管角焊缝和补强板角焊缝，应在焊完后（需消除应力热处理的应在热处理后）和充水试验后进行渗透检测或磁粉检测。

开孔的补强板焊完后，应由信号孔通入 100～200kPa 压缩空气，检查焊缝严密性，无渗漏为合格。

3. 严密性试验

1）罐底板焊缝试漏

储罐底板焊缝应进行严密性试验，试验前应清除焊缝周围一切杂物，除净焊缝表面的锈泥。试验方法主要有底板真空试漏法和氨气渗漏法。

(1) 真空试漏法。

在罐底板焊缝表面刷上肥皂水或亚麻籽油，将真空箱扣在焊缝上，周边用玻璃泥子密封。通过胶管把真空箱连接到真空泵上，进行抽气，观察经检校合格的真空表，如图 4-6-1 所示。

图 4-6-1 真空试漏现场

当真空度达到 0.053MPa 时，所检查的焊缝表面如无气泡产生则为合格，如图 4-6-2 所示。若发现气泡，做好标记进行补焊，补焊后再进行真空试漏直至合格。

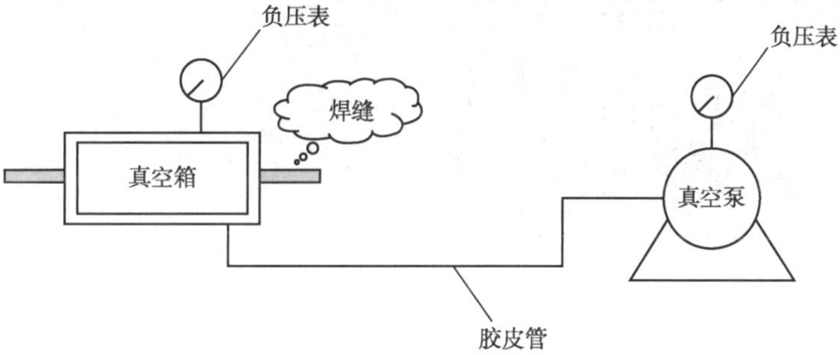

图 4-6-2 真空试漏原理

(2) 氨气渗漏法。

沿罐底板周围用黏土将底板与基础间的间隙堵死，但应对称留出 4~6 个孔洞(以检查氨气分布情况)。在罐底板中心及周围均匀地开出 3~5 个 ϕ18~20mm 的孔，焊上 ϕ20~25mm 的钢管，用胶管接至氨气瓶的分气缸。在底板焊缝上涂以酚酞-酒精溶液，其成分(质量比)为：酚酞 4%、工业酒精 40%、水 56%；天气寒冷时，应适当提高酒精浓度。从底板下通入氨气，用试纸在底板周围留好的孔洞处检查，验证氨气在底板下已分布均匀后即开始检查焊缝表面(此时在焊缝上已刷酚酞-酒精溶液)，如其表面呈红色，则表示有氨气漏出(此处焊缝漏气)，在漏气处做好标记。底板通氨气时，严禁在附近动火。底板补焊前，必须用压缩空气将氨气吹净，经检验合格后方可进行补焊。试验完毕，底板上的孔洞应用与底板同材质、同厚度的钢板盖上焊好。

1）船舱隔板、环板焊缝的煤油试漏

将浮顶焊缝能够检查的一面清理干净，在焊缝表面涂上白垩粉浆，如图 4-6-3 所示。

图 4-6-3　煤油试漏现场

待白垩粉浆晾干后，在焊缝另一面涂上煤油，煤油试漏自检合格，监理在半小时后进行复验，如图 4-6-4 所示，以白垩粉浆无油渍为合格。

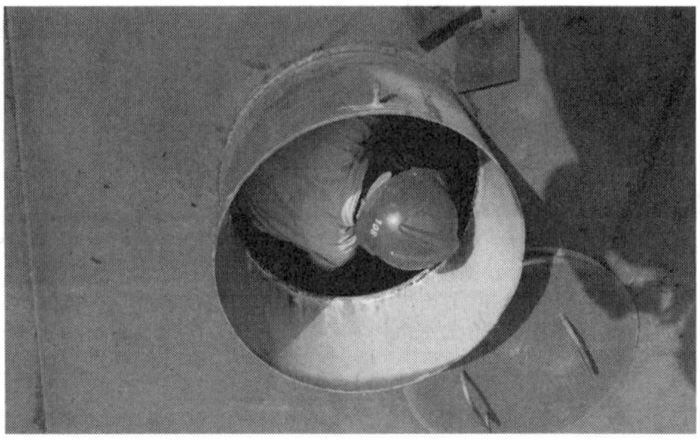

图 4-6-4　监理复检焊缝

2）浮顶单舱气密性试验

用压缩机通过气孔逐舱鼓入压力为 785Pa（80mm 水柱）的压缩空气进行气密性试验，稳压时间不应小于 5min，均以无渗漏为合格，如图 4-6-5 所示。

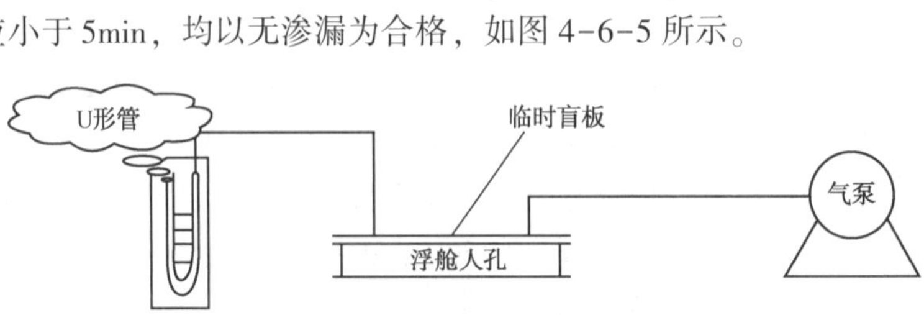

图 4-6-5　船舱气密性试验

3）焊缝返修

依据《立式圆筒形钢制焊接油罐施工及验收规范》第五章第六节执行，所有焊缝的返修均采用手工焊电弧焊。

4. 罐体几何形状和尺寸检查

罐体组装焊接后，其几何尺寸和形状应符合下列规定：罐体高度允许偏差，不应大于设计高度的 0.5%，且不应大于 50mm；罐壁垂直度不应大于罐壁高度的 0.4%，且不应大于 50mm；罐壁焊缝棱角度和罐壁的局部凹凸变形，应符合表 4-6-2 中的规定。

表 4-6-2　罐壁焊缝棱角度允许值和罐壁的局部凹凸变形允许值　　mm

板厚 δ	棱角度	罐壁局部凹凸变形
≤12	≤12	≤15
12<δ≤25	≤10	≤12
>25	≤8	≤10

底圈壁板内表面半径的允许偏差，应在底圈壁板 1m 高处测量，内表面任意点半径的允许偏差，应符合表 4-6-3 的规定；底圈壁板外表面沿径向至边缘板外缘的距离不应小于 50mm，且不宜大于 100mm。

表 4-6-3　内表面任意点半径的允许偏差

储罐直径 D/m	半径允许偏差/mm	储罐直径 D/m	半径允许偏差/mm
D≤12.5	±13	45<D≤76	±25
12.5<D≤45	±19	D>76	±32

罐底焊接后，其局部凹凸变形的深度不应大于变形长度的 2%，且不应大于 50mm，单面倾斜式罐底不应大于 40mm。

浮顶局部凹凸变形，应符合下列规定：浮舱顶板的局部凹凸变形，应用直线样板测量，不应大于 15mm；单盘板的局部凹凸变形，不应明显影响外观及浮顶排水；浮顶内外边缘环板垂直度不应大于 1.5mm；用弧形样板检查浮顶环板、外边缘环板的凹凸变形，弧形样板与浮顶环板、外边缘环板的局部间隙不应大于 10mm。

外浮顶的外边缘环板与底圈壁板的间隙在安装位置允许偏差应为±15mm；在充水试验过程中，浮顶在任何其他高度的允许偏差应为±50mm。

内浮顶组装、焊接后的几何尺寸应符合下列规定：内浮顶外边缘环板的半径允许偏差应为±10mm。内浮顶外边缘环板焊接完毕后，其垂直偏差应为±3mm；用弧形样板测量其内弧，间隙不应大于 8mm。内浮顶外边缘环板与底圈壁板的间隙在安装位置允许偏差应为±10mm。

固定顶焊后几何尺寸应符合下列规定：固定顶成型应美观，其局部凹凸变形应采用样板检查，间隙不应大于 15mm；支撑柱的垂直度不应大于 1%，且不应大于 10mm。

单层球面网壳罐顶组焊后的几何尺寸应符合设计要求，且在外压设计荷载作用下网壳许用挠度为储罐内径的 0.0025 倍。

5. 浮顶罐的充水试验

储罐建造完毕后，应进行充水试验，并检查下列内容：罐底严密性；罐壁强度及严密性；固定顶的强度、稳定性及严密性；浮顶及内浮顶的升降试验及严密性；浮顶排水管的严密性；基础的沉降观测。

储罐充水试验应符合设计要求，并应符合下列规定：充水试验前，所有附件及其他与罐体焊接的构件应全部完工，并检验合格。充水试验前，所有与严密性试验有关的焊缝不得涂刷油漆。充水试验宜采用洁净淡水，试验水温不应低于5℃；特殊情况下，采用其他液体为充水试验介质时，应经有关部门批准。对于不锈钢罐，试验用水中氯离子含量不得过25mg/L。在充水试验过程中应进行基础沉降观测，当沉降观测值在圆周任何10m范围内不均匀沉降超过13mm或整体均匀沉降超过50mm时，应立即停止充水进行评估，在采取有效处理措施后方可继续进行试验。充水和放水过程中，应打开透光孔，且不得使基础浸水。

罐底的严密性应以罐底无渗漏为合格。若发现渗漏，应将水放净，对罐底进行试漏，得出渗漏部位后，应按规定补焊。

罐壁的强度及严密性试验，充水到设计最高液位并保持至少48h，以罐壁无渗漏、无异常变形为合格。发现渗漏后应放水，使液面比渗漏处低300mm左右后按规定进行焊接修补。

浮顶及内浮顶在升降试验过程中应升降平稳，导向机构、密封装置及自动通气阀支柱应无卡涩现象，扶梯转动应灵活，浮顶及其附件与罐体上的其他附件应无干扰，浮顶与液面接触部分应无渗漏。

浮顶排水管的严密性试验应符合设计规定，设计无要求时，应符合下列规定：(1)储罐充水前，以390kPa压力进行水压试验，持压30min应无渗漏；(2)在浮顶的升降过程中，浮顶排水管的出口应保持开启状态，以无泄漏为合格。采用旋转接头的浮顶排水管在储罐充水试验后，应重新按第(1)条的要求进行水压试验。

基础的沉降观测应符合下列规定：在罐壁下部圆周每隔10m左右设一个观测点，点数宜为4的整倍数，且不得少于4点；充水试验时，应按设计要求对基础进行沉降观测；或按“储罐基础沉降观测方法”进行。

充水试验后的放水速度应符合设计要求，当设计无要求时，放水速度不宜大于3m/d。

二、储罐的交工验收

立式储罐的交工验收是将储罐从施工单位移交到使用单位的法定程序，是储罐竣工验收的重要内容，是确保储罐安全运行的重要环节。通过验收可为储罐的使用管理提供有利条件和基础资料。施工完毕后应按照单位工程进行交工验收。

1. 储罐交工验收的主要内容

(1) 对储罐的设计、安装全过程进行系统的检验和总结。

(2) 评定工程质量，确定有关问题的处理原则。

(3) 办理储罐工程的移交。

(4) 储罐档案资料的移交、保修手续等。

2. 储罐交工验收的标准

(1) GB 50128—2014《立式圆筒形钢制焊接储罐施工规范》。

(2) SY 4202—2007《石油天然气建设工程施工质量验收规范　储罐工程》

(3) SH/T 3530—2011《石油化工立式圆筒形钢制储罐施工技术规程》。

（4）SH/T 3528—2014《石油化工钢制储罐地基与基础施工及验收规范》。

（5）GB 50341—2014《立式圆筒形钢制焊接油罐设计规范》。

（6）HG 21502. 1—92《钢制立式圆筒形固定顶储罐系列》。

（7）NB/T 47003. 1—2009《钢制焊接常压容器》。

（8）SH/T 3537—2009《立式圆筒形低温储罐施工技术规程》。

（9）GB 50393—2008《钢质石油储罐防腐蚀工程技术规范》。

（10）NB/T 47013. 1～13—2015《承压设备无损检测》。

3. 交工验收组织机构

储罐验收工作由建设、设计、施工、使用单位及上级业务机关的人员共同组成的交工验收组织机构，通常下设工艺技术、工程质量、安全环保、竣工档案等各专业小组。

4. 储罐验收的程序

（1）准备工作

拟定好验收初步方案。施工单位要准备好工程情况介绍、对存在问题提出的处理意见，以及验收证书和施工技术、图样、签证、施工记录等资料。同时，为便于验收顺利进行，应备齐验收所需工具和仪器。

（2）实施现场检测

这是具体进行现场验收的阶段，由各专业按计划分工负责实施。

① 外观检查。

在外观上检查工程有无明显的施工缺陷，质量是否完好；储罐附件是否齐全，并对工程质量做出鉴定。

② 测试数据。

用仪器、仪表检查测试储罐的安装施工质量，如接地电阻、标高等。

③ 查阅施工验收技术资料。

根据施工图样、技术要求与单项工程验收记录，对有关土建和工艺安装情况进行全面检查，了解各项工程的施工质量情况，以便从中发现问题，正确评估工程质量。

④ 调查。

向有关单位了解工程的某些问题，弄清事情的本来面目，以便做出正确结论。

⑤ 注意事项。

查阅资料中，要特别重视储罐整体充水试验资料是否符合技术要求，检测内容是否齐全，数据是否准确。

现场验收中应逐一核对储罐附件是否齐全，技术状态是否良好。

（3）评定工程质量，确定有关问题的处理原则

在现场检查的基础上，对全部工程质量进行评定，做出结论，写入记录。

对于剩余工程（也叫尾项工程，即个别未完工程项目和总体验收质量不合格的项目），应认真慎重地进行研究，协商讨论，明确决定具体负责处理的单位、完成时间和复查验收方法等。

（4）签署工程移交证明书

按照一定的格式签署验收证件，如验收鉴定报告书、工程质量综合评定表、剩余工程

项目处理决定等。

5. 交工验收应提交的资料

竣工验收后，施工单位应向使用单位齐全、完整地移交如下技术文件：

（1）储罐交工验收证明书。

（2）竣工图及排板图。

（3）设计修改文件。

（4）材料和附件出厂质量合格证书或检验报告。

（5）储罐基础检查记录。

（6）储罐罐体几何尺寸检查记录。

（7）隐蔽工程检查记录。

（8）焊缝射线探伤报告。

（9）焊缝超声波探伤报告。

（10）焊缝磁粉探伤报告。

（11）焊缝渗透探伤报告。

（12）衍射时差法超声检测报告。

（13）焊缝返修记录。

（14）强度及气密性试验报告。

（15）基础沉降观测记录。

第五章　储罐投产

投产是储油罐转入正常生产运行的关键环节，做好投产工作是后续储罐长期安全运行的前提。本章主要介绍 $10\times10^4m^3$ 大型原油储罐投产流程，从投产前准备，到投产运行所必须具备的条件，包括投产具体的工序流程，进行了系统的介绍，同时也总结了储罐投产的经验与注意事项，为保证储罐的顺利投产提供支持。

第一节　投产准备条件

一、投产准备

（一）投产组织机构

在项目可行性研究报告批复后，应成立以下几个小组，承担相应的投产职责。

1. 投产领导小组

投产领导小组由公司及各部室领导组成，是投产过程中的主要决策机构，负责领导和指挥试生产的整个过程，对投产期间重大问题起决策作用，指挥各专业组的全面工作。

2. 生产调度组

该组是投产期间唯一的生产指令发出单位，主要负责运行方式和各种运行参数调整；收集投产期间各种运行参数，对运行参数进行分析；记录投产过程中的大事并且有权在单位内调动抢修队伍、机具和消防队伍及协议单位的消防保驾队伍。

3. HSE 检查组

该专业组主要对投产期间参加投产人员、投产保驾人员进行 HSE 教育；负责投产前库区、输油设备、电气仪表系统、消防系统等方面的安全检查和确认，设备抢修期间消防保驾工作，负责检查事故及故障处理方案与突发事件应急预案管理的落实情况。

4. 设备电气仪表自动化组

由各类技术人员组成，负责投产期间投用设备、设施、仪表、电气设备的检查与确认，组织安排设备、电气、仪表自动化等系统的试运实施细则编制、培训及操作，投产期间输油泵机组及电气、仪表的技术保障工作及故障排查与处理。

5. 油库组

主要负责投产期间油库及输油油库工艺管网的检查与确认，负责编制工艺系统操作具体实施细则及培训工作；负责试运及投产期间的操作、巡检和运行记录填写等，对临时设施进行检查及排气操作，投产期间流程切换和设备操作的监护，参与投产准备期间设备的调试工作，投产期间原油的化验与计量工作。

6. 现场保驾组

该专业组负责投产期间的保驾与抢修工作并对施工单位的保驾与抢修方案进行审查并组织落实，检查落实保驾与抢修人员、车辆、机具、材料、消防器材等配备情况以及设备供应商技术服务人员的到位情况，组织施工单位对投产期间及投产成功后一周内的保驾；协调地方关系，有权调动各施工单位的人员、机具和材料；负责投产人员的生活后勤保障；负责投产过程中的安全和保卫工作。

7. 通信信息组

该专业组负责投产过程中调控中心与相关站、库之间的通信与信息保障工作。

（二）总体试生产方案

试生产前，建设单位应按有关法规、标准，制定总体试生产方案，至少包括以下内容：

（1）建设项目设备及管道试压、吹扫、气密、单机试车、仪表调校、联动试车等生产准备的完成情况；

（2）投产方案(包括开车步骤确认表)；

（3）试生产过程中可能出现的安全问题、对策及应急预案；

（4）项目周边环境与项目安全试生产相互影响的确认情况；

（5）危险化学品重大危险源监控措施的落实情况；

（6）人力资源配置情况；

（7）试生产(使用)起止日期。

试生产期限应不少于 30 日，不超过 180 日。项目由于特殊情况需延长时限的，需提前向地方应急管理局提交延期说明，最多延至 1 年。

试生产前，建设单位组织专家对试生产方案进行审查，对提出的问题进行整改，形成整改说明。需要特别说明的是：专家审查应明确“同意”或“不同意”试生产方案。

企业要明确试生产安全管理范围，合理界定项目建设单位、总承包商、设计单位、监理单位、施工单位等相关方的安全管理范围与职责。

建设项目的设计，施工、监理单位要对试生产方案及试生产条件提出审查意见。

（三）投产方案

投产方案的内容主要包括：

（1）库区的总体概况以及周边的环境设施情况。

（2）储存工艺包括投产所需石油的品种以及特性，原油进出库及库内倒罐的流程、抽底油流程和站内泄压流程。

（3）投产设备的主要参数介绍，主要有储罐、输油泵以及自动控制系统等。

（4）试生产组织机构与职责。

（5）符合试生产的条件，包括设备设施的准备条件，库区道路以及消防环保安全所需条件。

（6）试生产过程中人员与技术准备。

（7）实施程序包括阀门的编号，原油进库，出库和站内循环的工艺操作、准备、实施步骤、运行方式。

（四）物资准备

试生产前，库区按照投产方案的要求，编制物资需求计划，包括要用到的原料，燃料，备品备件，润滑油脂、工器具、办公用品、巡检设备、劳动防护用品、消防器材等，并落实品种意见及数量，见表5-1-1~表5-1-4。与供应商签订供货协议或合同。需要注意的是，国外订货部分要在投产前一年提出物品的种类、数量、规格，撰写清单并按相关规定进行采购；国内订货部分在投产前一年提出计划；国内外研发或是配套生产的物资则需要尽早确定好生产单位。

各类备品备件应妥善保管，建立相应的台账，同时做好分类、建卡以及上架的工作，实物应与台账相符且相互对应，按照保管与发放制度合理使用。对于润滑油(脂)等材料，应合理储存，避免发生损坏、丢失、变质的现象。

各种随机资料、专用工器具以及测量仪器的所有权归建设单位，在设备安装时施工单位可以借用。在设备开箱检验时，应认真清点、登记、造册，一式三份，施工单位一份，建设单位两份。对于安全环保消防、职业病防护救护、通信类的物资器材，可以配备到各岗位，并按照规定相应发放。

各类物资在投产试运前配备到位。

表5-1-1　×××部投运备品备件需求计划(示例)

装置：

序号	名称	规格	材质	数量	单价/元	小计/元	备注

表5-1-2　×××部投运工器具需求计划(示例)

装置：

序号	名称	规格	数量	单位	单价/元	总费用/元	备注

表5-1-3　×××部投运润滑油(脂)需求计划(示例)

装置：

序号	牌号	数量	单位	单价/元	小计/元	备注

表5-1-4　×××部投运劳动防护用品需求计划(示例)

装置：

序号	物品名称	规格型号	单位	设计数量	设计概算	需求总数量	单价/元	增加部分费用/元	备注

（五）资金准备

各部门根据项目的基础设计概算、年度投资计划和工程实施的进度来制定生产准备费用的资金使用计划并完成协议签订，列出相关的费用明细，包括人员培训的费用、购买备品备件及各类原料的费用、投产试运所需物料的费用以及相关保运的费用等。并对整体投产试运所需的总投资费用编制投产费用计划。

（六）外部条件准备

投产前要取得危险化学品经营许可证。待安全条件准备后，应在计划投入试生产前2~3周向属地应急管理局申请试生产前安全条件检查，应急管理局将组织专家对建设项目试生产方案等文件资料及现场条件进行检查，查出的问题隐患将以《现场检查记录》执法文书形式反馈。库区完成问题隐患整改后应形成整改说明报送至属地应急管理局，属地应急管理局针对问题整改情况组织复查确认后，即出具《整改复查意见书》。企业收到《整改复查意见书》后即被认为项目具备安全生产方面的试生产条件。

投产试运前，涉及的压力容器和特种设备要主动向相关政府部门报备，由二级单位设备专业主管部门到登记机关对压力容器进行注册登记，办理使用证。登记时需提供使用登记表(一式两份，含有统一社会信用证明)、产品合格证(含产品数据表)及特种设备监督检验证明。

投产运行前，落实劳动安全、消防、职业卫生、环境保护等设施的申报、审批、取证工作。提前与维修维护单位及公共服务设施签订协议和合同，包括落实场外道路、雨水外排，工业污水工程的接通工作。建设项目周边环境与安全试生产要通过地方政府的环评批复。

投产运行中需要的水、气、电、通信等要提前落实开通的时间、使用的数量、技术参数，提前与外部供应单位签订协议。

二、技术准备

1. 生产技术资料

生产部门负责组织编制技术资料准备计划，梳理技术资料清单，明确责任单位及完成时间。见表5-1-5。

表5-1-5 技术资料编制计划表

序号	工作内容	要求完成时间	主要责任单位
1	生产准备工作纲要、总体试车方案编制审查		×××部
2	调度手册编制		×××部
3	工艺、设备、仪表控制等方面的基础知识教材		×××部
4	专业知识教材		
5	主要设备结构图		
6	工艺流程图		
7	分析化验知识培训资料		
8	系统知识培训资料		
9	同类装置事故案例及处理方案汇编		

续表

序号	工作内容	要求完成时间	主要责任单位
10	机电仪培训资料		×××单位
11	岗位操作法		×××部
12	工艺卡片		
13	工艺技术规程、安全技术及职业卫生规程		
14	事故处理预案		
15	岗位记录		
16	技术台账制度		
17	主要设备运行规程		
18	电气运行规程		×××单位
19	仪表及计算机运行规程		
20	控制逻辑程序		
21	联锁逻辑程序及整定值		
22	装置、罐区、码头、动力消防方案		×××单位

2. 培训资料

工艺、设备、电气、仪表控制等方面的基础知识教材，专业知识教材、实习教材、主要设备结构图、工艺流程简图、生产准备工作纲要，安全、环保、职业病防护及消防、气防知识教材，国内外同类装置事故案例及处理方法汇编。

3. 生产技术资料

工艺流程图、岗位操作法、工艺卡片、工艺技术规程、安全技术及职业健康操作规程、环保设施操作规程、突发环境事件应急预案、事故处理预案(包括主体装置、关键设备和重点生产部位)、分析规程、检修规程、主要设备运行规程、电气运行规程、仪表及计算机运行规程、控制逻辑程序、联锁逻辑程序及整定值等，同时应建立岗位记录和技术台账制度。

4. 综合性技术材料

设备手册、特种设备安全技术档案、阀门及垫片一览表、轴承一览表及备品配件手册等，并及时收集整理随机资料。

5. 岗位操作法

操作规程内容应包括开车、正常操作、临时操作、应急操作、正常停车和紧急停车的操作步骤与安全要求；工艺参数的正常控制范围，偏离正常工况的后果，防止和纠正偏离正常工况的方法及步骤；操作过程的人身安全保障、职业健康注意事项等。严格按照规章制度进行编制和配备，审查无误后，试生产前发至各岗位。

第二节 投产运行

一、投产工程具备的条件

(一) 储油罐

(1) 罐体人孔、清扫孔螺丝是否紧固，与排污线、油管线、排水线等连接法兰处是否连接完好，检查各项密封处是否泄漏。

(2) 封罐后，要对油罐人孔、排污孔、浮盘上人孔的安装密封进行确认，确认其达到标准要求。对罐底排污管线进行检查，观察排污阀是否处于关闭状态。对油罐防火堤外排水阀也应进行检查，确认是否处于关闭状态(需排放时再打开，现场应有监护人)。

(3) 确认中央排水系统是否完好，并对中央排水管进行试压，以确保中央排水管达到要求，在储罐投产或运行过程中，中央排水管罐外排水阀应处于常开状态。

(4) 确保浮舱正常，无任何问题与缺陷，对浮舱进行气密性试验，并在满足要求、达到标准后，才可以投入使用。

(5) 在投产前，要对油罐的浮盘整体进行检查，确保一、二次密封安装全部合格，检查浮盘整体是否塌陷，浮盘、浮舱是否有泄漏点，浮盘支柱密封是否良好。若有问题则及时进行整改。确保达到合格后，方可投入使用。

(6) 防雷防静电连接是否完好，对接地电阻进行测试，确保符合规范要求。

(7) 对于油罐的扶梯和操作平台进行检查，确保完好。

(8) 对罐前进出油管线电动阀进行检测，远程测试正常后，令其处于远控状态，否则必须打到现场控制状态。检查罐根手动阀有无异常，是否处于全开状态。

(9) 确认罐顶呼吸阀阻火器和自动通气阀状态是否正常，罐顶静电导出线连接是否完整，检查无误方可。确认量油状态是否完好，液位检测仪表处于正常状态。

(10) 罐高、低液位报警及高高联锁功能投用，低低联锁先摘除待储罐进油到安全罐位下限以上再投用，罐组可燃气体报警装置投用。

(11) 将自动灭火报警系统投入生产使用，库区工业电视监控系统也同样要投入使用。

(二) 工艺管线与阀门

(1) 库内工艺管线应具备原油进罐、外输、倒罐流程等功能，并完成管道试压、吹扫、气密性试验工作，具备试生产条件。

(2) 完成库内涉及原油进罐、外输、倒罐等流程相关的各阀门完成强度及严密性试压和限位调试工作，电动阀门通电进行就地电动、手动的试运和远控测试正常，手动阀门保持开关灵活。

(三) 输油泵机组

输油泵机组安装完成，完成电机空载试运、机组找正、管线连接、仪表调校等相关工作，泵机组完成单机试运、联合试运，具备试生产条件。

(四) 仪表及站控系统

(1) 现场各种仪表安装、检定与调试完成，数值指示正确。

(2) 站控系统安装就位，各种显示、控制功能达到设计要求，站控与中控系统数据传输正常。管道、设备的联锁保护定值录入完成，完成相应的联锁保护模拟试验。站控系统完成现场验收测试(SAT)，并具备试生产条件。

(五) 电气系统

(1) 供电系统按设计施工完成，完成相应的测试工作并经相关部门验收合格。

(2) 电动阀门、场区照明等配套的电气系统安装完成，完成相关的电气试验和投电工作。

（六）消防、环保、安全

按设计完成相关安全报警系统的安装与调试工作，应急预案报地方主管部门备案。

消防站和固定消防系统按设计要求完成建设和配备工作，各岗位的消防器材按要求配置，消防系统完成联合试运，建设项目通过属地住房城乡建设部门的验收，并取得验收合格证书。

按设计完成污水、雨水处理系统等环保设施的施工与安装，获得属地生态环境部门的试生产批复、排污许可证。

建设项目周边环境与安全试生产相互影响情况已确认，并通过地方政府的环评批复。

（七）现场准备

现场各类标识牌到位，设备、设施位号和管道介质名称、流向标志齐全；各类安全标志、标识安装到位，重大危险源包保标识(牌)安装到位。

二、投料投产

（一）阀门编号

阀门编号应有一定的规律和方法，要有针对性，可根据储存介质的种类、阀门所在的区域(包括所在罐组、所属罐或者所属泵的进出口、所属管线等)以及阀门本身的特点对阀门进行编号。

以某油库阀门编号为例，共由5位数字组成，如图5-2-1所示。

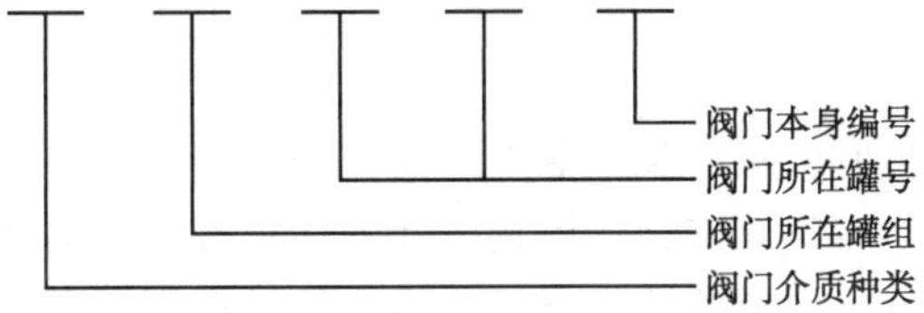

图5-2-1　某油库阀门编号

阀门介质种类：“1”为原油介质；“2”为消防清水、泡沫介质；“3”为雨、污水介质。

阀门所在罐组：根据罐组数字直接填写(注：输油泵房、阀组区和消防泵房为数字“0”)。

阀门所在罐号：此项为两位数，一位数的罐号数字前加“0”(注：输油泵房阀门为“10”；阀组区阀门为“30”)。

阀门本身编号：罐前电动阀为“1进，2出，3、4搅拌，5罐根”，例如：原油阀门，罐组四中T-16#罐的罐前搅拌阀门编号为14163。

（二）水联运

为顺利实现储罐一次性成功投产，在正式投油试生产前，对其进行设备试用水联运，试运油库工艺管线、泵、仪表等设备设施整体系统的严密性和可靠性。

1. 编制《储罐工程投产水联运方案》

《储罐工程投产水联运方案》主要包括总体概述，实施水联运的目的，水联运总体过程的概括，库区的总体情况以及水联运实施程序过程中上水的方式，实施前的准备工作，试运流程，充水操作，试运操作，排水操作。该方案用来指导水联运期间设备、流程等方面的具体作业，以确保水联运期间各项工作安全、有序、平稳进行。

2. 水联运控制要点

水资源确定，投产用水应为清洁水，因此首站附近应具有投产所需的水源，且具有一定容量的储罐进行储水。

注水量确定，注水量的多少与沿线高差、阀室间距、管内残水、油库流程操作、设备单体试运时间长短、末站接收和处理污水能力等因素有关；一般在首站储水能力足够的情况下重点考虑末站接收和处理污水能力。

油库排气与排水，因管道内残留大量的气体和不可估算的试压扫线后残留的污水，为降低末站的污水接收和处理难度，一般在中间站增加临时管线进行排气和排水，辅助增加收发球筒进行排气，为保证投产排气排水的顺利进行，需制定排气排水专项方案。

清管器的选择，为降低混油段，一般在水隔离段的前端发送清管器进行气水隔离；在水隔离段的后端发送清管器进行油水隔离，且清管器必须携带跟踪器，以便人员进行跟踪，掌握运行情况。

混油操作，根据投产运行工况和清管器实际运行速度测算油头到达末站的时间；在油头到达末站前 2h 开始进行连续监测，油头到站立即切换进混油罐：以后每 30min 进行一次含水化验和密度化验，对比首站原油含水或密度，进行是否进原油罐切换操作。

调节阀、泄压阀、流量计等精密设备不参与水联运，投产时一般用旁通流程或安装临时短接流程代替，待原油质量较好、满足要求后再恢复试运。

3. 水联运准备

根据投产领导小组下达库区水联运的命令，各投产小组及相关配合单位，完成库区水联运前的检查、准备等相关工作。

（1）对投用的工艺管道、阀门及其他生产设施进行检查，并确认具备水联运条件。

（2）对投用储罐的本体及附件进行检查，并确认具备水联运条件。

（3）对投用储罐的电气设施进行检查，并确认具备投产条件。

（4）对投用储罐的安全、消防设施进行检查，并确认具备投产条件。

（5）对投用的泵进行检查，并确认具备水联运条件。

（6）对站控系统进行检查，并确认具备投产条件。

（7）对库内各排气设施进行检查，并确认具备水联运条件。

（8）对水联运用水的数量进行确认。

（9）对参与水联运系统与不参加水联运系统确认是否相互物理隔离。

（10）水联运程序的实施，应考虑季节、温度等因素，适时考虑保温防冻措施；当气温低于 5℃时，参与水联运过程的机泵、阀门及管道系统等设备设施，均应加装临时伴热系统并及时投用。在试运行合格后，排空泵腔和管道系统内液体，采用空气扫线，吹净管道中的残留液体和杂物，防止设备冻坏。

4. 水联运步骤

（1）施工单位负责安装临时的管线和管道泵，将消防水罐新鲜水引至罐组，根据储罐的自身情况来确定上水的高度，计算水的体积。

（2）流程（自压）：消防水罐—阀组—管道—罐组。流程中涉及的阀门全部打到全开状态，其余站内所有阀门全部关闭。

（3）在自压倒罐时，缓慢打开消防水罐出口阀门，通过控制阀门的开度控制罐中水出罐的速度，确定液位降低速度最大值保持在合适的范围内。

(4) 待罐组液位和消防水液位达到自压平衡后，保持此状态，观察相关设备设施状态。

(5) 全开消防水罐前阀，缓慢打开各管线末端高点排气阀，对罐组和其他工艺管线进行排气操作，将管线内剩余气体排净。

(6) 导通泵区进泵流程，对泵进行排气、灌泵。

(7) 充水排气作业结束后，将流程倒为启泵流程，准备对泵进行试运。

(8) 管线充水排气作业结束后，对泵进行试运，根据实际情况确定连续试运的时间，连续试运结束后停泵。

(9) 完成水联运后，对罐、泵及库区工艺管线的存水进行排放。

(10) 库区内工艺管线存水通过主管线末端盲板处排放，排完后对库区低点进行检查，尽可能地将水排净，无法排出的管线内存水则待投油时直接进罐。

(11) 储罐排水从脱水阀通过含油污水系统或地面雨水系统进行外排，最后的剩余残水通过人工进行清理。

(三) 来油罐输进库操作

1. 收油前准备

投产领导小组下达原油入库投产的命令，各投产小组及相关的配合单位，完成原油入库投产前的检查、准备等相关工作。

(1) 对库区投用的工艺管道、阀门及其他生产设施进行检查，确认具备投油条件。

(2) 对库区投用储罐的本体及附件进行检查，并确认具备投油条件。

(3) 对库区投用储罐的电气设施进行检查，并确认具备投油条件。

(4) 对库区投用储罐的安全、消防设施进行检查，并确认具备投油条件。

(5) 对库区站控系统进行检查，并确认具备投产条件。

(6) 确认调度中心与本次投产的各油库数据传递与通信畅通。对投产原油的数量进行确认，并检测原油物性。

原油罐、储罐阀门投油前检查表见表 5-2-1、表 5-2-2。

表 5-2-1 原油罐投油前检查表

序号	检查内容	检查情况	库区检查人	科室确认
1	罐体各人孔、清扫孔、透光孔等应封闭严密			
2	排污阀应完好，且处于关闭状态			
3	储罐中央排水阀含油污水开、雨水阀关，油罐防火堤外排水阀处于关闭状态			
4	防雷接地装置连接可靠、无松动，接地电阻<4Ω			
5	浮梯导轨上无杂物			
6	浮顶集水坑内无杂物，浮碟阀无卡阻。浮顶排水管出口阀完好，处于开启状态。紧急排水阀加水完成			
7	密封装置严密、无失效现象			
8	二次密封与罐壁之间无杂物和积油，泡沫挡板排污口无堵塞			

续表

序号	检查内容	检查情况	库区检查人	科室确认
9	导向管、量油管上的导向装置灵活，无歪斜			
10	静电导出线连接完好			
11	罐顶呼吸阀、阻火器、自动通气阀等附件完好			
12	油罐抗震大拉杆补偿器连接可靠			
13	刮蜡机构应安装牢固，刮蜡板应紧贴罐壁，且相邻两板无重叠现象			
14	清除罐内杂物			
15	罐高、低液位报警装置投用			
16	可燃、有毒气体报警装置投用			
17	自动灭火报警系统投用			
18	该罐电视监控系统投用			

表 5-2-2　储罐阀门投油前检查表

序号	检查部位	检查标准	检查情况	库区检查人	科室确认
1	基础及连接	紧固件紧固、连接良好、无变形。接管状况良好。各连接法兰应无渗漏、连接可靠。阀门支墩支撑可靠稳定			
2	本体及附件	本体外观完好，附件齐全，润滑良好，电机及减速机构无润滑油渗漏			
3	电气仪表	电气、仪表连接完好			
4	控制	控制系统调试合格，阀位指示准确			
5	工艺位号	位号准确完整			
检查对象（登记填写本次检查的阀门工艺位号）：					

2. 输油工艺

管道输油工艺是实现管道油品输送的技术和方法。主要工艺是根据油品性质和输量，确定输送方法和流程、输油站类型与位置，选择管材和主要设备，制定运行方案和输量调节措施。

3. 运行方式

根据不同输油流程和输油量确定起始输油罐和输油线路，通过输油泵完成运输。必要时可建立输油专线完成来油进库操作。

运行方式如下：

通过启动输油泵，将外来进口原油，经库区支线及新建支线延长线，进入预定的收油储罐，完成收油操作。流程为来油站—库外管道—库内阀组区—库内管线—预定收油罐。

4. 控制参数

为确保在进油期间不造成大量的油气从呼吸阀、通气阀或密封处喷出，应按规定控制进油速度。罐容为 $10\times10^4m^3$ 油罐初次进油时，在进油管未浸没前油流速度不超过 $1m^3/s$；浮顶油罐在浮船没有完全浮起之前，进罐的单位流量应不大于通气阀总排气量的 80%；油罐在浮顶浮起至 3m 进出油期间，进油的单位流量控制确保不出现大量的油气从通气孔或一、二次密封缝隙处喷出，进出油管内油流控制速度不宜大于 $2930m^3/h$；油罐罐位在 3 米以上、安全罐位以下，储油罐进出油速度不宜超过 4m/s（进出油管线 *DN*700）。

同时要设定好储罐的高低液位报警值和安全联锁保护值。

5. 收油步骤

(1) 库区根据国家标准和库区具体情况编制收油方案。

(2) 投运部门调度安排商检。

(3) 库区根据收油方案导通收油流程。

(4) 调度确认流程无误后，下达指令。

(5) 库区通知上站开始发油。

(6) 安排目标罐或罐组进油投用。

(四) 原油倒罐进油工艺操作

1. 运行方式

将已进储罐的原油先通过库区内泵汇管自压倒罐，再启动倒罐泵进行倒油，空罐进油至 2.5m 时即可停止进油。

2. 输油工艺

各储罐之间可通过汇管进行自压倒油或启泵倒油。

(五) 原油出库工艺操作

1. 输油前准备

根据投产指令，投产领导小组下达原油出库投产的命令，各投产小组及相关的配合单位，在第一部分投产成功的基础上，完成原油出库投产前的检查、准备等相关工作。

(1) 对输油泵机组及污油系统进行检查，并确认具备投油条件。

(2) 库内相关工艺管道和输油泵充油排气结束，并确认具备启动条件。

(3) 对投用站控系统进行检查，并确认具备投产条件。

(4) 对投用电气设施进行检查，并确认具备投产条件。

(5) 对投用安全、消防设施进行检查，并确认具备投产条件。

(6) 对外输投产原油的数量进行确认，并检测原油物性。

(7) 确认调度中心与本次投产的各油库数据传递和通信畅通。

(8) 库区准备工作完成，相应流程导通。

2. 工艺流程

原油出库时，原油经罐组各储罐进入外输泵入泵汇管，经并联设置的外输泵加压后，通过管道返输至原库，利用管输系统运向各个单位。流程为储罐—输油泵—库内管线—阀组区—库外管线—下站。

3. 控制参数

投产过程中，单罐外输量控制不超过最高值。根据库区输油泵技术参数、报警和安全联锁保护值确定最高值。

4. 输油步骤

（1）准备完成输油泵的启泵准备，导通流程。

（2）调度中心确认流程切换完成并无误后，下达外输调度指令。

（3）接到外输投产调度指令后，启动输油泵，根据流量计读数，调节输油泵出口阀开度。

（4）本批次原油输完后，停泵。

（5）库区关闭阀组，恢复原流程。

（6）调度中心确认流程切换完成无误后，下达调度指令，原油出库。投产结束。

第六章　储罐运行与维护

建设本质安全油库是大型油气储存行业安全管理不断追求的目标，旨在从“人、机、环、管”四个方面落实各项安全管理措施，储罐运行与维护作为储罐全生命周期管理的过程之一，同时也是实现本质安全油库建设的重要环节。

第一节　操作人员培训

根据统计分析结果，80%的事故是由“人的不安全行为”造成的，企业员工既是安全生产的主体，又是安全管理的对象，人的不安全行为是事故发生最主要的原因。油库运行操作人员应具有相应的能力与资质，从教育、培训、经验、技能和经历等方面对其资格进行确认。

一、岗前培训

培训管理部门应组织对新上岗员工进行强制性入厂安全三级教育。新员工三级安全培训时间合计不得少于72学时，培训管理部门负责建立人员培训档案。新员工经考试合格，保证其具备本岗位操作、自救互救以及应急处置所需的知识和技能后方可安排上岗作业。入场三级内容如下：

1. 厂级教育内容

(1) 本单位安全生产情况及安全生产基本知识；

(2) 本单位安全生产规章制度和劳动纪律；

(3) 从业人员安全生产权利和义务；

(4) 有关事故案例等；

(5) 事故应急救援、事故应急预案演练及防范措施等内容；

(6) 其他需要培训的内容。

2. 车间级教育内容

(1)工作环境及危险有害因素。

(2) 所从事工种可能遭受的职业危害和伤亡事故。

(3) 所从事工种的安全职责、操作技能及强制标准。

(4) 自救互救、急救方法、疏散和现场紧急情况的处理。

(5) 安全设施、个人防护用品的使用和维护。

(6) 本车间安全状况及相关规章制度。

(7) 预防事故和职业危害的措施及应注意事项。

（8）有关事故案例。

（9）其他需要培训的内容。

3. 班组级教育内容

（1）岗位安全操作规程。

（2）岗位之间工作衔接配合的安全与职业卫生注意事项。

（3）有关事故案例。

（4）其他需要培训的内容。

二、在岗培训

HSE 培训与技能操作培训相结合。开展岗位技能操作培训时，应包括岗位风险、风险管控措施、故障和异常处理、应急处置等内容。按照培训管理程序，可建立 HSE 培训矩阵，明确培训内容与方法，从而制定切实可行的培训计划并实施。油库基层操作人员 HSE 培训矩阵(示例)见表 6-1-1。

表 6-1-1　油库基层操作人员 HSE 培训矩阵(示例)

培训内容划分			培训对象		培训方式
序号	培训课程	培训内容	班组长	操作人员	
1	安全生产法律法规	安全生产相关法律法规中的职责、权利、义务、管理要求和罚则	××	××	M1/M5
2	安全技术基础	防火防爆、防雷防静电、电气安全、仪表安全、安全标识等	√	√	M1/M5
3	安全引领力	安全引领力	××		M1
4	组织机构与责任	HSE 职责、安全生产责任制及考核	√	√	M1
5	风险管理	风险管理相关制度	××	××	M1
6		风险分析方法	√	××	M1/M5
7		工艺、技术、设备、工程等专业风险分析与管控	××	××	M2/M3/M6
8	隐患管理	隐患管理相关制度	××	××	M1/M5
9		隐患排查	√	√	M1/M3/M6
10		隐患治理	××	××	M1/M6
11	危险化学品安全	所涉及危险化学品的知识	√	√	M1/M5
12		危险化学品储存安全	√	√	M1
13	生产运行安全管理	生产运行控制、开停工的要求	√	√	M1
14	设备设施安全管理	设备完整性管理、特种设备管理、安全设施管理、泄漏管理的安全要求	××	××	M1

续表

培训内容划分			培训对象		培训方式
序号	培训课程	培训内容	班组长	操作人员	
15	检维修、工程项目安全管理	检维修、工程项目过程管控措施	××	××	M1
16	承包商安全管理	承包商安全监督管理相关制度	××	××	M1/M6
17		承包商现场安全管理	√	√	M1
18	特殊作业安全管理	作业许可相关制度	√	√	M1+M2/M1+M3
19		动火作业安全管理	√	√	M1+M2/M1+M3
20		受限空间作业安全管理	√	√	M1+M2/M1+M3
21		高处作业安全管理	√	√	M1+M2/M1+M3
22		吊装作业安全管理	√	××	M1+M2/M1+M3
23		临时用电作业安全管理	√	××	M1+M2/M1+M3
24		盲板抽堵作业安全管理	√	√	M1+M2/M1+M3
25		动土作业安全管理	√	××	M1+M2/M1+M3
26	变更管理	变更管理相关制度	××	××	M1/M6
27	员工健康管理	健康管理相关制度	××	××	M1/M6
28		健康风险识别与评估管理及监测管理	××	××	M1/M6
29		个体防护用品、设施配备与使用	√	√	M1+M2
30		现场急救管理	√	√	M1+M2
31	公共安全管理	公共安全基础知识	××		M1
32		公共安全管控措施	××	××	M1
33	应急管理	应急管理相关制度	××		M1/M6
34		应急知识与技能	√	√	M2/M6
35		现场应急处置方案及岗位应急处置卡	√	√	M6+M4
36	消防管理	灭火处置	√	√	M3/M4/M6
37		消防器材与设施的选用、检查、使用、维护	√	√	M1+M2/M1+M3
38	纪律和行为	操作规程、工艺、操作和劳动纪律相关规定	√	√	M6
39		安全行为规范和负面清单	√	√	M6
40	现场 HSE 管理	现场 HSE 管理	√	√	M1/M6
41	检查与审核	HSE 检查相关制度和要求	××	××	M1/M6
42	事故事件管理	事故事件上报、调查与处理相关制度	√	√	M1
43	持续改进	法规、标准及管理制度等要求的变化	××	××	M1/M6

注：①√为掌握；×为了解。

②培训方式：M1—课堂讲授；M2—实操训练；M3—仿真训练；M4—预案演练；M5—网络学习；M6—班组（科室）安全活动。其中，M1+M5 表示 M1 与 M5；M1/M5 表示 M1 或 M5。

第二节 储罐运行管理

一、储罐参数设置

(一) 液位设置

液位是储罐重要的工艺参数之一,其高度主要通过雷达液位计进行测量。

1. 基本要求

对于外浮顶储罐液位的要求主要有以下几点:(1)高液位报警设定高度小于设计存储液位,低液位报警设置高度要大于设计存储液位;(2)操作液位应在高液位报警和低液位报警之间;(3)低液位报警设定高度不能小于1.85m。

2. 高低液位报警设置

储罐高低液位报警分为:高液位报警、高高液位报警、低液位报警以及低低液位报警。其报警设置值见表6-2-1。储罐高液位报警和低液位报警为联锁动作前设置的预报警信号,同时依靠储罐罐壁的液位开关实现高高液位报警联锁关闭收油阀门,低低液位报警联锁关闭付油阀门。为保证储罐正常运行,排除仪表故障造成误报及联锁保护误动作的风险,可采用雷达液位计和液位开关"二取一"联锁模式或者液位开关"三取二"联锁模式,确保可靠性,到目前为止,采用液位开关"三取二"联锁模式更为普遍。

表6-2-1 外浮顶储罐高低液位报警设定取值表

液位	取值
低低液位报警值	浮舱支撑高度+200mm取值处;或低液位报警高度-(10~15)min储罐最大收油量的折算高度
低液位报警值	浮舱支撑高度+400mm取值处
高高液位报警值	高液位报警值+(10~15)min储罐最大收油量的折算高度
高液位报警值	浮盘设计最大高度-(10~15)min储罐最大收油量的折算高度,再-安全裕量0.3m

(二) 进罐流速及储存温度设置

1. 进罐流速

进罐流速亦为储罐重要的工艺技术参数之一,流速一旦过大会对浮盘造成冲击,使浮盘倾斜,出现卡罐的情况,因此需要根据不同液位选取合适的进油速度从而有效避免静电产生导致的火灾及爆炸。外浮顶储罐的进罐流速控制指标值见表6-2-2。

表6-2-2 进罐流速控制指标值

控制项目	控制指标		
进罐流速	液位/m	进油速度/(m/s)	液位上升速度/(m/h)
	≤2.5	<1	<0.30
	2.5<h<3	<2	<0.58
	≥3	<4	<1.10

2. 储存温度

一般来说，储油罐的油面高度随温度变化，进料温度过高挥发量大损失大，进料温度过低则冷却能耗高，因此选取合适的进料温度及存储温度至关重要。物料或介质不同，其进料存储温度也不同，本文仅针对原油进料及存储时外浮顶储罐控制温度进行选值，一般选取原油凝点加上10~15℃最为合适，既可以保证原油不易凝固，又可以减少蒸发损耗。

二、储罐运行操作

大型储罐涉及操作主要有工艺流程操作以及综合计量操作。

（一）工艺流程操作

1. 操作原则

（1）流程操作人员应熟知库区工艺流程、相关设备状况及操作方法。

（2）流程的操作与切换，实行集中调度，统一指挥。任何人未经调度人员同意，均不得擅自操作或改变流程。

（3）流程操作必须严格遵守“先开后关”的原则，确认新流程导通后，方可切断原流程。

（4）了解原油物性情况，凝点、密度、含水、硫化氢含量等数据，根据原油中硫化氢含量采取佩戴硫化氢检测仪、便携式呼吸器及空气呼吸器等防护措施。

（5）工艺流程操作前要进行“看图识路，手指口述”安全操作确认。

2. 收油操作

收油操作是指将原油从油轮接卸至储罐的作业过程。

（1）准备阶段

① 库区与码头沟通，掌握船舶到港时间、油种和提单量，制定卸船方案。

② 船舶到港后，库区运销计量人员上船监护商检检尺、测温、取样，计算油轮所载油量。

③ 根据上一级调度下达的原油接卸指令，库区进行库内管道及储罐等设备、设施的检查与准备，切换卸船流程，达到卸船作业的条件。

④ 库区内操与码头调度联系，确定具体卸船作业时间与程序。

⑤ 库区、码头双方确认各自的卸船准备工作全部完成，并共同签署卸船作业单。

（2）实施阶段

① 打开卸船进库阀门，导通卸油进罐流程，进行卸船作业。

② 卸船前后及卸船过程中，库区应与码头加强协调和沟通，共同确认相关流程确保无误。

③ 卸油过程中，库区应密切监视进库压力、液位变化，根据工艺技术规程及岗位操作法，确定相应的卸油速度，并及时通知码头调度调整排量。

④ 卸船作业中不停卸船泵倒罐时，应提前通知码头调度降低卸油速度。

⑤ 卸油过程中，库区应加强对储罐运行状况的检查，收油结束后，应再次确认储罐运行情况。

⑥ 计量操作人员依据国家、行业标准，进行取样、化验计量等工作，计算原油的入库油量。卸油完毕后，库区应及时掌握罐内原油的各项物性参数。

⑦ 卸船作业全部完成后，关闭卸船管道的进库阀门，导通库内泄压流程。

⑧ 卸船作业结束后，库区、码头调度互通情况，并进行全面检查，汇报上一级调度。

⑨ 卸船作业结束后，库区运销计量人员监护商检人员检验油轮底舱量，督促船方卸净原油，并逐舱检验，确认卸船后所剩底油量。

3. 外输操作

外输操作是指向下游炼厂供应原油。

（1）启输操作

① 准备阶段：接到上一级调度外输启动的指令后，库区完成储罐、库内管道、输油泵等相应设备、设施的检查与准备工作，达到外输启动条件。

② 实施阶段：

a. 库区按照生产计划和上级调度令，导通相应的外输流程。流程切换完成后，汇报上一级调度，并通报下游收油单位调度。

b. 库区内操和收油单位内操确认具备启动条件后，根据上一级调度指令，启动输油泵，待运行压力平稳后，汇报上一级调度，并通报下游收油单位调度。

c. 根据上一级调度指令，需要启动下一台泵时，提前控制运行泵机组的负荷，防止出库压力超高。启泵前后，应向上一级调度汇报并通报下游收油单位内操。

d. 实时跟踪监视设备、设施的运行参数，每 2h 录取出库压力、温度和外输量等运行参数，按要求向上一级调度汇报或通报收油单位内操。

e. 根据上一级调度指令，调节原油的出库压力和温度，并通报下游收油单位调度。

f. 根据外输储罐的液位高度及生产运行的需求，进行外输储罐的流程切换。

③ 注意事项：库区出站压力的控制需缓慢提高或降低，待压力平稳后再进行下一步操作。

（2）停输操作

① 准备阶段：接到上一级调度外输停止的指令后，库区进行外输停止前准备工作，达到外输停止的条件。

② 实施阶段：

a. 库区内操和收油单位调度确认达到外输停止条件后，停运输油泵。

b. 切换相应的停输流程，导通库内泄压流程。

c. 全面检查，汇报上一级调度，并通报收油单位内操。

4. 倒罐操作

库内倒罐操作是指在库区内部，通过转油泵将油料从一个储罐转输到另一个储罐的作业过程。

（1）准备阶段根据计划倒罐时间，库区进行储罐、库内管道、倒罐泵等设备、设施的检查与准备工作，达到倒罐启动的条件。

（2）实施阶段

① 导通倒罐流程。流程切换完成后，汇报上一级调度。

② 根据上一级调度指令，进行倒罐作业。采用自压方式倒罐时，应缓慢开启罐前阀门控制进出罐的流速；需要启动倒罐泵时，根据上一级调度指令启动倒罐泵并调节排量。

③ 接到倒罐停止的指令后，停运倒罐泵。

④ 关闭发储罐、收储罐罐前阀门，并切换停运流程。

⑤ 全面检查，并向上一级调度汇报。

(3) 注意事项注意收储罐与外输罐液位变化，定时对收油量与付油量进行比对，防止流程切换错误或阀门内漏等原因造成串油。

5. 储罐循环搅拌操作

对于静置24h以上储罐，为有效减少罐底油泥淤积，在外输作业前需要进行搅拌，每次搅拌时间不小于4h；长期静置的储罐每月搅拌一次，每次搅拌不小于4h。

(1) 准备阶段

根据库区生产计划，将需要循环搅拌的储罐，向上级调度申请搅拌。库区进行储罐、库内管道、搅拌泵等设备、设施的检查与准备，达到倒罐启动的条件。

(2) 实施阶段

① 导通搅拌流程。

② 根据调度指令，进行搅拌作业。

③ 接到搅拌停止的指令后，停运搅拌泵。

④ 切换泄压或外输流程。

⑤ 全面检查，并向上一级调度汇报。

(3) 注意事项

① 搅拌泵启动后，密切监护泵体及工艺管线振动、机械密封泄漏情况，如有异常立即停泵。

② 密切监控搅拌泵出口压力、流量和电机电流、功率等参数变化，如发现参数异常，通过泵出口阀门开度进行调节。

③ 搅拌泵运行正常后，应对储罐四周、罐前阀门管线、罐顶浮盘进行检查，如发现异常情况，应立即分析并处理。

(二) 综合计量操作

综合计量操作主要有以下几项：检尺、测温、取样、测密度、含水率。综合计量操作应符合GB/T 13894《石油和液体石油产品液位测量法(手工法)》、GB 8927《石油和液体石油产品温度测量　手工法》、GB/T 4756《石油液体手工取样法》。

1. 遵循事项

(1) 进入罐区，应严格遵守库区安全管理规定。

(2) 储罐的扶梯和平台牢固可靠，冬季应有防滑措施。

(3) 计量员上罐前穿戴防静电工作服、劳动保护鞋。

(4) 计量员所用金属器具应由不打火花材料制造，上下储罐应背工具包，以便腾出手攀扶罐梯。

（5）计量操作的工具与器具应为防爆类型。

（6）雷电、冰雹、暴雨期间禁止上罐操作。

（7）特殊要求外，已确认罐顶有毒气体超标，禁止上罐操作。

（8）上罐前应确认罐内油品性质，做好有毒气体防护。

（9）储罐进出油作业完成后至少30min方可进行原油储罐计量操作。

（10）上罐前用手接触消除静电设施，消除人体静电。

（11）进行计量操作前先释放静电，站在计量口上风口位置。

（12）整个计量操作期间，确保计量设备消除静电和接地。

（13）当用金属量油尺进行测量时，在整个降落或提升操作期间，应始终保持与检尺槽相接触。

（14）储罐进行检尺、测温和油品采样时，不得猛拉快提，上提速度不得大于0、下落速度不得大于1m/s。

2. 检尺操作

储罐检尺是对储罐内的原油厂进行体积和质量测定的一种基本方法，也是可靠的储罐液位计校验方法。

（1）准备阶段

检尺人员应掌握需储罐雷达液位、原油动态、原油物性。备好适用的量油尺、记录本、抹布。检查尺砣、摇柄是否松动，并将尺擦拭干净。

（2）实施阶段

检尺人员在登上储罐前应消除人体静电，站在量油孔的上风口，将孔盖轻轻打开，在固定位置下尺。

对于原油应检空尺。待油面稳定后，站在容器顶部计量口的上风头，一手握尺，小心地沿参照点的下尺位置下尺。下尺时尺砣不要摆动，尺砣接近油面时应缓慢下尺，以防静止的油面被破坏。当尺砣和部分尺带进入油层后，卡住尺带，用另一手指压住尺带，对准计量口的参照点停留1min后，读取与参照点相重合的尺带刻线示值L。L值最好是整数，否则可将尺带继续下伸，使L值的刻线读数是厘米以上的整数。提尺后读取尺带的浸油深度L_1，$(L-L_1)$即为空间高度（空距）。容器的总高减去空间高度，即为容器内油面的高度。表达式为：

$$H_1=H-(L-L_1)$$

式中 H_1——油面高度，m；

H——容器参照高度，m；

L——尺带下尺高度示值，m；

L_1——浸油深度，m。

空距应连续测量2次，读数误差不得超过2mm。若2次读数误差均不超过1mm，取第一次测量值；若超过1mm，则取两个测量值的平均值；若连续两次误差超过2mm，应重新检尺。

3. 测温操作

(1) 准备阶段

备好测温仪、抹布等，根据检尺液位确定测温点位，参考值见表 6-2-3。

表 6-2-3　测温点位

罐内液位/m	最少测量点数/个	测量位置(液位 H)
>45	3	(上部)5/6H、(中部)1/2H 和(下部)1/6H
30~45	2	(上部)5/6H 和(下部)1/6H
<30	1	(中部)1/2H

(2) 实施阶段

便携式电子温度计(PET)测温操作步骤如下。

① 站在上风口，打开计量口之前，PET 应接地；

② 按上部、中部、下部的顺序把测温传感器降落到上部的液深位置；

③ 在预定液深位置上下 0.3m 的区间高度内，上下缓慢提拉传感器，使传感器与周围液体达到温度平衡，直至 30s 指示温度的变化稳定在 0.1℃以内；

④ 读取电子温度计示值并记录；

⑤ 重复步骤②~④，完成所有位置的温度测量；

⑥ 用算术平均法计算平均温度并记录；

⑦ 读数精确到 0.1℃，平均温度修约到 0.25℃。

4. 取样操作

(1) 准备阶段

可使用加重取样器。取样前检查取样器各个连接部位应完好；取样塞、取样绳应无破损，取样部位见表 6-2-4。

表 6-2-4　取样部位参考表

液位	取样部位	取样份数
3m 以上	上部：顶液面下 1/6 处 中部：液面深度 1/2 处 下部：顶液面下 5/6 处	各取一份，按等体积混合成平均样
低于 3m	中部：液面深度 1/2 处	各取一份

(2) 实施阶段

加重取样器操作步骤如下。

① 站在上风口，将取样器的瓶塞扣好，把取样器缓慢放到指定的液位高度。

② 急速提拉取样绳，打开瓶塞，观察液面是否有气泡逸出。

③ 直到液面平静，取样器充满液体，提出取样器，倒出取样器上部油样约 30mL，将样品倒入瓶中。

④ 按照步骤①~③依次取上部样、中部样、下部样。

⑤ 取样器在下降的过程中，若液面有气泡产生，应提出取样器并倒掉取样器内的油

品，盖好瓶塞，重新操作。

⑥ 样品标签应包括以下内容：取样地点，取样日期，取样人，被取样油种，罐号，样品类型。

5. 密度测量操作

（1）准备阶段

备好适合温度范围经标定的密度计、温度计及量筒和记录本等。

（2）实施阶段

① 将均匀的油样缓慢倒入量筒，避免试样飞溅和生成气泡，并减少轻组分的挥发。测定前用一片清洁的滤纸除去试样表面上形成的所有气泡。

② 把装有试样的量筒垂直地放在没有空气流动的地方。在整个试验期间，环境温度变化应不大于 2℃。

③ 用合适的温度计垂直旋转搅拌试样，记录温度接近到 0 从密度计量筒中取出温度计。

④ 将合适、清洁、干燥的石油密度计轻轻地放入试样中，待石油密度计静止后，将石油密度计压入油中两个刻度，再放开。在放开时轻轻转动一下密度计，使它能在离开量筒壁的地方静止下来自由地漂浮。

⑤ 应在稍高于液面的位置观察，密度计读数为液体上弯月面与密度计刻度相切的那一点。

⑥ 记录密度计读数后，立即小心地取出密度计，并用温度计垂直地搅拌试样。记录温度接近到 0，如这个温度与开始试验温度相差大于 0 应重新读取密度计和温度计读数，直到温度变化稳定在±0 以内。

⑦ 对观察到的密度计读数作有关修正，不同的试验油品，根据 GB/T 1885 中的表 59A 把修正后的密度计读数换算到 20℃下标准密度。

6. 含水率测量操作

（1）准备阶段

① 从管线、储罐或其他系统中取得有代表性的试样，放入实验室的容器中。

② 根据原油的预期含水量应按表 6-2-5 选择试样量。

表 6-2-5　试样量

预期试样中水含量(质量)/%	大约试样量/g	预期试样中水含量(质量)/%	大约试样量/g
501~1000	5	51~100	50
251~500	10	11~50	100
101~250	20	≤10	200

③ 测定水的质量分数时，把试样直接倒入蒸馏烧瓶中，按试样量要求称量试样。

（2）实施阶段

① 按表 6-2-3 要求称量试样。用清洁的量筒称量 400mL 溶剂加入圆底烧瓶，摇匀试样。

② 加入干燥的玻璃珠。

③ 装配仪器要保证全部接头气密性和液密性。要求玻璃接头不涂润滑脂。把装有显色干燥剂的干燥管插到冷凝器上端，防止空气中的水分在冷凝器内部冷凝。通过冷凝器夹套的循环冷却水应保持在20~25℃。

④ 加热蒸馏烧瓶，初始阶段要缓慢加热，0.5~1h，保持冷凝液在冷凝管冷却水进口处。

⑤ 初始加热后，调整沸腾速度，使冷凝液不高于冷凝器内管的1/2处。控制馏出物应以每秒钟2~5滴的速度滴进接收器。

⑥ 继续蒸馏，直到除接收器外仪器的任何部位都无可见水，且接收器内水的体积在5min内保持不变。

⑦ 如在冷凝器内管中有水滴持久积聚，用溶剂冲洗后再蒸馏至少5min。重复此步骤直到冷凝管内没有任何可见水并且接收器内水的体积至少在5min内保持不变。如这个操作不能除掉水时，可用刮具把水刮进接收器中。

⑧ 待接收器冷却到室温，读出接收器中水的体积。

(3) 计算公式

使用公式计算样品中的水含量

$$w_c = \frac{v_2 - v_0}{m} \times 100$$

式中 w_c——样品中的水含量,%；

v_0——做空白试验时接收器中水的体积(修约到0.025mL)，mL；

v_2——接收器中水的体积(修约到0.025mL)，mL；

m——试样质量，g。

三、安全保障措施

(一) 劳动防护用品

在生产劳动过程中，劳动防护用品是必不可少的生产性装备，油库应在全面识别作业过程中的潜在危险、有害因素的情况下，选用与作业环境风险相适应，能满足作业安全要求的劳动防护用品。油库各岗位主要配备防噪声耳塞和耳罩、半面罩、安全帽、空气呼吸器、阻燃服、防静电鞋等个体防护用品，按要求配备硫化氢报警仪。

1. 头部防护用品

主要为安全帽。进入油库巡检、有碎屑飞溅的作业应佩戴安全帽，如图6-2-1所示。

2. 眼面部防护用品

包括防冲击护目镜(图6-2-2)、洗眼设备等。主要用于油库计量化验室、巡检作业、施工作业环境。

3. 听觉器官防护用品

包括耳塞(图6-2-3)和耳罩(图6-2-4)。长期在85dB(A)以上或短时在115dB(A)以上环境中工作时应使用听觉器官防护用品。油库作业场所有：输油泵房、消防泵房等。

图 6-2-1 安全帽

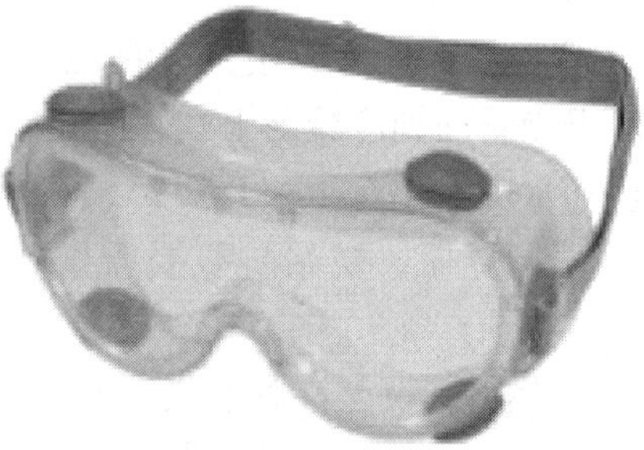

图 6-2-2 护目镜

图 6-2-3 耳塞

图 6-2-4 耳罩

4. 身体防护用品

油库身体防护用品主要是夏季、冬季和春秋阻燃服，如图 6-2-5 所示。

5. 脚部防护

油库脚部防护用品主要包括防静电鞋(图 6-2-6)、电绝缘鞋等。

图 6-2-5 阻燃服

图 6-2-6 防静电鞋

6. 手部防护用品

油库手部防护用品包括一般性防护手套(图 6-2-7)、耐酸碱手套、防寒手套、防油手套等。

7. 呼吸器官防护用品

常见的有自吸过滤式防毒面具、正压式空气呼吸器。如图 6-2-8、图 6-2-9 所示。

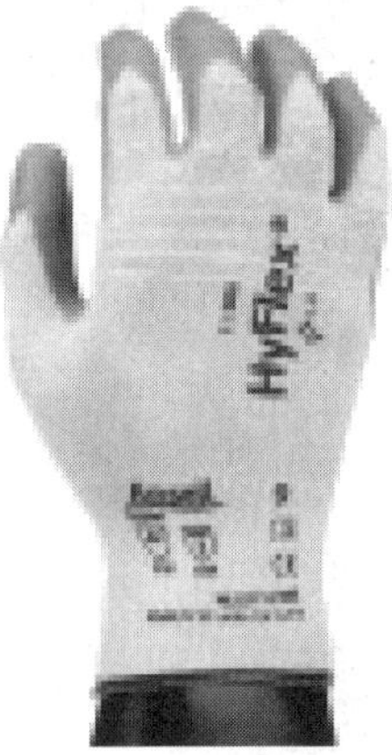

图 6-2-7　一般性防护手套

图 6-2-8　自吸过滤式防毒面具

图 6-2-9　正压式空气呼吸器

（二）防火安全措施

根据油罐火灾危险的特点，防火安全本着"以防为主，防消结合"的原则，从预防火灾、防止火灾蔓延和消防灭火三方面采取措施，确保防火安全。

1. 危险物料的安全控制

原油的输送和储存，始终密闭在各类设备和管道中，各个连接处均采用可靠的密封措施。原油采用浮顶储罐存储，浮顶储罐的一次密封采用三芯软密封、二次密封采用带油气隔膜的密封结构。将挥发到环境的可燃物质量降至最低。油罐露天布置，可保证良好的通风条件，使可燃气体不易聚积。

原油储运过程控制采用自动控制，对液位、温度、流量等进行测控。各相关罐进出口罐根阀与高、低液位报警自动联锁，使储运系统生产操作、管理达到安全、高效。为保证操作人员和油库的安全，在罐区内每个罐的前后和排水口附近、机泵以及有可燃气体可能泄漏的地方设置了可燃气体检测报警器。

2. 防雷、防静电及接地

油罐均做防雷接地，每罐接地点的间距沿油罐周长不大于 18m，接地电阻小于 4Ω，地下接地网连成环形。浮顶与罐体做电气连接，连接导线不少于 2 根，每根导线选取截面积不小于 $50mm^2$ 扁镀锡软铜绞线。

与罐体相接的电气配线采用金属管屏蔽保护。配线金属管上下两端与罐壁做电气连接。在相应的被保护设备处，安装与设备耐压水平相适应的浪涌保护器。

在储罐扶梯口处，设置人体静电消除装置，在罐顶取样口两侧 1.5m 之外设一组接地设施，以消除人体静电及取样绳索、检尺工具等接地如图 6-2-10 所示。

图 6-2-10　人体静电消除装置

平行敷设于地上或管沟的金属管道，其净距小于 100mm 时，用金属线跨接，跨接点的间距小于 30m。管道交叉点净距小于 100mm 时，其交叉点用金属线跨接。

变电所接地网电阻不大于 4Ω，工作接地、保护接地、防雷防静电接地共用接地网，接地电阻不大于 4Ω。

四、储罐应急管理

为应对储罐突然发生的雷击着火、泄漏等事件，基层车间必须编写相关应急方案来预防和控制突发事件的发生，保障企业员工和公众的生命安全，最大限度地减少财产损失、环境破坏和社会影响，维护企业形象和声誉，促进公司安全发展。

储罐应急事件处置采用“13510”原则，即 1min 内应急响应，及时采取能量隔离、切断物料等关键措施，确保事态不扩大；3min 内退守稳态，由班长研判并下达指令，岗位人员 3min 内进行退守稳态操作；5min 内消气防联动，消气防救援力量于 5min 内到达现场，与属地单位配合开展应急处置工作；10min 内协议救援力量到达现场。

本部分主要为读者提供储罐雷击着火和泄漏着火应急方案的样板以供参考。

（一）储罐雷击着火应急方案

储罐雷击着火应急方案见表 6-2-6。

表 6-2-6　储罐雷击着火应急方案

<table>
<tr><td rowspan="3">事故描述及应急处置原则</td><td>事故可能发生区域</td><td colspan="2">外浮顶储罐罐顶</td></tr>
<tr><td>事故可能原因及后果</td><td colspan="2">原因：一、二次密封油气浓度超标遭雷击或静电引燃。
后果：1. 密封圈大面积火灾及复燃复爆，原油沸溢，导致油罐爆炸、罐体垮毁，原油大量蔓延，发生罐区防火堤大面积火灾；2. 泄漏的大量油气向下风侧飘散，遇点火源二次燃爆；3. 罐体燃烧爆炸产生的高温和飞溅物造成邻近设备、储罐燃烧、爆炸，周边人员伤亡、环境污染</td></tr>
<tr><td>处置原则</td><td colspan="2">1. 人员抢救：保证救援人员安全，配备合适的器材；及时进行人员搜救、转移伤员、现场急救和专业救护。
2. 控制危险源：切断点火源，防止人员中毒和着火爆炸。
3. 现场警戒：疏散无关人员，科学划定警戒区。
4. 消除危险源：通过消防泡沫清除着火源、隔离高温部位，降低可燃气体、有毒气体浓度</td></tr>
<tr><td colspan="4">险情描述：消防控制室发现罐顶感温光栅报警，向中控报告。视频监控发现罐顶有浓烟；现场巡检发现明火对讲机报告中控值班员或按下手动报警器</td></tr>
<tr><td>应急程序</td><td colspan="2">处置措施</td><td>责任人</td></tr>
<tr><td rowspan="2">险情确认</td><td colspan="2">班长指定至少 2 名外操佩戴空气呼吸器，携带四合一检测仪、防爆对讲机现场确认；同时告知班组各岗位做好应急准备</td><td>班长</td></tr>
<tr><td colspan="2">外操到达现场后，立即用对讲机向班长汇报，内容包含具体着火部位、着火面积大小、是否有人员伤亡，以及是否能够将着火点立即消除</td><td>外操</td></tr>
<tr><td rowspan="6">1 分钟应急响应</td><td>应急启动</td><td>班长接到外操报警后，宣布启动库区应急响应，担任现场指挥，下达应急指令并赶赴现场成立现场指挥部。当发现直接危及人身安全的紧急情况时，有权停止作业或者在采取可能的应急措施后撤离作业场所</td><td>现场指挥</td></tr>
<tr><td>人员抢救</td><td>如有人员受伤，班长指令至少 2 名外操(在操作人员紧张的情况下可为消防队员)在保障自身安全的前提下佩戴空气呼吸器搜救现场受伤、中毒人员，将伤员转移至安全区域进行救护</td><td>外操、消防队员</td></tr>
<tr><td rowspan="2">能量隔离</td><td>班长指令上报调度，立即停止事故罐收发油作业，关闭收油罐前阀以及罐根阀</td><td>内操</td></tr>
<tr><td>班长指令外操现场确认阀门关闭</td><td>外操</td></tr>
<tr><td>信息传递</td><td>班长指令各岗位报警：
1. 如有人员受伤，向急救中心(120)报警：伤员位置、受伤情况等。
2. 向库区消防队及地方消防队(119)报警：着火部位、着火面积大小、人员伤亡等。
3. 向二级单位调度和库区领导报告：着火部位、着火面积大小、人员伤亡、初期处置等。
4. 持续使用应急广播进行人员疏散。
5. 通知维修、保运队伍。
6. 各岗位人员做好信息传递工作，如重大操作前、任务受阻时、任务完成后，必须向指挥汇报</td><td>内操、外操</td></tr>
<tr><td>消防处置</td><td>1. 固定消防启动泡沫，对罐顶二次密封圈进行泡沫覆盖灭火；并根据火势及现场情况决定相邻罐是否开启喷淋系统。
2. 消防队拉响警报、集合队伍，赶赴着火油罐勘查火情展开灭火</td><td>固定消防、消防队</td></tr>
</table>

续表

应急程序	处置措施		责任人
3分钟退守稳态	工艺处置	班长指令外操在确保自身和他人安全的情况下，根据火势发展采取围堵、停泵、关阀等有效措施	工艺处置组
	工艺处置	根据现场火情火势，班长指令内操启动输油泵(如液位较高，利用位压)，进行倒罐作业，当油温超过90℃，停止倒罐，倒罐作业停止后，关闭外输的罐前阀和罐根阀。在完成电动阀门操作后，对罐前电动阀、罐根电液阀进行断电	工艺处置组
	消防处置	使用灭火器对初始火灾和地面流淌火进行扑救，如阀门关不严，用消防沙堵漏	应急救援组
	警戒疏散	1. 打开库区大门，组织无关人员向上风向疏散，拉好警戒线。(1)以着火点为中心，四周分别用警戒绳进行警戒隔离，如少量泄漏时，初始隔离至少30m；大量泄漏时，初始隔离至少215m，并根据风向携硫化氢检测仪在下风向及周边区域进行检测，以硫化氢浓度20ppm为标准动态调整范围。(2)组织现场与抢险无关的人员(含施工人员)撤离，少量泄漏时，应组织人员撤离至泄漏点上风向或侧风向至少200m外的紧急集合点；大量泄漏时，撤离距离至少为800m 2. 对罐区、库区周边环境进行风险识别，持续监测可燃及有毒气体浓度，每10分钟报告一次，如有异常变化立即报告现场指挥，为抢险现场处置及扩大警戒疏散范围提供依据	应急救援组、综合保障组
	警戒疏散	班长指令内操通过应急广播持续播报疏散信息。根据现场风向通知下风向单位、人员疏散，进行避险	内操
	环保防控	1. 在保证自身安全的前提下，确认罐区防火堤外排水截断阀是否关闭严密(防止原油或消防水外流污染环境)； 2. 检查原油有无外溢，用沙子阻止原油外溢，减少污染面积	工艺处置组、应急救援组
消气防联动		库区指挥指令人员在路口接引消气防车辆；人手不足时灵活掌握	综合保障组
人员清点		库区指挥通过对讲机清点各岗位人员、明确位置；确认库区内外单位人员位置	现场指挥
侦查检测		库区指挥指令人员(佩戴空气呼吸器、携带防爆对讲机)用四合一气体检测仪对现场硫化氢浓度进行检测，持续通报检测结果	应急救援组
环保防控		1. 被原油污染的泥土、吸油毡等固体废物集中回收，交由环保协议单位进行处置； 2. 回收可利用的落地原油； 3. 含油污水利用含油污水处理设备处理	工艺处置组、应急救援组
应急抢险		1. 引导外部救援力量，协助公安、消防、地方政府部门进行交通管制、封锁道路、疏散周边群众，并根据安环检测组监测数据调整警戒范围； 2. 打开库房运送抢险物资，车辆带上防火帽，保障现场救援所需的应急装备、救援物资； 3. 根据火灾现场，组织灭火并搜救遇险人员； 4. 提供现场应急抢险人员、被疏散人员的后勤保障等	应急救援组、综合保障组
响应终止或扩大		1. 抢修队伍到达现场后结合现场情况组织开展危害和风险分析，制定防范措施，在现场指挥部的统一指挥下，严格按照抢维修作业程序进行现场抢维修作业； 2. 经现场指挥部下达应急终止指令，按调度令恢复正常输油生产； 3. 根据现场情况扩大警戒及疏散范围，向地方政府、社会救援机构及区域联防请求救援，直至险情消除	现场指挥

续表

应急程序	处置措施	责任人
注意事项	1. 信息上报及向地方政府报警时，须讲明报告单位、报告人、事件(事故)要素[发生时间、地点、事件(事故)情况、当前处置措施、人员伤亡以及可能发展态势]。 2. 人员疏散应根据风向标指示，撤离至上风口的紧急集合点，并清点人数，施工人员疏散时，应检查关闭现场的用火火源，切断临时用电电源。 3. 抢险人员和监测人员必须正确佩戴个人防护器具和监测报警仪器，使用专用抢险器具和防爆工具，穿防护服，专人现场负责监护。 4. 专职监护负责对抢险人员处置能力及个体安全防护进行确认。救援人员必须在保证自身安全的情况下才可以实施应急救援，任何情况下均不允许盲目施救。对中毒人员施救时，严禁口对口人工呼吸。 5. 当事态发展超过现场最大应急控制能力，危及或可能危及岗位或救援人员人身安全时，现场带班人员、班组长、输油调度均有权下达撤离命令。 6. 应急中心办公室收集相关信息上报地方有关部门，未经应急指挥中心总指挥授权，任何人不许对外发布信息。 7. 当政府人员抵达现场后，现场总指挥应向政府现场指挥部总指挥报告情况，移交指挥权并接受其指挥，配合新闻信息发布。 8. 应急救援结束后，库区现场指挥负责组织清点人数，统计物资消耗，并按上级要求做好后期处置工作	

(二) 储罐泄漏应急方案

储罐泄漏应急方案见表 6-2-7。

表 6-2-7 储罐泄漏应急方案

事故描述及应急处置原则	事故可能发生区域	储罐罐根阀、波纹补偿器
	事故可能原因	原因：储罐基础、与罐根阀连接管线及阀门沉降，罐根阀两侧法兰连接处受外力，致使补偿器变形失效；罐根阀补偿器安装调整不当，轴向或径向补偿距离达不到储罐基础；阀门法兰漏油。 后果：原油从罐根阀连接法兰处漏油，可导致单个罐区受到污染、人员中毒；大量泄漏原油挥发油气，遇着火源或静电可发生大面积火灾，可导致周边人员伤亡、环境污染
	处置原则	1. 人员抢救：人员搜救、转移伤员，进行现场急救和专业救护； 2. 控制危险源：切断泄漏源或尽量降低泄漏量； 3. 现场警戒：疏散无关人员，科学划定警戒区； 4. 消除危险源：通过消防水雾稀释现场可燃气体浓度，清除周边所有点火源、隔离高温部位

险情描述：巡检人员巡检储油罐罐根阀闻到油气味，发现罐根阀漏油，对讲机报告中控值班员或按响手动报警器；油罐附近可燃气体报警器报警；视频监控发现防火堤内有原油或伴有火苗、浓烟

应急程序	处置措施	责任人
险情确认	班长指定至少 2 名外操佩戴空气呼吸器，携带硫化氢报警仪、防爆对讲机现场确认；同时告知班组各岗位做好应急准备	班长
	外操到达现场后通过对讲机报告：现场具体泄漏部位(靠近储罐侧或靠近大拉杆侧)、泄漏量大小、是否有人员中毒，以及是否能够将泄漏点切除	外操

续表

应急程序	处置措施		责任人
1分钟应急响应	应急启动	班长接到外操报警后，宣布启动库区应急响应，担任现场指挥，下达应急指令并赶赴现场成立现场指挥部。当发现直接危及人身安全的紧急情况时，有权停止作业或者在采取可能的应急措施后撤离作业场所	现场指挥
	人员抢救	如有人员受伤，班长指令至少2名外操(在操作人员紧张的情况下可为消防队员)在保障自身安全的前提下佩戴空气呼吸器搜救现场受伤、中毒人员，将伤员转移至安全区域进行救护	外操、消防队员
	能量隔离	班长指令上报调度，立即停止事故罐收油作业，如泄漏部位为大拉杆侧，立即关闭泄漏点两侧阀门；如泄漏部位为储罐侧，泄漏点无法立即排除，立即上报调度，请求进行倒罐操作	内操
		班长指令关闭收油罐根阀，停止收油作业，确认罐区防火堤外排水截断阀是否关闭严密	外操
	信息传递	班长指令各岗位报警： 1. 如有人员受伤，向急救中心(120)报警：伤员位置、受伤情况等。 2. 向库区消防队及地方消防队(119)报警：泄漏部位、泄漏面积大小、人员伤亡等。 3. 向二级单位调度和库区领导报告：泄漏部位、泄漏面积大小、人员伤亡、初期处置等，同时通报管网天津站。 4. 持续使用应急广播进行人员疏散。 5. 通知维修、保运队伍。 6. 各岗位人员做好信息传递，如重大操作前、任务受阻时、任务完成后，必须向指挥汇报	内操、外操
	消防处置	根据现场泄漏检测浓度(可燃气体检测超过50%LEL；有毒气体检测超过12×10^{-6})，消防队拉响警报、集合队伍，用消防水雾稀释现场可燃气体浓度	固定消防、消防队
3分钟退守稳态	工艺处置	班长指令外操在确保自身和他人安全的情况下，根据泄漏发展情况采取围堵、停泵、关阀等有效措施，用沙子设置围油堰、封堵排水沟	工艺处置组
		如泄漏部位为储罐侧，泄漏点无法立即排除，经调度同意，导通倒罐流程，班长指令内操启动输油泵(如液位较高，利用位压)，进行倒罐作业	工艺处置组
	消防处置	用沙子设置围油堰、封堵排水沟，回收泄漏原油，阻止原油外溢	应急救援组
	警戒疏散	1. 打开库区大门，组织无关人员向上风向疏散，拉好警戒线。(1)以着火点为中心，四周分别用警戒绳进行警戒隔离，如少量泄漏时，初始隔离至少30m，大量泄漏时，初始隔离至少215m，并根据风向携硫化氢检测仪在下风向及周边区域进行检测，以硫化氢浓度20ppm为标准动态调整范围。(2)组织现场与抢险无关的人员(含施工人员)撤离，少量泄漏时，应组织人员撤离至泄漏点上风向或侧风向至少200m外的紧急集合点；大量泄漏时，撤离距离至少为800m。 2. 对罐区、库区周边环境进行风险识别，持续监测可燃、有毒气体浓度，每10分钟报告一次，如有异常变化立即报告现场指挥，为抢险现场处置及扩大警戒疏散范围提供依据	应急救援组、综合保障组
		班长指令内操通过应急广播持续播报疏散信息。根据现场风向通知下风向单位、人员疏散，进行避险	内操

续表

<table>
<tr><th>应急程序</th><th colspan="2">处置措施</th><th>责任人</th></tr>
<tr><td>3 分钟退守稳态</td><td>环保防控</td><td>1. 被原油污染的泥土、吸油毡等固体废物集中回收，交由环保协议单位进行处置；
2. 回收可利用的落地原油，含油污水利用含油污水处理设备处理；
3. 检查确认含油污水泵运行正常</td><td>工艺处置组、应急救援组</td></tr>
<tr><td>消气防联动</td><td colspan="2">库区指挥（班长）引导外部救援力量，协助公安、消防、地方政府部门进行交通管制、封锁道路、疏散周边群众，并根据安环检测组监测数据调整警戒范围</td><td>综合保障组</td></tr>
<tr><td>人员清点</td><td colspan="2">库区指挥（班长）通过对讲机清点各岗位人员、明确位置，确认库区内外单位人员位置</td><td>现场指挥</td></tr>
<tr><td>侦查检测</td><td colspan="2">库区指挥（班长）指令人员（佩戴空气呼吸器、携带防爆对讲机）用四合一气体检测仪对现场硫化氢浓度进行检测，持续通报检测结果</td><td>应急救援组</td></tr>
<tr><td>环保防控</td><td colspan="2">1. 联系有关部门回收可利用的落地原油，含油污水利用含油污水处理设备处理；
2. 检确认含油污水泵运行正常</td><td>工艺处置组、应急救援组</td></tr>
<tr><td>抢险抢修</td><td colspan="2">1. 打开库房运送抢险物资，车辆带上防火帽，保障现场救援所需的应急装备、救援物资；
2. 抢修队伍到达现场后结合现场情况组织开展危害和风险分析，制定防范措施，在现场指挥部的统一指挥下，严格按照抢维修作业程序进行现场抢维修作业；
3. 提供现场应急抢险人员、被疏散人员的后勤保障等</td><td>应急救援组、综合保障组</td></tr>
<tr><td>响应终止或扩大</td><td colspan="2">1. 应急终止，经现场指挥部下达应急终止指令，按调度令恢复正常输油生产；
2. 应急扩大，根据现场情况扩大警戒及疏散范围，向地方政府、社会救援机构及区域联防请求救援，直至险情消除</td><td>现场指挥</td></tr>
<tr><td>注意事项</td><td colspan="3">1. 信息上报及向地方政府报警时，须讲明报告单位、报告人、事件（事故）要素［发生时间、地点、事件（事故）情况、当前处置措施、人员伤亡以及可能发展态势］。
2. 人员疏散应根据风向标指示，撤离至上风口的紧急集合点，并清点人数，施工人员疏散时，应检查关闭现场的用火火源，切断临时用电电源。
3. 抢险人员和监测人员必须正确佩戴个人防护器具并携带监测报警仪器，使用专用抢险器具和防爆工具，穿防护服，专人现场负责监护。
4. 专职监护负责对抢险人员处置能力及个体安全防护进行确认。救援人员必须在保证自身安全的情况下才可以实施应急救援，任何情况下均不允许盲目施救。对中毒人员施救时，严禁口对口人工呼吸。
5. 当事态发展超过现场最大应急控制能力，危及或可能危及岗位或救援人员人身安全时，现场带班人员、班组长、输油调度均有权下达撤离命令。
6. 应急中心办公室收集相关信息上报地方有关部门，未经应急指挥中心总指挥授权，任何人不许对外发布信息。
7. 当政府人员抵达现场后，现场总指挥应向政府现场指挥部总指挥报告情况，移交指挥权并接受其指挥，配合新闻信息发布。
8. 应急救援结束后，库区现场指挥负责组织清点人数，统计物资消耗，并按上级要求做好后期处置工作</td></tr>
</table>

第三节 储罐维护管理

储罐的使用和维护应按照《石油化工设备维护检修规程—通用设备》中的《常压立式圆筒形钢制焊接储罐维护检修规程》(SHS 01012)的规定执行，做好对储罐使用和维护工作的管理，建立健全储罐操作、使用、维护规程和岗位责任制，并严格执行。当储存介质或运行环境发生变化时，应按要求办理相关变更手续。

一、日常操作及维护要求

(1) 严格按操作规程操作，严禁超温、超储运行。在雷雨、酷暑等极端天气时原则上应避免油罐的收付油操作和作业，对于生产工艺要求不能中断的操作，应降低介质进出罐流速并加强监护。

(2) 操作人员应严格执行巡回检查制度，定时按巡回检查路线和标准对储罐进行检查，防止跑、混、冒顶和突沸等事故发生，认真填写运行、交接班等相关记录。

(3) 严格执行储罐定期维护保养制度，做好日常检查，发现问题及时处理，提高储罐的完好水平。

(4) 对闲置的储罐设备应当制定并落实相应的保护措施，使用车间(作业区)将书面措施报设备、安全、生产、技术等部门会签审批后方可执行。

(5) 保持储罐及附件的完整、清洁，做好静密封点管理，努力降低泄漏率，做到文明生产。

(6) 在检尺取样后应盖严量油孔盖。

(7) 浮顶罐正常操作时，其最低液面不能低于工艺卡片规定的最低高度。若因生产需要应当低于最低高度时，二级单位生产管理部门应当书面提出工艺指标变更申请、控制出料速率及监控措施经设备、安全、技术等部门会签同意，报二级单位技术副经理审批后方可执行。

二、储罐常规检查

(一) 日常巡检管理

为确保外浮顶储罐安全、稳定、长周期运行，对储罐的“五位一体”巡回检查是必不可少的，库区要结合实际，制订储罐的巡检标准，对巡检路线、巡检点、检查内容、要求和检查频次等内容做出明确规定。

储罐巡检点应当设在储罐的关键部位，通过现场巡检牌来明确主要巡检内容和安全提示事项。通常情况下，操作人员巡检频次为每小时一次，工艺、设备、电气、仪表等技术人员巡检频次为每天两次，值班人员为每天一次，基层车间则需要每周组织各岗位人员到现场对储罐安全风险进行一次全面排查。

岗位员工巡检时，佩带防爆执法记录仪，按照巡检标准，以“手指口述”的形式，对储罐进行巡检，如图 6-3-1 所示。

图 6-3-1　员工手指口述巡检图

对于巡检发现的问题及时向上一级进行汇报，并记录在交接班记录中，不能解决的设备故障等问题，一并记录在设备故障记录本中，形成闭环管理。技术人员及值班人员要及时查看巡检视频，同时将自身发现问题以及整改情况及时记录在"五位一体"巡检记录中。日常巡检维护要点如下：

（1）观察常压储罐的液位、压力、温度是否正常，有无发生裂缝、腐蚀、鼓包、变形、泄漏现象，各人孔、出口阀门、法兰、切水阀、喷淋设施等是否有跑、冒、滴、漏现象。

（2）检查与储罐相关的阀门是否完好，开关状态是否符合运行工艺的要求。

（3）观察罐区内基础、围堰、防火堤、排污等设施是否完好，有无损坏。

（4）巡检发现的问题应记录在交接班记录中。

（5）设置有外加电流阴极保护设施的储罐，每天记录汇流点电位、输出电流、输出电压等运行数据。

（6）关注储罐罐体及附件外防腐涂层有无脱落、是否锈蚀，若发现涂层破损严重或锈蚀严重，应对腐蚀程度进行评估并及时处理。对浮顶罐浮顶上的雨雪应及时清除，油蜡、氧化铁等脏物应定期清扫，如图 6-3-2、图 6-3-3 所示，保持中央排水系统畅通。

图 6-3-2　浮顶人孔锈蚀

图 6-3-3　浮顶人孔除锈后

(二) 月度和季度检查与维护

(1) 外浮顶储罐每月检查量油孔、浮顶罐密封的静电导线、中央排水系统、紧急排水阀、人孔、进出口管线、金属软管、阀门、法兰、罐区排水系统、液位计及高低液位报警器、安全阀、等电位连接及防雷防静电接地设施、防腐情况、储罐基础、保护层、边缘板防水及防火堤、罐区环境卫生、其他配套设施(盘梯、平台、通气管、管线阻火器、采样器、氮封系统、仪表系统)等。

(2) 储罐设置有阴极保护设施，每月应对各测量点保护电位进行1次测试，并将数据与上一次测试数据对比，对当月的保护效果进行评价。每季度测量1次被保护常压储罐的自然电位，并做好记录存档。

图 6-3-4　测试一、二次密封浓度

(3) 每季度检查转动浮梯及导轨、罐顶附件、消防泡沫管(液下消防系统)、泡沫发生器、水喷淋系统、呼吸阀、泄压人孔、阻火器等。

(4) 罐顶一、二次密封每季度检查一次，在雷雨季节每个月检查一次，如图 6-3-4 所示。

(三) 年度检查与维护

年度检查由使用单位组织进行，根据储存介质和地区特点，应每年至少检查1次。

1. 检查内容

(1) 罐体检查：检查罐顶和罐壁是否变形，有无严重的凹陷、鼓包、褶皱及渗漏穿孔。对有保温功能的常压储罐，罐体无明显损坏、保温层无渗漏痕迹时，可不拆除保温层检查。

(2) 罐顶、罐壁测厚检查：罐壁下部两圈壁板的每一块板沿竖向至少测2个点、其他圈板可沿盘梯每圈板测1个点；罐顶测厚点布置至少满足以下要求：固定顶储罐顶至少5个测厚点(均布)，浮顶储罐顶每块板至少1个测厚点。测厚点应固定，在罐体上做好标志，按编号做好测厚记录或报告，内容应包括测厚点布置图及编号。

(3) 配件、附件检查：检查进出口阀门、人孔、清扫孔等处的紧固件是否牢靠；消防泡沫管是否有油气排出，端盖是否完好；常压储罐盘梯、平台、抗风圈、栏杆、踏步板的腐蚀程度；储罐照明设施的完好程度。

(4) 焊缝检查：用5~10倍放大镜观察罐体焊缝，尤其要重点检查壁板与边缘板之间角焊缝及下部二圈壁板的纵、环焊缝及“T”字形焊缝；注意检查进出口接管与罐体的连接焊缝有无渗漏和裂纹。若边缘板已做防水处理，没有异常可不检查角焊缝。

(5) 浮顶检查：检查浮顶浮舱有无渗漏及其腐蚀程度，如图 6-3-5 和图 6-3-6 所示，转动扶梯、导向装置是否灵活好用；密封系统、浮顶排水装置、量油管、导向管有无异常。

图 6-3-5　进入浮舱检查

图 6-3-6　浮舱渗漏

(6) 防腐、保温(冷)层检查：检查罐体外部防腐层有无脱落、起皮等缺陷，保温(冷)层是否完好。若发现保温(冷)层破损严重，应检查罐壁的腐蚀程度。

(7) 基础检查：检查常压储罐基础有无下沉，散水坡有无损坏，沥青封口是否完好。$5000m^3$及以上的储罐应设置基础沉降观测点及标志，常压储罐每年测量 1 次沉降数据，如基础倾斜值≥0. 008，应采取相应措施。

(8) 防雷防静电接地电阻测试：接地设施的接地电阻不能大于 10Ω，还应对储罐做好防静电连接导线的检查，确保连接良好。

(9) 防火堤检查：检查防火堤有无缺口、塌陷、裂缝，管线穿墙是否用非燃烧材料封实，隔油阀门是否完好、是否在常闭状态，防火堤内是否有油污污染的表土等。

2. 维护保养

(1) 每年应对固定、半固定式泡沫灭火系统和冷却水喷淋竖管排渣阀进行一次检查清理。

(2) 每年应对储罐高低液位报警器进行一次试验。

(3) 每年应委托有检验资质的单位对储罐呼吸阀、原油安全阀、阻火器进行一次检验，并出具检验报告。

(4) 每年应委托有检验资质的单位对储罐区内的可燃气体检测报警仪进行一次检验，并出具检验报告。

(5) 每年应委托有消防检验资质的单位对消防系统进行一次检测，并出具检测报告。

(6) 每年雷雨季节之前，应委托有防雷检测资质的单位对储罐防雷、防静电装置进行一次检测，并出具检测报告。春秋两季应各对储罐的防雷接地进行一次检测，电阻值宜小于 4Ω，如图 6-3-7 所示，同时，雷雨季节前应检测一

图 6-3-7　测接地电阻

次。检测、检验中发现的问题应及时处理。

（7）每年应委托有消防检验资质的单位对消防系统进行一次检测。

（8）每年应对罐体至少做一次测厚检查。

（9）完成季度维护保养的内容。

（四）特殊气候检查与维护

1. 雷雨季节

雷电的破坏性很大，不仅能伤人毙物，还能引起油罐的火灾和爆炸事故。科学地设计防雷措施和精心管理可以避免雷击造成的灾害。

（1）雷击的危害

雷击是通过电、热、机械等效应对储罐产生破坏作用的。

① 电效应破坏：雷云对大地放电时电流变化很大，可达到几万甚至几十万安培，产生数十万伏特的冲击电压，足以烧毁电力系统的电机、变压器等设备。绝缘被击穿，电线烧断，电气短路。雷电还会引起静电感应和电磁感应危害。当雷云放电后导体感应电荷积聚在金属表面，呈现感应静电压，高达上万伏特，发生火花放电，遇到可燃气体立即燃烧爆炸。如储罐浮顶有感应电荷对罐壁放电，可能引起储罐雷击着火。

② 热效应破坏：大电流通过导体会产生极大热能，雷击点的发热能量为500~2000J，当雷击冲入储罐时会立即引起火灾爆炸事故。

③ 机械效应破坏：雷击时气体剧烈膨胀，使物体间隙膨大，储罐受雷击气浪攻击将导致损坏、变形等。

（2）防雷击措施

防雷击方法是把雷电流或雷感应电流导入大地。常用措施是安装防雷装置。一套防雷装置由接闪器、引下线、接地装置三部分组成。接闪器有针状、线状、网状及带状，就是通常所说的避雷针(避雷线、避雷网、避雷器)，其作用是接收雷电。引下线是引导雷电的导体，有足够面积让电流通过，不能产生火花。钢制油罐用本体代替引下线。接地装置是埋设在地下的接地体和接地线的总称，用来向大地泄放雷击电流，并使防雷装置对地电压不致过高。接地体是直接埋入大地的导体，电阻小，能保证雷击电流顺利流入大地。

油罐的接地装置除防雷击以外还可以防止静电积聚。因油罐基础与底板做过防渗处理，绝缘程度高，所以每个油罐都要做专用接地连接。

（3）检查及维护保养内容

① 日常工作。

a. 储罐防雷接地系统经检查完好，接地电阻符合标准要求。

b. 雷雨季节每月至少检查1次储罐浮顶、转动浮梯、罐壁之间的静电导出线连接牢固，导线完好，如有问题及时修复。

c. 雷雨季节每月至少检查1次密封装置与浮顶、配线金属管与罐壁的电气连接情况，如有连接线松动、断裂等情况及时修复。

d. 储罐二次密封导静电片与罐壁紧密接触。

e. 雷雨季节，每2周检查1次浮顶排水系统和泡沫堰板底部排水孔是否畅通，及时清除浮顶的杂物，每2周检查1次浮顶密封装置的密封状况，如有异常情况及时处理。

f. 雷雨季节应每周检查 2 次密封上的导电片与罐壁的压按情况，确保导电片与罐壁接触良好。

② 罐体附件。

a. 密封装置：一、二次密封完好，密封可靠。一、二次密封间可燃气体浓度 $<$ 25%LEL。

b. 浮顶排水系统：集水坑排水畅通、无杂物，排水阀门完好，启闭灵活并保持常开。

c. 紧急排水装置完好，定期补水，确保水封正常。

d. 泡沫堰板底部排水孔畅通，无杂物堵塞。

e. 原油液压安全阀、呼吸阀、阻火器等附件完好。

f. 浮顶、浮舱、底板、罐壁及附件无渗漏。

g. 罐顶感温光栅固定牢固，无脱落、无异常，报警测试良好。

h. 罐顶操作平台应保持清洁，取样口应处于关闭严密状态。

③ 罐区排水系统检查。

a. 阀井内清洁无沉积物和漂浮物。

b. 防火堤外排水阀开关灵活。

c. 防火堤严密，无开裂、局部下沉和变形。

d. 罐区排水沟畅通、无堵塞。

e. 雷雨季节前电视监控：电视监控系统运行可靠，摄像镜头清洁，图像清晰。明确监控人员职责和监控周期。

④ 罐区雷电预警系统正常，手动报警器及事故广播完好可靠。

2. 寒冷季节

(1) 检查保养内容：储罐呼吸阀、阻火器、安全阀应每周检查一次。原油液压安全阀内原油封油的凝点应低于当地的最低气温，阀内无沉积水，原油封油无乳化现象；机械呼吸阀保持动作灵活。

(2) 罐内油温应高于油品凝点 5℃ 以上，否则应投用加热设施，确保油温达到运行要求。

(3) 保温储罐应检查储罐及其附属管路的伴热及保温是否正常，罐排污、排水阀应做好防冻保温工作，如图 6-3-8 所示。

图 6-3-8　阀门放水

(4) 经常清理罐壁及密封等处凝油。

(5) 及时清理盘梯、平台、量油(导向)管与浮舱密封处、浮梯及其轨道等处积雪及结冰。

(五) 常见故障及其处理方法

储罐常见故障及其处理方法见表 6-3-1。

表 6-3-1　储罐常见故障及其处理方法

故障现象	主要原因	处理方法
溢罐	a）未及时切换罐； b）旁接油罐运行的中间站停泵未及时倒流程； c）未及时掌握来油量的变化； d）液位计失灵； e）加热温度过高使罐底积水突沸	a）立即停止进油作业； b）立即组织切换流程并向上级调度汇报； c）启动应急预案，采取防止油溢出防火堤以及油着火等应急措施； d）修理液位计； e）停止加热，降低油温
跑油	a）阀门或管线冻裂； b）密封垫损坏； c）罐底或罐壁腐蚀穿孔； d）排水时未监视； e）中央排水管渗漏； f）加热盘管管线腐蚀穿孔	a）立即倒罐或降低罐位，组织切换流程，并向上级调度汇报； b）启动应急预案，采取防止油溢出防火堤以及油着火等应急措施； c）关闭排水阀，清罐修理； d）停止加热，关闭蒸汽出口阀门
抽瘪或鼓包	a）呼吸阀失灵，安全阀冻结； b）阻火器锈蚀或堵塞； c）进出油速度过快； d）油罐上部原油冻结，底部加热运行； e）蒸罐过程中突然关闭蒸汽阀	a）停止运行，切换流程； b）检查和检修呼吸阀、阻火器、安全阀等； c）发现有原油凝固时应加热并确认全部熔化后方可运行
浮顶卡阻或倾斜	a）罐壁结凝油过厚； b）单盘积水或船舱漏油或进水使浮顶倾斜； c）基础不均匀下沉，罐壁变形，导向管或量油管倾斜或弯曲； d）浮梯脱轨； e）单盘漏油； f）罐内油泥过厚	a）停止运行，切换流程； b）清除凝油； c）采取适当措施清除浮顶上的积水、积油并堵好漏点； d）在罐壁、导向管、量油管变形超差时，采取适当措施在有人监视的条件下低输量倒出原油，将浮顶落到罐底，然后清罐检修； e）校正浮梯； f）清除油泥
浮顶积油	a）罐壁凝结原油； b）单盘板及焊缝渗漏； c）中央排水管漏油，单向阀失灵； d）紧急排水装置堵塞	a）人工清除凝油； b）清洗单盘表面并对单盘及焊缝用黏结剂补漏； c）关闭排水阀，采取有效措施，人工监视排水，退出运行后处理； d）清除堵塞物
浮顶油罐平台歪斜或断裂	a）浮梯导轨变形； b）浮梯滚轮脱轨； c）浮梯滚轮卡死或冻结； d）导向管、量油管上移	a）停止运行，调整浮梯轨道； b）解冻除卡，清除积水，将浮梯轮吊装入轨； c）必要时清罐检修
浮顶积水	a）单盘板不平，雨雪后没有及时清扫； b）浮顶集水坑网罩、浮顶排水管或单向阀被堵塞； c）浮顶排水管的排水阀未打开或单向阀锈死	a）雨雪后及时清扫； b）清除浮顶集水坑内的杂物，疏通浮顶排水管或单向阀； c）由单盘人孔排出积水； d）清罐，修理或更换浮顶排水管、单向阀，打开排水阀

三、储罐检测

（一）基础沉降检测

1. 目的及意义

图 6-3-9　储罐沉降

外浮顶储罐的基础沉降是影响储罐安全的重要因素，基础不均匀沉降可引起罐体几何变形和应力集中，使浮盘运行受阻、焊缝撕裂，如图 6-3-9 所示，导致原油泄漏酿成重大事故。因此中石化商储公司下发制度规定，5000m^3及以上的储罐应设置基础沉降观测点及标志，定期进行基础沉降检测。

2. 检测标准

对于新建储罐，投产后 3 年内应每年进行 1 次基础沉降检测，储罐投用 3 年后，结合储罐大修进行检测，在运行过程中，发现罐体或基础存在异常情况，应立即对基础进行检测，检测储罐地基变形允许值应符合表 6-3-2 中的规定。

表 6-3-2　储罐地基变形允许值

储罐底圈内直径 Dt/m	沉降差允许值
$Dt \leqslant 22$	0. 0070Dt
$22 < Dt \leqslant 30$	0. 0060Dt
$30 < Dt \leqslant 40$	0. 0050Dt
$40 < Dt \leqslant 60$	0. 0040Dt
$60 < Dt \leqslant 80$	0. 0035Dt
$Dt > 80$	0. 0030Dt

3. 沉降报告

储罐沉降报告示例如图 6-3-10 所示。

1#储罐基础沉降观测点高程测量结果

1#储罐在建设时期在基础均布 26 个沉降观测点（具体标记点号位置详见图 1），使用仪器为 DYL-2021 数字水准仪测量，基础沉降观测点高程测量成果见表 1，根据测量成果表数据绘制储罐基础沉降点高程曲线图见图 2。

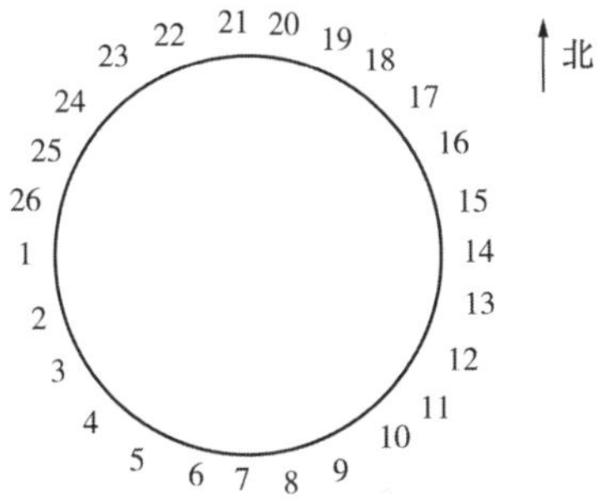

图 1　沉降观测点位置示意图

表 1　基础沉降观测点高程测量成果

日期	2021 年 12 月 6 日	2022 年 3 月 14 日	2023 年 3 月 8 日	本次沉降/mm	累计沉降/mm
测点号	初测高程/mm	上次高程/mm	本次高程/mm		
1#	0	0	0	0	0

续表

日期	2021 年 12 月 6 日	2022 年 3 月 14 日	2023 年 3 月 8 日	本次沉降/mm	累计沉降/mm
测点号	初测高程/mm	上次高程/mm	本次高程/mm		
2#	-11.2	-9.1	-10.5	-1.4	0.7
3#	-2	-4	-2.7	1.3	-0.7
4#	-2.3	-5.2	-4.9	0.3	-2.6
5#	-4.8	-6.9	-9.8	-2.9	-5.0
6#	2.3	4.5	0.1	-4.4	-2.2
7#	-6	-8	-8.7	-0.7	-2.7
8#	-9.2	-13	-13.6	-0.6	-4.4
9#	-9.5	-12.2	-17.2	-5.0	-7.7
10#	-16.3	-15.1	-21.7	-6.6	-5.4
11#	-9	-7.2	-14.8	-7.6	-5.8
12#	-14.7	-15.5	-20.1	-4.6	-5.4
13#	-20.3	-18.2	-28.1	-9.9	-7.8
14#	—	—	-11.8	—	—
15#	-12.2	-10.1	-14.4	-4.3	-2.2
16#	-15.7	-17.7	-14.8	2.9	0.9
17#	-14.4	-12.2	13.2	-1.0	1.2
18#	-11.1	-15.1	-12.3	2.8	-1.2
19#	-12.2	-14.2	-10.3	3.9	1.9
20#	-13.5	-15.7	-10.4	5.3	3.1
21#	-14.1	-17.8	-9.1	8.7	5.0
22#	-7.1	-10	-5.3	4.7	1.8
23#	-3.7	-5.7	-1.3	4.4	2.4
24#	-17	-20	-15.0	5.0	2.0
25#	-5.5	-2	-2.3	-0.3	3.2
26#	1.9	-1.1	-0.6	0.5	-2.5
平均值	—	—	—	-0.4	-1.3
最大值	—	—	—	-9.9	-7.8

备注：储罐西人孔南侧铆钉为 1#观测点。

选取 1#观测点为基准点，所测高程均为相对于所选基准点的高度差。

“+”表示沉降观测点相对高程高或相对高程上升，“-”表示沉降观测点相对高程低或相对高程下沉。

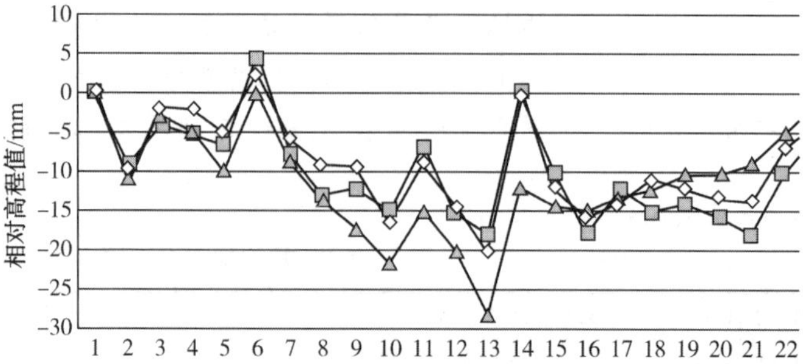

图 2　储罐基础沉降点高程曲线图

图 6-3-10　储罐沉降报告

4. 修复措施

浮顶储罐基础沉降一般采用加固处理法，该方法无须拆除托盘也不用破坏地面，更无须拆卸设备和罐体，从罐体的滴水盘平面钻孔注入地质聚合物就可以快速加固基础下的土体。该方法需要在基础水平 4.6m 以下注入一定量的地质聚合物以加固土壤，当观测到罐体设备的地面以及装满水罐体一起抬高 1mm 时，就可以认为已经加强地基下方的土壤介质。

（二）RBI 检测

1. 定义

基于风险的检验(RBI)是一种追求系统安全性与经济性统一的理念与方法，以确保本质安全和减少运行费用为目标，优化检验策略的一种管理方式。在对系统中固有或潜在危险发生的可能性与后果进行科学分析的基础上，根据该方法可给出风险排序，找出薄弱环节，保障设备的安全、提高企业的管理水平、提高技术人员的技术水平、优化检验策略，切实提高本企业的风险管理水平。

2. 目的及意义

（1）确保设备本质安全。

（2）提供优化的检验策略：

① 识别可能的潜在高风险的设备；

② 采用针对性的检验技术来进行检验；

③ 编制与风险相适应的检验规程。

（3）降低运行费用：

① 根据不同的设备的危险程度来确定检验周期；

② 检验费用重点投入装置中高风险设备；

③ 根据风险来确定停机范围。

（4）延长设备有效运行时间：

① 减少停工时间；

② 通过延长检验周期来减少停机检验次数；

③ 缩小停机检验的范围；

④ 提高检验的效率，优化检验计划和检验策略，减少可靠设备不必要的例行检验内容，实施针对性的检验内容。

⑤ 判定和管理装置的安全水平，定义出风险大小、性质及实施的风险消除手段和验收准则。但风险评估不可识别人为失误、自然灾害、外部事件、人为破坏、检测能力限制、设计错误、偏离设计工况等因素造成的风险。

3. 评估依据

（1）GB/T 30578—2014《常压储罐基于风险的检验及评价》；

（2）SY/T 6620—2014《油罐的检验、修理、改建及翻建》；

（3）SY/T 5921—2017《立式圆筒形钢制焊接油罐操作维护修理规范》；

（4）AQ 3053—2015《立式圆筒形钢制焊接储罐安全技术规程》；

（5）JB/T 10764—2007《无损检测　常压金属储罐声发射检测及评价方法》；

（6）GB/T 18182—2012《金属压力容器声发射检测及结果评价方法》；

（7）NB/T 47013—2015《承压设备无损检测》；

（8）GB 50341—2014《立式圆筒形钢制焊接油罐设计规范》；

（9）GB 50128—2014《立式圆筒形钢制焊接储罐施工规范》；

（10）GB/T 26610.1—2011《承压设备系统基于风险的检验实施导则　第1部分：基本要求和实施程序》；

（11）GB/T 26610.2—2014《承压设备系统基于风险的检验实施导则　第2部分：基于风险的检验策略》；

（12）GB/T 26610.3—2014《承压设备系统基于风险的检验实施导则　第3部分：风险的定性分析方法》；

（13）GB/T 26610.4—2014《承压设备系统基于风险的检验实施导则　第4部分；失效可能性定量分析方法》；

（14）GB/T 26610.5—2014《承压设备系统基于风险的检验实施导则　第5部分：失效后果定量分析方法》；

（15）储罐设计、制造、安装、检验、运行记录等有关资料。

4. 评估理论

常压储罐的风险按下式计算：

$$R(t)=F(t)\times C(t)$$

式中　$F(t)$——失效概率；

$C(t)$——失效后果。

（1）失效概率计算

失效概率定量计算主要受以下因素影响：

① 储罐（包括涂层、保温和衬里）投用、修理、改造日期；

② 储罐涂层、保温和衬里安装质量；

③ 储罐的操作压力、操作温度；

④ 储罐中可能存在的工艺介质种类（包括能底水层）、各工艺介质的相对含量（包括腐蚀介质）；

⑤ 储罐各层壁板和底板的建造材料、名义厚度；

⑥ 储罐建造热处理工艺；

⑦ 储罐底板类型、衬垫类型、阴极保护类型、土壤电阻率、排放雨水能力；

⑧ 储罐水汲取设施以及是否安装蒸汽盘管加热器；

⑨ 储罐历次检验的有效性和检验次数；

⑩ 储罐建造、修理、改造所使用的设计规范或标准；

⑪ 储罐泄漏探测系统的类型。

失效概率（失效可能性）按下式计算：

$$F(t)=F_G\times D_{f\text{-}totle}\times F_M$$

式中 F_G——平均失效概率；

$D_{f\text{-}totle}$——总损伤系数；

F_M——管理系统评价系数。

根据常压储罐失效概率计算结果，按表 6-3-3 确定失效可能性等级。

表 6-3-3 失效可能性等级确定

失效可能性等级	失效概率 $F(t)$
1	$0.00000<F(t)\leqslant 0.00001$
2	$0.00001<F(t)\leqslant 0.00010$
3	$0.00010<F(t)\leqslant 0.00100$
4	$0.00100<F(t)\leqslant 0.01000$
5	$0.01000<F(t)\leqslant 1.0000$

常压储罐底板和壁板的平均失效概率为小、中、大 3 种泄漏孔和破裂共四种损坏形式出现的概率。常压储罐损伤系数是与储罐使用时间和检验有效性(包括检验次数)相关的函数，其计算主要考虑 4 种损伤因子：

① 减薄损伤因子；

② 外部损伤因子；

③ 应力腐蚀开裂损伤因子；

④ 脆性断裂损伤因子。

(2) 失效后果计算

① 与失效后果定量计算相关的主要因素：

a. 储罐系统工艺规程、工艺流程；

b. 储罐系统中的泄漏探测系统、随离系统、减缀系统；

c. 储罐的规格(直径、高度、容积等)；

d. 储罐的操作压力、操作温度；

e. 储罐中所有可能存在的工艺介质种类、各工艺介质的相对含量；

f. 储罐的经济状况；

g. 围堰的容积；

h. 泄漏探测时间；

i. 距地下水的距离。

② 失效后果计算，主要包括以下过程：

a. 选择泄漏代表性介质及其物性；

b. 选择泄漏孔尺寸；

c. 计算理论泄漏速率；

d. 估算泄漏总量；

e. 确定泄漏类型；

f. 估算检测和隔离系统对泄漏量的影响；

g. 确定最终的泄漏速率和泄漏量；

h. 计算失效后果。

③ 失效后果等级划分：

根据常压储罐失效后果计算结果，按表 6-3-4 确定失效后果等级。

表 6-3-4　失效后果等级确定表

失效后果等级	失效后果 $C(t)$ 范围/万元
A	$C(t) \leqslant Q$
B	$Q < C(t) \leqslant 10Q$
C	$10Q < C(t) \leqslant 100Q$
D	$100Q < C(t) \leqslant 1000Q$
E	$C(t) > 1000Q$

注：Q(单位：万元)为失效后果可接受水平的基准值，由使用单位根据其失效后果的承受能力确定。

5. 评估结果

(1) RBI 评估风险。

经 RBI 评估，某储罐风险见表 6-3-5。

表 6-3-5　储罐风险分析

罐号	部件	当前年份(2021)			评估截止年份(2027)		
		失效可能性等级	失效后果等级	风险等级	失效可能性等级	失效后果等级	风险等级
T-1	罐壁	2	D	中风险	2	D	中风险
	罐底	3	D	中高风险	4	D	中高风险

(2) 重点关注储罐。

经风险计算和专家讨论，某库区 T-1 储罐在评估截止年份(2027 年)风险较高，应予以重点关注，详见表 6-3-6。

表 6-3-6　重点关注储罐清单及原因分析

罐号	失效可能性等级	失效后果等级	风险等级	原因分析
T-1	4	D	中高风险	①罐底板存在土壤腐蚀、沉积水腐蚀，罐底板失效可能性较高；原油易燃、罐容 $10 \times 10^4 m^3$，失效后果严重。 ②自 2008 年投用以来，未进行首次开罐检维修。 ③罐底板声发射检测腐蚀状态等级为Ⅱ级，存在轻微局部腐蚀迹象

根据评估结果，提出相应整改建议，责令库区进行整改。

6. 注意事项

(1) 通过风险评估制定的检验策略为推荐性的，风险评估不可识别由人为错误、自然灾害、外部事件、人为破坏、检测能力限制、设计错误等因素导致的风险，检验本身也不能改变储罐的状况、替代修理、更换服役的受损储罐或超过工艺条件的要求。因此，所制定检验策略并不能完全覆盖与解决这些影响因素所造成的实际问题，策略所要求的检验手段及检验比例为最低标准，现场检验人员还应综合考虑设计、制造及实际使用情况，在本策略的基础上做适当的调整，是否采用本策略应由现场检验人员与厂方协商决定。

（2）常压金属储罐应根据运行情况定期清罐全面检查或检验，一般每 10 年一次，最长不超过 12 年。

（3）储罐的使用单位，也可以采用 RBI 程序确定定期检验的周期。RBI 综合评价储罐发生泄漏或事故的可能性和后果，以确定在下一次定期检验前，储罐最小厚度的可接受风险可据此相应延长或缩短储罐的定期检验周期。

（4）如果在运行中，发现储罐发生泄漏、开裂或者严重腐蚀等异常情况时，应缩短检验周期，尽快安排储罐进行开罐检验与维修。

（5）RBI 是个动态的技术，可以对目前和未来的风险进行评估。评估是基于当前的数据和认识，随着时间的推移风险会发生变化。RBI 评估应该用最新的检测、工艺与维护数据进行持续的更新。

（6）风险评估的范围为储罐的罐底板和罐壁板，不包括浮盘、加热盘管及其他附属设施和安全附件。风险评估主要根据本储罐原设计工况进行分析计算，如储罐在使用过程中改变操作参数或工艺条件并超过设计条件的，需要重新进行风险评估。风险评估主要考虑的是储罐在运行过程中工况介质对储罐可能产生的风险，不包括储罐设计、制造、安装过程中可能存在的风险。风险评估不考虑地震等自然灾害引起的风险，也不考虑雷电引起的火灾风险以及人为操作不当所导致的风险。

第七章　外浮顶储罐大修

储罐在运行过程中，储存的原油不断地沉积，会在油罐底部产生油泥和沉积物，由于内部的沉积物比较复杂，因此，这些沉积物会使计量产生误差、降低油品的质量，此外还会对油罐产生腐蚀，更为严重的是会造成储罐底板的穿孔，这些情况对于长期储存原油的储罐更为明显。SY/T 5921—2017《立式圆筒形钢制焊接油罐操作维护修理规范》规定油罐的修理周期一般为6~9年，新建油罐第一次修理周期不宜超过10年，投产阶段油库可根据RBI等可靠有效检验和评价结果，经批准后可延长储罐的使用期限。对于腐蚀较重的常压储罐，油库要根据实际情况合理缩短开罐检修的周期。

第一节　大修前准备

储罐在进行大修前，一定要对储罐进行清洗，但是在清洗工作前，油库需要做好对大修工作的充足准备，与上级部门沟通，协调大修油罐的外输以及伴洗罐的确定，制定清洗方案和流程，确定负责清洗的单位等一系列工作，落实好计划项目、图纸资料、施工方案、物资材料、施工力量和机具、施工质量措施、安全环保措施等。

一、大修方案确定

作业前，施工单位应会同油库方进行现场勘测，油库方对大修储罐进行交底，交明油罐储存介质的凝点、闪点、危险特性等物理性质，表明油罐的内部结构、维修间隔期和使用情况以及施工的安全技术措施等。方案中的安全技术措施必须由油库方、承包商双方共同编制，施工作业前的安全技术交底必须由油库方技术人员组织且已经过监理单位审查，项目管理部门批准。油库方需组织专业监理工程师向施工单位负责项目管理的技术人员进行安全技术交底，施工单位技术人员应对有关安全施工的技术要求向施工作业班组、施工人员做出详细说明，并由双方签字确认。

此外，油库方需对现场可能涉及的危险因素和现场存在的风险进行交底，由施工单位根据油库方提供的相关信息，确定检测、评定和检维修的内容，确认施工所需的各项工艺管线的敷设、设备的安装位置等。油库方根据施工单位提供的检维修方案制定大修方案，上报主管部门审批。

1. 方案内容

在制定大修方案时，油库方要结合实际情况对储罐在运行阶段无法修理的附件进行更换或维修，同时结合最新的规范要求，对建设或使用阶段不符合最新要求的部分进行调整，具体内容应包括油罐清洗作业方案，材料的选用，罐壁、罐底、罐顶、浮舱的抛丸除锈，焊缝检测，防腐检测和防腐的施工，部件的拆除及安装，部件的更新或检修，牺牲阳极的更换与修理和充水试验等九个部分。在施工作业前，油库方需按照工程项目现场文明施工及标准化现场的要求制定施工平面图，规定施工区域和物资存放区域等，施工区域平面布置如图 7-1-1 所示。

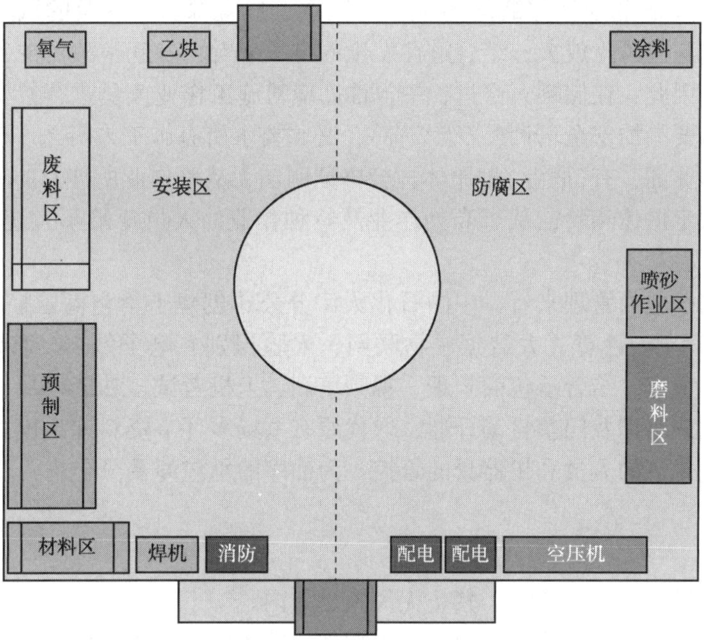

图 7-1-1　施工区域平面布置

2. 大修的流程

储罐大修流程如图 7-1-2 所示。

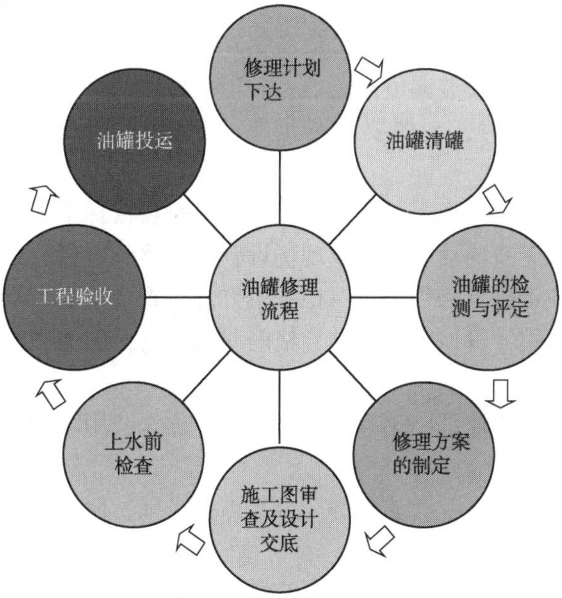

图 7-1-2　储罐大修流程

二、现场和人员准备

1. 人员准备

每一个 $10\times10^4m^3$的原油储罐均为一个一级重大危险源，所涉及的风险较大，在储罐大修中更容易将这些风险放大，结合过往发生的事故来看，多起事故的源头均为承包商的违规施工作业。因此，在储罐大修过程中，油库应对施工作业人员进行严格审核，所有施工人员在入厂前要参加安全培训(三级教育)，必须要求所有施工人员入厂前实名登记并持有相应工种的作业证，有(职业)健康体检合格证明，无从事作业所涉及的工作禁忌证，且年龄不应超过法定退休年龄，从事高处作业及特种作业的人员年龄不宜超过 50 周岁，女性不宜超过 45 周岁。

结合目前的承包商管理来看，中国石化天津分公司创建了承包商管控平台(一站式服务平台)，综合运用云计算、大数据、物联网、人脸识别、电子签名、移动应用等技术，优化上下游业务节点，结合承包商管理、视频培训、上机考试多功能模块，最终实现承包商人员入厂一站式培训及门禁自动开通，取代原有入场多环节资料递送模式，实现了更安全、更高效、更规范的人员和机器具的管控，为油库的承包商及分包商人员的管理创造了便利条件。

2. 现场准备

(1) 作业区域应设置警戒线，禁止无关人员入内。

(2) 现场应设立醒目的严禁烟火、防止烫伤、防止中毒、当心触电、当心吊物、当心障碍物、高处作业须系安全带等安全警示标识。

(3) 罐顶应设置风向标。现场物料堆放整齐，易燃、易爆物品按规定放置，并设专库存放，专人保管。

(4) 防火堤内的所有电气装置和设备均应防爆；电气设备的配线应符合规范要求，电气设备应可靠接地，电气设备的绝缘阻抗值应在 0~5MΩ，接地阻抗值应在 10Ω 以内。

(5) 电气设备的电源应安装漏电断路器；施工区域内的固定照明灯具、移动照明灯具应是防爆灯具。夜间施工时，现场要设置足够的照明设施；罐内作业时，应使用安全电压。

(6) 遇有雷雨或 5 级以上大风时，不应上罐；同时在盘梯上人数不宜超过 4 人；作业人员上罐前应通过手扶无漆的油罐扶梯或现场设置的人体静电释放器消除自身的静电。

(7) 进入现场的施工机具必须经过自检和甲方的检查合格后，贴上标识方能使用；安装、验收过程中必须使用计量检定、校准合格的测量工具；施工中所用的测量仪器应在检定合格有效期内。

(8) 吊车等机械要有质监部门出具的合格证，要确保使用时处于完好状态，进入施工现场要贴合格标签。

(9) 吊装用的索具、卡具要有质监部门出具的合格证，使用前要认真检查，确保处于完好状态。

(10) 切割加工、焊接机械：气焊机、砂轮切割机、电焊机等机械要有产品合格证，要确保使用时处于完好状态，进入施工现场要贴合格标签。

（11）临时工艺管线使用前，应检查、验证严密性。

第二节　储罐清洗

油罐的清洗主要是对储罐内的所有金属附件及与储罐相连接的管线，包括储罐内表面、焊缝、浮顶、中央排水系统、搅拌器等。一般的清洗作业流程包括清扫、冲洗、罐内表面和罐底的擦拭、油泥和杂质的处理、危险废物的外运、储罐的通风、油气检测等。

一、机械清洗

机械清洗是利用临时敷设的管道，将 COW 原油油罐机械清洗装置、要清洗油罐及清洁油罐连接成一个密闭的系统，将回收系统、清洗系统、油水分离系统与清洗油罐及清洗油供给油罐、接收油罐连接在一起，通过设置在清洗油罐上的清洗机，喷射所供给的与清洗油罐内储存物相同的介质、热水等，击碎溶解罐内淤渣，用回收系统回收罐内清洗介质及排出部分残留物，清除罐内淤积物和罐内表面。

（一）机械清洗前准备

1. 储罐退运

储罐在进行大修前，油库需编制储罐退出运行的方案，交付公司进行审批，得到公司批复后，办理储罐退运手续，根据输油计划安排完成外输任务后，进行大修储罐的原油倒出作业，大修储罐的液位降至 2~3m 时，不再进行收发油作业。

退运清洗期间，油库需加强伴洗罐原油凝点、黏度等参数化验比对，做好伴洗罐转油计量工作台账，加强伴洗罐外输期间压力、流量等运行参数的跟踪，如有异常及时向上级部门汇报，确保生产运行和原油运销工作安全平稳进行。储罐退出运行交清罐安全条件确认单见表 7-2-1。

表 7-2-1　储罐退出运行交清罐安全条件确认单

罐号		介质		
专业组	确认内容	确认情况	确认人签字	确认时间
安全专业意见	外来施工人员是否进行安全教育			
	外来施工人员劳保着装是否符合要求			
	特殊作业工种是否持证上岗，证件是否有效			
	清罐现场是否悬挂安全警示标识			
生产专业意见	退出生产运行手续齐全			
	工艺报警联锁是否摘除			
设备专业意见	转动设备电源是否已切断			
	仪表是否已保护			

2. 联锁设备解除

在储罐大修前，要进行联锁保护系统解除的工作，由油库开具《联锁工作票》，样式如

图 7-2-1 所示，经上级部门审核批准后进行。作业时，应实行监护操作，并与工艺操作人员保持密切联系，工艺操作人员应密切注意与联锁有关的过程变量，做好监控。作业完成后，详细记录作业内容、解除及恢复时间等信息。

联锁临时解除审批表

记录编号：TJSH–T6. JGSB.00.103.2022　　　编号：

<table>
<tr><td colspan="2">作业部：</td><td colspan="2">装置名称：</td></tr>
<tr><td colspan="2">联锁回路位号：</td><td colspan="2">联锁类别：□工艺联锁/□设备联锁</td></tr>
<tr><td colspan="4">事由、工作内容及要求：

申请人：　　年　月　日　　审核人：　　年　月　日</td></tr>
<tr><td colspan="4">工艺(设备)风险评估和采取的安全措施：(临时解除还应包括解除期间的风险评估和措施)

编制人：　　年　月　日　　审核人：　　年　月　日</td></tr>
<tr><td colspan="4">作业方案及风险评估

编制人：　　年　月　日　　审核人：　　年　月　日</td></tr>
<tr><td rowspan="2">审批意见</td><td>车间主管主任</td><td colspan="2">审核人：　　年　月　日</td></tr>
<tr><td>作业部主管经理</td><td colspan="2">审核人：　　年　月　日</td></tr>
<tr><td colspan="2">实际停运时间：</td><td colspan="2">实际恢复时间：</td></tr>
<tr><td colspan="2">年　月　日　时　分</td><td colspan="2">年　月　日　时　分</td></tr>
<tr><td>工艺班长</td><td></td><td>工艺班长</td><td></td></tr>
<tr><td>处理后情况</td><td></td><td>恢复后情况</td><td></td></tr>
<tr><td>处理人</td><td></td><td>处理人</td><td></td></tr>
<tr><td>监护人</td><td></td><td>监护人</td><td></td></tr>
</table>

注：1. 编号原则：“作业部名”+“装置名(车间)” +“年(4位)”+“–”+“序号”。2.《联锁工作票》如果是仪表执行操作的，一式两份，作业完成后原件由工艺人员保存，复联由电仪部保存。如果是工艺执行操作的，一份由工艺人员保存即可。联锁临时解除的审批表保存期限为4年。

图 7-2-1　联锁工作作业票样式

3. 罐内原油转移

在确定好大修储罐后，油库要根据库区内的实际情况，向上级生产部门及调度中心上报大修计划，制定合理的移油方案和外输计划，将大修罐内的原油进行合理的外输，倒出大修罐内除底油部分的原油。一般而言，在解除联锁的情况下，罐内原油根据实际的油泥和底油的存量而定，一般控制在 2m 左右后，进行抽底油作业。

（二）清洗的主要设备

回收设备：由过滤器、真空泵、真空罐和回收泵等构成，安装在同一橇上的装置。

供油设备：由供油泵、热交换器、空气压缩机等构成。

油水分离设备：由电器控制系统、界面检测系统、油水分离罐等组成的装置。

清洗机：做水平和垂直方向旋转并向罐内喷射清洗介质的设备。

气体监测系统：由气体监测器、记录仪和气体采样管线组成的系统装置。

氮气供给系统：由液氮罐车、氮气气化器或制氮机、供气管线等组成。

伴洗罐：提供清洗油或存放回收油的储油罐。

（三）清洗机的安装

1. 临时管道的安装

临时管道包括回收管道、移送管道、清洗管道、罐顶管道、蒸汽管道、清洁水管道和气体取样管道等，在安装前必须由油库工艺专业人员与施工单位进行现场对接确认，严格按照施工方案的要求进行临时管道的敷设。

2. 清洗机的安装

（1）清洗机设置的原则

清洗机的安装一般利用罐浮船支柱口，取出的支柱数量不应超出支柱总数的 20%，且均匀设置。一般情况下，以清洗机的有效作业半径为基准进行布置，首先以距壁板 5～8m 位置上的支柱为起点，确定圆周部位清洗机的配置，再次确定中央部位的位置，最后绘制出清洗机布置图。

（2）清洗机安装前准备

在安装前应检查其完好性；清洗机的喷嘴口距罐底板 0.5～0.8m，调整喷嘴角度进行 360°旋转和 140°上下运动，确认整个过程中没有任何障碍再固定清洗机；清洗机与罐顶管道用软管连接，并留有裕量；清洗机安装后应进行编号。清洗机安装示意图如图 7-2-2 所示。

3. 工艺准备的注意事项

（1）在安装时，临时管道应以最短距离敷设，与输油设备的连接处应使用挠性软管，其后安装阀门。

（2）在靠近回收装置且便于清扫的场所需要设置原油过滤器，移送管道在靠近回收油罐处应安装临时阀门和止回阀。

（3）油罐抽吸口不宜少于 3 个，位于靠近油罐外周的均匀位置上。

（4）回收、移送、清洗管道的管径不宜小于 150mm，蒸汽、罐顶管道的管径不宜小于 80mm。

（5）气体取样管道在使用前应使用压缩空气吹扫，取样点应不少于 3 处，且均匀分布。

（6）临时工艺管道安装完毕后，应进行整体严密性试验，试验压力不低于管线最大工作压力。

(7) 提拔支柱作业应使用防爆工具，防止产生火花；拔出支柱的支柱套管口或其他有可能泄漏油气的地方，应用不透气材料密封，保证罐内气体不逸出。

(8) 拔下来的支柱、销子与支柱套管均做上同一标记，便于复位安装。

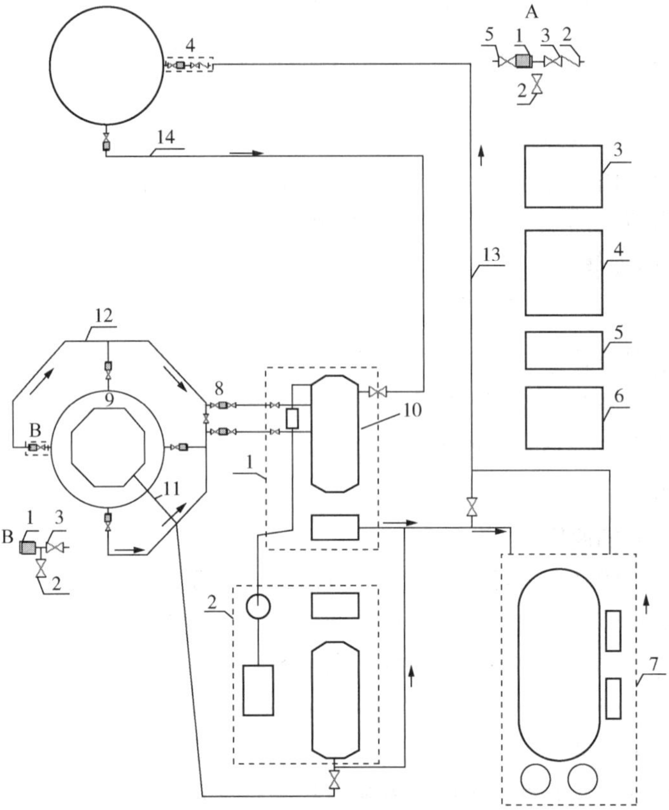

图 7-2-2　清洗设备安装示意图

1—回收设备；2—供油设备；3—柴油发电机；4—液氮罐车；5—氮气气化器；6—气体检测器；7—油水分离设备；8—过滤器；9—罐顶清洗管线；10—清洗机；11—竖管；12—回收管线；13—移送管线；14—供油管线

A、B：1—金属波纹管；2—排气阀；3，5—临时阀门；4—止回阀

(四) 机械清洗流程

1. 抽底油作业

油罐进入清洗作业阶段，储罐已经退运，油罐必须在清洗前排出罐内剩余的底油，如储罐本体具有抽底油工艺流程，可按照清洗油罐—过滤器—抽底油泵—伴洗油罐的流程排出罐内底油；若储罐未与抽底油泵连接可通过临时的抽底油工艺按照清洗油罐—过滤器—抽吸装置—回收泵—伴洗油罐的流程进行抽底油作业。对于罐内存在沉积物的情况，需根据油罐的沉积物性质和厚度确定油罐内的底油是否排出。抽底油作业管线安装图如图 7-2-3所示。

(1) 抽底油作业程序。

按顺序打开回收和移送管道的各个阀门，将真空泵投入运行，使抽吸装置吸油。在抽

图 7-2-3　抽底油作业管线安装图

吸装置的油面高度到达中位线后，回收泵投入运行，压力稳定后，略打开回收泵的出口阀，向移送管道进油，确认各设备运行正常后，再根据需要调整回收泵的出口阀。

（2）抽底油作业注意事项。

① 残油移送过程中，如加热盘管还浸在油中，就不宜关闭清洗罐内加热盘管，应确保罐内的环境温度高于该油品凝固点 10℃。

② 如果浮船支柱未着底，残油移送作业期间应在罐顶设专人监视浮顶的升降过程，若有不均匀升降或卡死现象发生，应立即通知地面操作人员停止作业。

③ 抽油时，应先利用油罐的排污阀或脱水阀，待液面下降到人孔的下缘时，再打开人孔，更换临时人孔盖(带 L 形清底弯管)，最大限度地抽净罐内残油。

④ 安装临时人孔盖时应视情况更换密封垫，保证清洗过程中人孔部位不渗漏，与抽油管线用挠性软管连接；安装临时人孔盖时应使用防爆工具缓慢操作，采取防护措施防止产生火花；更换人孔盖时，作业人员应配戴防毒面具或采取其他保护措施，防止油气中毒。

⑤ 常规巡检每 2h 进行一次，巡检人员应携带防爆对讲机，并填写设备运行巡检记录。

2. 油清洗作业

（1）清洗顺序。

在作业时，按顺序打开回收和移送管道的各个阀门，遵循先开后关、缓开缓关，防止管线内憋压，将真空泵投入运行，使抽吸装置吸油。在抽吸装置的油面高度到达中位线后，回收泵投入运行，压力稳定后，略打开回收泵的出口阀，向移送管道进油，确认各设备运行正常后，再根据需要调整回收泵的出口阀。抽油时，应先利用油罐的排污阀或脱水阀，待液面下降到人孔的下缘时，再打开人孔，更换临时人孔盖(带 L 形清底弯管)，最大限度地抽净罐内残油。储罐机械清洗作业流程如图 7-2-4 所示。

具体流程如下：

① 确认清洗工艺流程，打开与清洁油罐的连接阀门，向清洗系统管道输油，从过滤器及清洗泵的排气阀排放残留的空气。

② 启动清洗泵，调整泵出口压力，缓慢打开清洗泵的出口阀，要保证罐顶管线压力不低于 5MPa。

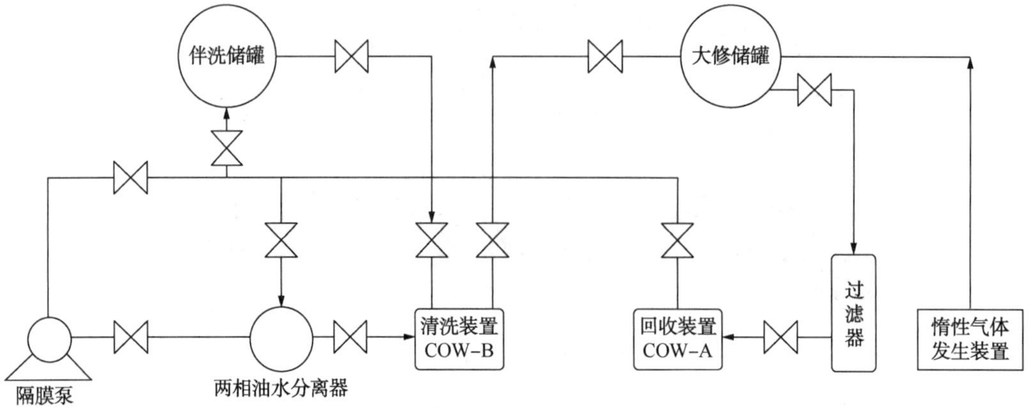

图 7-2-4　储罐机械清洗作业流程

③ 打开主蒸汽供给阀，通过清洗装置上的热交换器给原油加热，蒸汽压力不应小于 4MPa。

④ 运行过程中根据实际情况每班至少检测一次淤渣量，并填写淤渣测量表；检尺作业应使用绝缘检尺杆，至少由两人操作，作业人员应站在上风向进行检尺，并携带具有氧含量、可燃气体、硫化氢气体检测功能的多功能便携式检测仪。

⑤ 打开清洗机的驱动用空气阀，调整空气压力在 0~5MPa 范围内，使清洗机转动速度达 50r/min；

⑥ 真空泵投入自动运行，流入抽吸装置中的回收油到达中位线以上时，启动回收泵。调整阀门的开度，使回收泵抽吸装置中的油面保持在中位至高位线中间的阀的位置上运行。

⑦ 设备运行中应注意观察电流、电压、真空等仪表参数是否正常，有无异常声响和气味，过滤器应定期打开清理。

（2）清洗作业的基本要求。

清洗油罐要具备安装所需数量清洗机的结构，罐顶清洗机安装部位应选择直径 85mm 以上的孔，孔的数量可按下式估算：

$$N=\frac{S}{C}$$

式中　N——所需孔的数量，个；

S——清洗罐底面积，m^3；

C——经验值，取 200~240 之间的数值。

油罐中应有足够数量、足够尺寸的抽吸管口。直径 5m 以上的油罐至少应有 3 个均布且不小于 DN100 的抽吸管口，抽吸口和罐底板的距离应小于 50mm。外浮顶储罐在进行清洗作业时，应选择浮顶支柱作为罐顶清洗机的安装位置（图 7-2-5、图 7-2-6）。

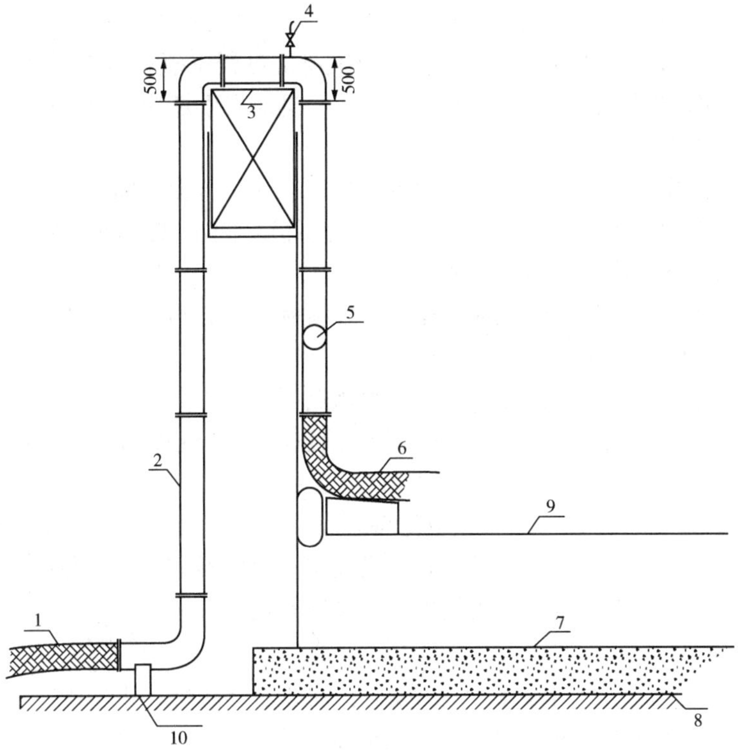

图 7-2-5 竖管安装示意图

1，6—金属波纹管；2—竖管；3—支撑架；4—排气阀；5—分流器；7—罐基础；8—地面；9—浮顶；10—竖管支撑架

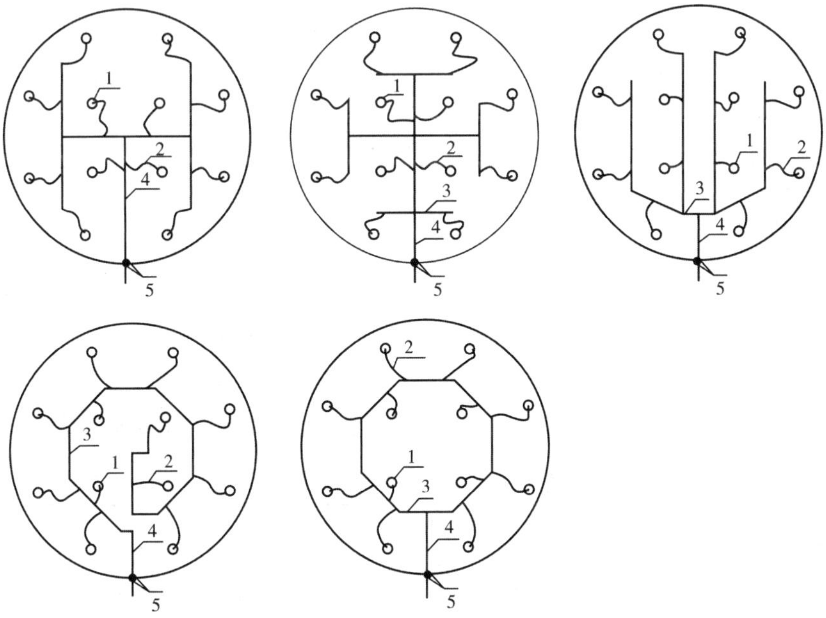

图 7-2-6 罐顶管线安装示意图

1—清洗机；2—金属波纹管（*DN*80）；3—支管（*DN*100）；4—主管（*DN*150）；5—竖管（*DN*150）

3. 惰性气体加注

油罐清洗作业加入惰性气体是为了防止油罐清洗过程中氧含量超过8%，防止浮盘下至储罐罐底的内部空间的油气浓度达到爆炸极限，进而发生爆炸事故。

加注气体过程中需注意：

（1）储罐清洗作业开始前，应先检测氧含量，确保氧含量达标后，方可开始作业；

（2）降罐位期间，当罐内油品表面与浮顶内顶板之间出现超过200mm的气相空间距离之前，开始向清洗罐内注入惰性气体；

（3）作业过程中，惰性气体须连续注入，罐顶氧含量监测应24h连续进行，将氧气浓度保持在8%以下的惰性环境；

（4）随时观察罐内氧含量的监测数值，观测点不少于3个；

（5）如果残油移送之前浮船已着底，应提前进行惰性气体的注入，在氧气浓度达到8%以下后，才可进行残油移送；

（6）氧含量最终不应大于8%，并应保持罐内微正压，相对压力保持在0~1.3332kPa；

（7）惰性气体发生器周围，应设置固定式气体监测仪器，并设置警示标识；

（8）油罐内氧气浓度，应随时用气体检测仪进行监测。

4. 水清洗作业

为清除罐内的残油，在同种油清洗结束后，需要对储罐进行水清洗，主要作业流程如图7-2-7所示，在油水分离槽中注入一定量的水，边循环边加热边清洗，油水混合物经过油水分离器将原油回收到回收罐，使水循环利用。

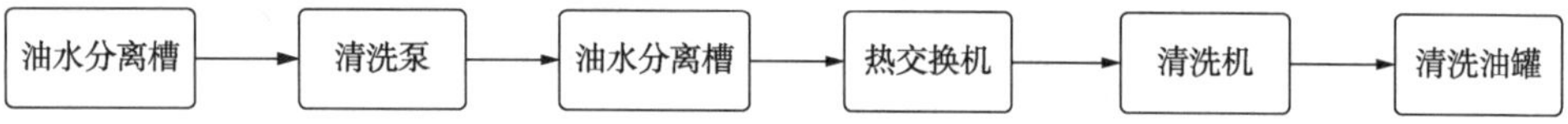

图7-2-7 水清洗作业流程

（1）原油清洗工艺参数见表7-2-2。

表7-2-2 原油清洗工艺参数表

清洗方式	单位	数值
给油温度	℃	50~70
清洗机处油压	MPa	0.5~0.7
清洗机压缩空气压力	MPa	0~5

（2）清洗方位：

先洗罐底板，再全方位清洗，必要时加洗顶板。温水清洗作业要求见表7-2-3。

表7-2-3 温水清洗作业要求

清洗方式	喷嘴角度/(°)	时间/h
底板方式 *R*	45~100	≥2
全面方式 *A*	0~140	≥3
顶板方式 *R*	100~140	≥2

(3) 结束水清洗的判断条件：

① 油水分离槽的浮油变少；

② 循环水中的取样油分基本上没有；

③ 通过人孔、支柱孔、通气孔、罐壁均匀布置检尺等方式探查罐内已无含油渣物；

④ 油罐内的可燃气体浓度下降；

⑤ 清洁油罐的残油移送量已接近预测值。

5. 清洗作业全过程的安全措施

具体要求如下：

(1) 作业前，应确认罐前阀处于关闭状态，并挂上“禁止动阀”的警示标识；

(2) 作业前，应对罐顶气体进行检测，合格后方可作业；

(3) 罐顶作业及巡检应两人以上进行，并随时与地面保持联络；

(4) 如清罐过程中需要开孔，动火应按照《工业动火安全管理标准》执行；

(5) 在原油移送前，在罐壁做上标记；原油移送过程中，应保持浮顶均匀下降；

(6) 在支柱着底前检查支柱定位销牢固程度；

(7) 在清洗机投入使用之前，应先冲洗管道，以防异物损伤清洗机；

(8) 在清洗开始后，每 2h 记录回收罐油面高度，进行清洗罐检尺，确认原油回收量；

(9) 应定时对回收设备、供油设备、清洗机、惰性气体供给系统、发电机等设备进行检查并填写运行记录，确保运转正常；

(10) 供油罐阀门应由油库人员操作；

(11) 定时巡检管线，确保其无漏油；

(12) 由专人负责连续监测罐内气体浓度，通过调整惰性气体的输入量，将罐内氧气浓度控制在 8%以下；

(13) 交接班应记录液氮的用量及存量；

(14) 定时对压缩空气管线过滤器中的水进行排放，补充油雾器中的润滑油；

(15) 清洗作业宜连续进行。

二、强制通风

为排除储罐内的油气，为进罐检修创造条件，在油罐机械清洗结束后排除储罐内的油气，主要方法有“通风、充水、蒸汽”等三种，10 万 m^3 的外浮顶储罐在大修期间主要采取通风的方式排除储罐内的油气。

储罐通风是指在储罐内部进行空气流通的过程，其目的是排除储罐内积累的油气，防止发生爆炸事故。常见的通风方式包括自然通风和机械通风两种。自然通风一般通过在储罐上部设置散热片、风道等设备，利用风力传递外界空气或将储存的气体排至外界，从而实现通风的目的；机械通风则是通过安装风机、抽风机等设备来增大通风的效率和速度，将储藏物品内部与外界环境相互通风，达到防爆、防腐、储藏物品的安全储存和使用等效果。

在进行储罐通风时，需要采取一系列安全措施，例如使用有防爆性能的通风设备，选择合适的通风位置，控制通风的速度和流量等。此外，还需要对储罐内部的环境进行监测，确保通风过程安全可靠。

1. 通风换气的条件

（1）油库已制定严格的通风换气实施方案。

（2）罐底的底油已经清除完毕。

（3）对与大修储罐相连接的管道系统进行能量隔离。

（4）油罐的阴极保护系统已经断开。

（5）所使用的电气设备满足防爆等级的要求。

（6）所使用的机械设备必须检测合格。

2. 通风流程

（1）确定罐内是否有残留物：在进行储罐通风之前，需要先确定罐内是否有残留物。如果有，必须先对其进行清理。

（2）选择适当的通风方法：根据储罐的类型和大小，选择适当的通风方法。常见的通风方法包括自然通风、机械通风和混合通风等。

（3）开启罐顶和侧门：为便于气体自由流出，在进行通风之前，需要打开储罐的灌顶人孔、罐下人孔和量油孔等，拆除储罐的密封装置和与储罐本体相连接的工艺管线及阀门，主要包括除罐顶的二次密封、机械呼吸阀、与储罐连接的工艺阀门、波纹补偿器等。完成拆除工作后，对所有人孔拉上警戒绳，同时悬挂“禁止入内”的标志。

（4）开始通风：目前来看，我国 10 万 m^3 储罐大多位于沿海地区，空气流通较好，可选择自然通风 10 天以上的方式，直至油气浓度达到原油爆炸下限的 20%后，方可佩戴空气呼吸器进行入罐清洗。对于空气流通较差地区的原油储罐可以采用机械通风的方式，即使用通风设备，如风扇或排气管道等进行通风。将通风设备安装在罐顶或侧门上，并将其连接到室外。需注意的是，采用机械通风时应选择间歇通风的方法，即每通风 4h，间隔 1h，每小时的通风量应大于油罐容积的 12 倍。

（5）监测罐内气体浓度：在通风之前和通风过程中，需要不断地监测罐内气体浓度。如果气体浓度超过预定的安全范围，应立即停止通风，并采取进一步的安全措施。

（6）关闭罐顶和侧门：在通风结束后，应关闭罐顶和侧门，防止外界气体进入罐内。

（7）记录通风过程：通风结束后，应记录通风过程的时间、通风方法和监测结果等信息，以备后续参考。

在进行储罐通风作业时，应按照相应的安全操作规程进行操作，确保作业人员的安全。在打开各个人孔前，应先检查人孔周围的环境和设备是否正常，如有异常应及时处理。在打开浮顶人孔前，应先将浮顶降下，并拆除测量柱、支柱、清洗机等部位的密封材料，以免影响浮顶的正常运行。在打开罐壁人孔前，应检查油罐内的残水高度，以防止溢水对人员和设备造成危害。在打开人孔时，作业人员应迅速离开，以免受到油气的影响。同时，在操作过程中，应配戴必要的个人防护用品，确保作业人员的健康和安全。

三、人工清洗

在机械清洗和水清洗作业过程中，罐底的油泥和污油是无法排净的，需要人工进入储罐内对残余物料进行清洗，目前油罐的进一步清洗方法有干洗法、湿洗法、蒸汽洗法、化学洗法等，一般情况下，大型储罐的进一步清洗多采用干洗法。

1. 干洗法清洗

用木屑对储罐内部进行清洗，清除木屑后利用防爆的铜制工具对木屑进行清洗，然后对储罐进行打扫。清洗的内容主要包括储罐内部的所有金属表面、焊缝、罐顶的内外表面和其他附件等。

2. 人工清洗的要求

人员进罐清洗应按照受限空间作业的标准和流程严格执行，开具受限空间作业许可证(见表7-2-4)后，由具有监护培训和考试合格的人员进行现场监护，人员首次进入储罐时需佩戴空气呼吸器。

表 7-2-4 受限空间作业许可证

<table>
<tr><td colspan="4">编码：</td><td colspan="4">编号：</td></tr>
<tr><td>基层单位</td><td></td><td></td><td></td><td>现场负责人</td><td></td><td>开票人</td><td></td></tr>
<tr><td>施工单位</td><td></td><td></td><td></td><td>现场负责人</td><td colspan="3"></td></tr>
<tr><td>设备所属单位</td><td></td><td></td><td></td><td>受限空间名称</td><td colspan="3"></td></tr>
<tr><td>原油介质</td><td></td><td>主要危险因素</td><td></td><td>甲方监护人</td><td colspan="3"></td></tr>
<tr><td>作业内容</td><td></td><td></td><td></td><td>乙方监护人</td><td colspan="3"></td></tr>
<tr><td>作业人</td><td></td><td></td><td></td><td>开工时间</td><td colspan="3">年 月 日 时 分</td></tr>
<tr><td>采样分析数据</td><td>年 月 日 时 分</td><td>氧含量</td><td>可燃气体</td><td>有毒有害介质</td><td></td><td>分析人</td><td></td></tr>
<tr><td>专业</td><td>JSA 风险识别</td><td colspan="4">主要风险及安全措施</td><td colspan="2">责任人</td></tr>
<tr><td rowspan="3">工艺</td><td>未有效隔离</td><td colspan="4">全部有联系的阀门、管线采取加盲板或拆除一段管道的方式进行隔离，列出盲板清单，并落实责任人，危及安全与其连通的孔、洞应严密封堵</td><td colspan="2"></td></tr>
<tr><td>通风不良</td><td colspan="4">设备打开通风孔进行自然通风，温度适宜人员作业；必要时采取强制通风或佩戴空气呼吸器。严禁用通氧气的方法补充氧</td><td colspan="2"></td></tr>
<tr><td>工艺处理不彻底，未进行有效分析</td><td colspan="4">设备、容器无夹套、填料、衬里、密封圈等，经置换、吹扫、蒸煮处理，化验分析合格，内部不会再释放有毒、有害和可燃气体；严禁同时进行各类与该受限空间有关的试车、试压或试验</td><td colspan="2"></td></tr>
<tr><td rowspan="3">设备</td><td>作业不符合要求</td><td colspan="4">清罐时应使用防爆工具，严禁携带手机等非防爆通信工具和其他非防爆器材</td><td colspan="2"></td></tr>
<tr><td>临时设施不符合规范</td><td colspan="4">对作业设备上的电器电源，应采取可靠的断电措施，电源开关处设置安全警示标牌并加锁。接入受限空间的电线、电缆、通气管应在进口处进行保护或加强绝缘，且应尽量避免与人员出入使用同一出入口</td><td colspan="2"></td></tr>
<tr><td>照明电压不符合要求</td><td colspan="4">照明电压不大于 12V 时，需使用电动工具；照明电压大于 12V 时，应按规定安装漏电保护器，其接线箱(板)严禁带入容器内使用</td><td colspan="2"></td></tr>
</table>

续表

专业	JSA 风险识别	主要风险及安全措施	责任人
施工单位现场负责人	其他相关作业未办理许可证	同一面禁止交叉作业；其他相关特殊作业办理作业许可证，不得使用卷扬机、吊车等运送作业人员	
	应急处置不当，疏散通道不畅通	检查受限空间进出口通道，不得有阻碍人员进出的障碍物，严禁无自身防护实施救援	
	未发现环境变化	作业时连续监测受限空间内可燃气体、有毒气体及氧气浓度，发现气体浓度超限报警，应立即停工	
	监控、防护措施不满足要求，遗留人员或工具	作业监护措施：视频监控（ ）、消防器材（ ）、救生绳（ ）、气防装备（ ）、气体检测报警仪（ ），应清楚出入受限空间作业人数、工具，建立联络信号	
	监测与联络设施不完善	进入受限空间作业人员要携带与作业环境相适应的报警仪，备好与监护人员联系的设施（如气铃、防爆灯、对讲机等）	
	现场作业条件是否满足	严格落实监护人安全职责（甲方□/乙方□）	
JSA 补充分析			

安全人员全面符合风险防控措施落实情况签字：
开票人对防控措施落实、标识贴挂、现场安全交底进行确认后签字：
接受交底作业人员签字：
声明：通过在此签名，我承诺始终保证作业期间上述所有安全控制措施有效，并承担相应责任。

施工现场负责人意见	基层单位现场负责人意见	基层单位专业分管领导意见	基层单位主要领导审批签发意见	二级单位主管生产安全领导审批签发意见
月 日 时 分	月 日 时 分	月 日 时 分	月 日 时 分	月 日 时 分
完工验收确认时间：	年 月 日 时 分	签名： （施工单位） （基层单位）		

进罐清洗实行无许可证不进入、监护人不在场不进入、安全措施不落实不进入的“三不进入”原则，严格遵守“先通风、再检测、后作业”的程序，严禁检测不合格进行作业。

3. 人工清洗的流程

（1）进罐清洗前每 30min 进行一次气体检测，做好记录，确保油气浓度符合进罐要求。

（2）开具受限空间作业许可证，确认现场的安全措施。

（3）经过监护培训和考试合格的人员进行现场后，作业人员方可进入储罐。

（4）进罐作业人员需具有安全保护措施，如安全绳。

（5）进罐人员佩戴空气呼吸器进入时，每 30min 进行一次轮换。

（6）作业时每 2h 进行一次油气浓度检测。

(7) 进罐人员采用干洗法进行清洗。

四、储罐清洗验收

1. 清洗交工要求

(1) 原油油罐外部无油污；

(2) 原油油罐罐底板上表面及附件、浮船以下罐壁板、浮船下表面应无油污，罐内无积水、废渣及其他杂物；

(3) 临时工艺管线在解体前应用蒸汽扫线，应清理干净油水分离槽、真空罐、过滤器等设备内留存的淤渣；

(4) 淤渣、脏抹布等工业垃圾，须搬运到指定场所保管；

(5) 排尽回收泵、清洗泵、真空泵、气水分离罐、冷却水罐、惰性气体发生器等设备中的残留油水；

(6) 设备及电气设施须盖上防护罩，做好防水、防潮、防尘工作；

(7) 清扫施工作业现场，保持环境整洁；

(8) 废水的移送去向，须按照业主的要求，移送到废油罐、废水池或其他地方；

(9) 清罐作业产生的废渣，应按危险固废物处理规定进行；

(10) 交工验收前，罐内应保持通风并进行可燃气体浓度检测确保合格，达到工业用火的条件；

(11) 施工作业区域现场应清扫干净，无工业垃圾；

(12) 清罐施工中拆除的油罐附件应恢复或已完整移交业主。

2. 清洗验收标准

储罐清扫完成后，由施工单位负责联系属地单位、生产、安全环保、设备等专业部门进行联合验收。验收标准如下：

(1) 储罐外部无污油。

(2) 储罐内部检查干净、无油污、无积水及其他杂物、达到工业动火操作的条件。动火气体分析合格标准(体积百分比)如下：

可燃气体爆炸下限大于4%时，检测浓度不大于0.5%；可燃气体爆炸下限小于4%时，检测浓度不大于0.2%；氧含量19.5%~23.5%(进设备作业)。

(3) 清洗需要的临时设施完全拆除，储罐所有设施恢复原状。

(4) 作业现场清扫干净、场地平整、环境整洁。

达到验收标准后，由施工单位，属地单位、生产、安全环保、设备等部门人员对《储罐清洗验收检查记录表》(表7-2-5)进行会签。储罐清扫验收合格后，交付检修。

表7-2-5 储罐清洗验收检查记录表

油罐编号		结构形式		公称容量	
开工时间			检查时间		
质量检验情况					
油库所属单位检验员			施工单位检验员		

第三节　储罐检测与评定

在油罐机械清理验收合格后，油库应委托由具备相应资质和具有一定检测经验的部门对油罐的形体、浮舱、附件、罐体腐蚀程度等进行检测，在检测工作结束后检测部门提交完整详尽的油罐检测评价报告，对油罐的状况描述说明，对主要缺陷应采用文字、图示、照片说明，该报告是确定油罐补充修理项目的重要依据。

检测前，油库需根据检测内容对检测点进行喷砂除锈，油罐检测的主要内容有：①基础的检测；②罐体的腐蚀；③罐体的几何尺寸及变形情况；④油罐附件；⑤防腐和保温。

一、储罐的腐蚀检测

储罐腐蚀检测是指对储罐内壁和外壁进行检测，发现腐蚀、裂纹、变形等缺陷，并评估其对储罐结构安全的影响。储罐腐蚀检测通常采用非破坏检测技术，如超声波检测、磁粉探伤、涡流检测等。检测结果可以准确掌握储罐的安全状况，及时采取措施避免事故的发生。

1. 检测点布置

检测点的布置一般应按以下三种情况进行：

（1）按排版的每块板布点；

（2）按每块板上的局部腐蚀深度布点；

（3）按点蚀布点。

前两种情况检测每一块钢板和每一块钢板上一个腐蚀区的平均减薄量，后一种情况检测腐蚀较严重点的腐蚀深度。检测点的数量，在设备和人力可能的条件下，以能较准确地反映被测板的实际平均厚度为原则，根据油罐不同部位的不同腐蚀情况确定，一般情况下，一个检测区(一块板或一块板上的一个局部腐蚀区)用超声波测厚仪检测，检测点数不应少于 5 个。当平均减薄量大于设计厚度的 10%时，应加倍增加检测点。

2. 罐壁板检测

罐壁板重点检测区一般在底板向上 1m 范围内，罐内壁板的每一块板选取 10 个点进行检测，腐蚀深度超过设计厚度的 10%时，应增加 5~10 个检测点。

3. 边缘板检测

包括罐壁外侧延伸部分的边缘板，并测量边缘板外露尺寸宽度。

4. 中幅板检测

在喷砂过程中，以检测由下而上的点蚀为主，边喷砂边检查是否有由下而上的腐蚀穿孔出现，经喷砂表面处理合格后，目测和使用金属测厚仪检测中幅板腐蚀状况，确定是否存在腐蚀穿孔现象。

必要时，经使用单位主管部门同意，罐底中幅板允许少量的开孔检查，但一个开孔的面积不宜大于 5m^2 且应远离焊缝 200mm 以上。检测完毕后，应按 GB 50128—2014 的要求补板并做真空试漏。

5. 罐顶检测

（1）浮顶：首先进行外观检查，明显腐蚀的部位应做测厚检测，并记录说明。

（2）浮盘：对浮盘表面应逐块进行测厚检测。

（3）浮舱：逐个检测内外表面的腐蚀情况，必要时应测厚。

（4）浮顶集水坑、辅助集水坑、辅助浮筒：逐个检测腐蚀情况，必要时应测厚，并记录说明。

二、储罐的形体检测

外浮顶储罐的罐体几何形体及变形检测内容为：罐体高度、罐内底板绝对(相对)高程、罐壁垂直度、罐圈板椭圆度、罐外边缘板宽度、浮顶和浮舱底板相对高程、浮船偏移度、导向柱和量油管垂直度等。

罐体几何形状和尺寸应符合下列规定，罐体几何形状和尺寸检查见表 7-3-3。

（1）罐体高度允许偏差，不应大于设计高度的 5%，且不应大于 50mm；

（2）罐壁垂直度不应大于罐壁高度的 4%，且不应大于 50mm；

（3）底圈壁板内表面半径的允 许偏差，应在底圈壁板 1m 高处测量；

（4）底圈壁板外表面沿径向至边缘板外缘的距离不应小于 50mm，且不宜大于 100mm；

（5）罐底焊接后，其局部凹凸变形的深度不应大于变形长度的 2%，且不应大于 50mm，单面倾斜式罐底不应大于 40mm。

（6）壁板内表面任意点半径的允许偏差为±32mm。

焊缝棱角度的允许值及罐壁的局部凹凸变形允许值见表 7-3-1 和表 7-3-2。

表 7-3-1　焊缝棱角度的允许值　　单位：mm

板厚 δ	棱角度
≤12	≤12
12<δ≤25	≤10
>25	≤8

表 7-3-2　罐壁的局部凹凸变形允许值　　单位：mm

板厚 δ	罐壁局部凹凸变形
≤12	≤15
12<δ≤25	≤13
>25	≤10

1. 罐外基础相对高程和散水相对高程

采用水准仪进行测量，以正东方向(或以某物如人孔等做标记)边缘板上表面为第 1 点按顺时针方沿布 $4n$($n=2$、3…)个测点，且测点间距不大于 9m。要求闭合测量误差，将所有测点的测量值进行闭合差调整，即为罐外基础高程，并将数据汇总，指出最高、最低测点及测量值，用油罐直径方向的最大高程差计算出油罐基础的倾斜角，确定罐基础倾斜方向。其倾斜角的计算公式为：

$$\alpha = \mathrm{arclg}(h_k / D)$$

式中 h_k——油罐直径方向的最大高程差，m；

D——油罐第一圈板外径，m。

2. 罐内底板高程检测

以罐底板中心为圆心，将罐内底板分成若干等距同心圆环，环间距不大于 5m 外环紧靠罐壁，每环分若干个测点，外环的起点和其他测点与罐外基础测点相对应，其他环的测点依次和外环测点相对应。罐底板中心附近取 4 个测点，也可按每块中幅板和内边缘板分点，每块中幅板宜分 2~3 点，每两块内边缘板分 1 点，测完后对第 1 点进行重复测量，要求两次测量差值小于 10mm。

3. 罐体主体倾斜程度检测

以每圈板高 1/4(3/4) 处为基准以正东为第 1 点按顺时针方向沿罐壁均布 $4n$($n=2$、3…)个基准点且测点间距不大于 9m，基准点数量与罐外基础高程测点数量相等。从任意基准点开始依次用径向偏差仪测出各圈板 1/4 和 3/4 处与所有对应的基准点的径向偏差值，每个位置测量两次，其差值不大于 3mm。

4. 油罐各圈板椭圆度

以东西向直径和南北向直径与罐壁的 4 个交点为圆心，以油罐近似半径或内铺尺得出半径在罐底板或单盘板中心附近画弧，由 4 条交点组成的四边形中心即为底板中心。

5. 量油管、导向柱垂直度

将经纬仪安置在单盘中心处，用经纬仪和钢板测量量油管和导向管的环向倾斜度或用铅垂法测量量油管和导向管的环向倾斜度和径向倾斜。

表 7-3-3 罐体几何形状和尺寸检查 单位：mm

项目		允许偏差	检验方法
罐壁高度		≤5/1000H	钢尺测量
罐壁垂直度		≤4/1000H，且≤50	吊线、钢尺检查
底圈壁板内表面半径	D≤12500	±13	在底圈壁板 1000mm 高处用钢尺或样板检查
	12500<D≤45000	±19	
	45000<D≤76000	±25	
	D>76000	±32	
罐壁的局部凹凸变形	δ≤25	≤13	吊线/样板、钢尺检查
	δ>25	≤10	
罐底的局部凹凸变形		≤2%L，且≤50	罐底拉线、钢尺检查
单向倾斜式罐底局部凹凸变形		≤40	罐底拉线、钢尺检查
浮顶局部凹凸变形	浮舱顶板	≤15	吊线/样板、钢尺检查
	单盘板	不明显影响浮顶外观及浮顶排水	目测

三、焊缝检测

（一）检测内容

（1）罐底板、浮顶单盘板、浮舱底板的焊缝100%真空试漏，试验负压值不应低于53kPa。

（2）罐底板与壁板、单盘板与浮舱的内角焊缝进行渗透检测或磁粉检测，检测表面开口缺陷和近表面缺陷。

（3）浮舱的环板及隔舱板的焊缝，采用煤油试漏法进行检查，浮顶船舱顶板焊缝应逐舱通入785Pa（80mm水柱）压力的空气进行气密性检查。

（4）罐下部壁板纵焊缝进行超声波探伤检测，检查下部三圈，检查焊缝的长度，纵焊缝不小于该部分焊缝总长的10%，"T"字形焊缝100%检查。

图7-3-1　储罐焊缝检测

储罐焊缝检测如图7-3-1所示，焊缝表面质量及检验方法、罐底焊缝无损检测见表7-3-4、表7-3-5。

表7-3-4　焊缝表面质量及检验方法

<table>
<tr><th colspan="4">项目</th><th>允许值</th><th>检验方法</th></tr>
<tr><td rowspan="7">对接焊缝</td><td rowspan="3" colspan="2">咬边</td><td>深度</td><td><5</td><td rowspan="7">用焊接检验尺检查罐体各部位焊缝</td></tr>
<tr><td>连续长度</td><td>$\leqslant 100$</td></tr>
<tr><td>焊缝两侧总长度</td><td>$\leqslant 10\%L$</td></tr>
<tr><td rowspan="4">凹陷</td><td rowspan="3">环向焊缝</td><td>深度</td><td>$\leqslant 5$</td></tr>
<tr><td>总长度</td><td>$\leqslant 10\%L$</td></tr>
<tr><td>连续长度</td><td>$\leqslant 100$</td></tr>
<tr><td colspan="2">纵向焊缝</td><td>不允许</td></tr>
<tr><td rowspan="3">壁板焊缝</td><td rowspan="3">角变形</td><td colspan="2">$\delta \leqslant 12$</td><td>$\leqslant 10$</td><td rowspan="3">用1m长样板检查</td></tr>
<tr><td colspan="2">$12<\delta \leqslant 25$</td><td>$\leqslant 8$</td></tr>
<tr><td colspan="2">$\delta>25$</td><td>$\leqslant 6$</td></tr>
<tr><td rowspan="4">对接接头的错边量</td><td rowspan="2">纵向焊缝</td><td colspan="2">$\delta \leqslant 10$</td><td>$\leqslant 1$</td><td rowspan="4">用刻槽直尺和焊接检验尺检查</td></tr>
<tr><td colspan="2">$\delta>10$</td><td>$(0\sim1)\delta$ 且 $\leqslant 1\sim5$</td></tr>
<tr><td rowspan="2">环向焊缝</td><td colspan="2">$\delta<8$（上圈壁板）</td><td>$\leqslant 1\sim5$</td></tr>
<tr><td colspan="2">$\delta \geqslant 8$（上圈壁板）</td><td>$(0\sim2)\delta$ 且 $\leqslant 3$</td></tr>
<tr><td rowspan="3" colspan="2">角焊缝焊脚</td><td colspan="2">搭接焊缝</td><td rowspan="3">按设计要求</td><td rowspan="3">用焊接检验尺检查</td></tr>
<tr><td colspan="2">罐底与罐壁连接的焊缝</td></tr>
<tr><td colspan="2">其他部位的焊缝</td></tr>
</table>

续表

项目			允许值	检验方法
焊缝宽度：坡口宽度两侧各增加			1~2	
浮顶储罐对接焊缝余高	壁板内侧焊缝		≤1	
	外侧纵向焊缝	$\delta \leqslant 12$	≤2	
		$12<\delta \leqslant 25$	≤3	
		$\delta>25$	≤4	
	外侧环向焊缝	$\delta \leqslant 12$	≤2~5	
		$12<\delta \leqslant 25$	≤3~5	
		$\delta>25$	≤4~5	
	罐底焊缝余高	$\delta \leqslant 12$	≤2	
		$12<\delta \leqslant 25$	≤3	

注：δ—板厚；L—长度。

表 7-3-5 罐底焊缝无损检测

无损检测种类	检查项目		检查部位及数量	合格标准
射线检测	外端 300mm 范围内对接焊缝	边缘板厚度 δ=6~9mm	每个焊工施焊的焊缝至少抽查一条	按 JB/T 4730—2016《承压设备无损检测》Ⅲ级
		≥10mm		
渗透检测	搭接和对接的“T”字形焊缝的初层焊道		全部焊缝 50% 检测	按 JB/T 4730—2016《承压设备无损检测》
	σ_s 大于 390MPa 的边缘板对接缝初层焊道		全部边缘板对接焊道	
磁粉检测或渗透检测	搭接和对接接头的“T”字形焊缝最后一层焊道		全部“T”字形焊缝三个方向 200mm 范围内	
	σ_s 大于 390MPa 的边缘板对接缝的最后一层焊道		全部边缘板对接焊道	

四、附件检测

（1）对罐前阀、波纹补偿器、呼吸阀、自动通气阀、罐根阀、抗风圈、加强圈腐蚀情况进行检查。

（2）刮蜡板：是否紧贴罐壁，局部的最大间隙是否超过 5mm。

（3）转动浮梯：中心线水平投影与转动浮梯轨道中心线重合，且偏差不大于 10mm；

（4）对量油管、导向管的壁厚进行检查，并对其垂直度偏差检测；

（5）泡沫挡板高度：高于二次密封 0.3m，且不小于 0.9m；泡沫挡板与罐壁的间距宜为 0.9~1.2m。

（6）浮顶排水管：390kPa 压力进行水压试验，持压 30min 无泄漏。

（7）防雷接地装置接地：电阻值宜小于 4Ω。

（8）浮舱：是否有渗油、积水和腐蚀穿孔点。

（9）对消防泡沫和水喷淋等管线、中央集水坑、紧急排水装置、浮顶人孔、罐壁人孔等附件进行测厚检查。

（10）检查罐内阴极保护的腐蚀情况。

第四节 储罐修理

外浮顶储罐的使用年限一般在6~9年，在长时间的运行中原油会对油罐产生腐蚀，造成储罐底板穿孔或内部附件损坏，进而影响储罐的生命周期，缩短储罐的使用年限，因此需要定期对储罐进行全面检修，确保储罐运行安全。

一、本体和附件的拆除、更新与修复

1. 二次密封装置更换及改造

（1）拆除一、二次密封装置前先将浮盘底部刮蜡装置、支撑角钢卸下，运至罐外。

（2）先拆除二次密封装置静电杆，然后拆除不锈钢压板及油气隔膜。

（3）拆除一次密封不锈钢固定角钢。

（4）在拆除一、二次密封的过程中，需要将方木塞入罐壁与浮顶外边缘板之间，防止浮顶位移。

（5）密封装置安装前应对储罐罐壁内表面与浮顶外边缘板外表面进行仔细检查，不允许有损伤密封带的毛刺、焊疤等。

（6）检查罐内达到密封装置安装条件后方可安装一次密封装置，按照设计图纸将一次密封安装就位。

（7）安装二次密封时更换油气隔膜，安装时沿一边顺序进行安装固定。

（8）一、二次密封装置安装完成后安装刮蜡装置、支撑角钢。

（9）安装的密封装置应与罐壁紧密贴合并在浮顶升降时不得有卡阻现象。

2. 罐壁板及底板、浮舱修补

根据腐蚀检测结果对罐内腐蚀严重部位进行修补或更换，缺陷形式一般有罐底板穿孔，罐底板、罐壁板点状腐蚀坑，浮舱顶板及底板腐蚀，焊道裂缝，钢板裂缝等缺陷，在更换时需确保更换所有材料的材质与原材质相同。

（1）缺陷修补方法。

① 罐底板穿孔：如果孔洞不大，可采用堆焊的方法，把孔洞焊平。

② 罐底板及罐壁板点状腐蚀坑，浮舱顶板及底板腐蚀。

a. 罐底板及罐壁板点状腐蚀坑，浮舱顶板及底板腐蚀，这种情况可采用局部补板的方法消缺。

b. 施工前应把点状腐蚀坑打磨干净，清除表面油污、油漆、铁锈等，把腐蚀坑焊接填平并打磨的与罐底板基层平齐，然后对补板区域基层的表面进行防腐，对补焊钢板的内表面进行防腐处理，两项防腐标准同罐底内表面。

c. 罐底板及罐壁板焊接，采用角焊满焊方法。

③ 焊道裂缝：

a. 确定裂缝长度和范围，打孔阻止裂缝扩大。

b. 对裂缝用碳弧气刨清根并打磨干净。

c. 用手工电弧焊的方法焊接。

④ 钢板裂缝：用磨光机打磨、清除裂纹，补焊缺陷。

（2）焊接要求。

① 焊接前检查组对质量，清除坡口面及坡口两侧20mm范围内的泥沙、铁锈、水分和油污，并应充分干燥。

② 焊接中应保持始端和终端的质量，应在坡口内引弧和熄弧，多层焊的层间接头应错开30~40mm，焊接时焊条不应摆动。

③ 烘干好的焊条应放入焊条保温桶内随用随取。

④ 焊接材料选用焊条J507。

⑤ 所有焊道应按规范要求进行100%渗透检测。

（3）焊接质量要求及检验。

① 所有的焊缝要清理、打磨干净。

② 对于焊道、钢板裂纹，要彻底清除，对于裂纹两端要进行检测确认是否消失并打孔、堆焊，消除可能的延续裂纹。

③ 罐底板凹凸变形应不大于变形长度的2%。

④ 罐底板焊完后，应对焊缝进行外观检查，检查前应将溶渣及飞溅清理干净。

⑤ 焊缝表面及热影响区不得有裂纹、气孔、夹渣和弧坑等缺陷。

⑥ 对接焊缝的咬边深度不得大于5mm，咬边的总长度不得超过该焊缝长度的10%。

⑦ 罐底外观质量合格后，进行100%渗透着色实验，或对焊道做真空箱法严密性试验，试验负压值0~0.53MPa无渗漏为合格。

3. 阀门拆装更换

（1）阀门拆卸。

阀门螺栓拆卸采用梅花扳手或敲击扳手人工拆卸，拆卸螺栓前应喷松动液或浇注润滑油，以便拆卸。拆卸下的螺栓要成套存放，并放在油槽盒内的煤油和润滑油的混合油中浸泡，然后用铜刷把螺扣中的氧化物清除干净。检查确认双头螺栓、螺母的丝扣及表面光洁，且无擦伤、毛刺、断丝和裂纹等缺陷。螺母端面应平整，可顺畅地拧转通过全部丝扣，且螺母在螺栓上不松动。处理好的螺栓整齐摆放在塑料布内包裹。若发现无法拆卸或螺扣损坏的螺栓需要动火切割，不锈钢材质的需用割片或手锯切割。

在阀门拆卸过程中，注意做好相关仪表阀件的保护工作，并合理安排拆卸顺序，做好管线的临时支撑，防止管线发生倾倒，严禁进行任何破坏性的拆除。

（2）阀门吊卸。

低压的、公称直径小的阀门采用人工用麻绳吊系到地面，然后集中用手动液压运输车运到阀门摆放区并做好标识，按规格型号摆放；大直径阀门用吊车吊卸至运输车上运至阀门摆放区。拆卸下的阀门要统一编号以备安装时辨识，清除垫片并把密封面清理干净涂油脂后用塑料布封堵管口拆卸下的阀门由维修单位运走维修合格后返回。

（3）阀门安装。

确认阀门规格型号和编号与现场一致后运至安装现场，准备好与该阀门使用型号一致的垫片。螺栓、油脂准备好，把法兰管口上的塑料摘除，再次检查密封面有无缺陷，凹凸密封面垫片要提前粘在凹面处。法兰密封面为平面的先把阀门安装就位后放垫片。垫片厚度不符合要求时，应立即更换，不得使用斜垫片或叠加垫片。

(4) 法兰同心度调整，螺栓孔找正后定位紧固。

紧固法兰螺栓时，应按对称的次序进行，所有的螺栓都应拧紧受力均匀，不得遗漏。所用的扳手应符合螺栓直径和压力温度的要求。

4. 中央排水系统维修

(1) 检查中央排水管排水情况，排水是否顺畅、是否带油，做好清污分流。

(2) 检测集水坑筒体壁厚，根据检测结果由甲方确定内容。

(3) 对筒体做局部补板时，需要根据原设计图上的具体尺寸，将钢板加工成圆筒形，根据甲方的要求从筒体上切割出要求尺寸，补焊到筒体上。对接触介质的焊道进行着色检测。

(4) 浮蝶式单向阀、中央排水管阀门拆卸检修。

(5) 对集水坑不锈钢过滤网进行更换。

(6) 根据设计图纸增加雨污分离部分弹簧支撑。

(7) 更换中央排水系统 2 根金属软管。

(8) 维修完成后对中央排水管进行水压试验，以无水从管内流出为合格。

5. 消防系统改造

(1) 消防管线拆除

消防管线一般为法兰连接，采用 U 形卡子固定，拆除前用滑轮配合缆绳将拆除管段固定住再进行法兰解口和 U 形卡子拆除。部分管段由于穿过平台和爬梯，无法直接抽出。需要用气割将管线断开后抽出。罐区四周的水平主管用吊车或龙门架固定后进行解体拆除。

(2) 消防管线安装步骤及顺序

① 消防管线运抵现场后，要按照该储罐消防管线安装图的技术要求和制定的安装工序施工并在地面上进行预组装。喷淋及泡沫管立管、环管，要按照安装编号分别卸车摆放，分段处进行标记。

② 消防管线安装顺序同原管线拆除顺序，按照从上到下、先立管后环管的顺序进行安装，待整个区域安装完成之后再进行下区域的安装。

(3) 安装方法

① 将消防管线各管段按照对应的安装位置用手动液压运输车运至安装位置下方。

② 每区域的立管分为上下两段，依法兰连接，依先上后下的顺序进行安装，安装时用手拉葫芦进行吊装。就位时要保证立管与环管法兰连接处的标高，误差不能超过 2mm。

③ 环管在地面上分别按管道编号顺序连接成 1～3 根 1 段，用手拉葫芦吊到管支架上，使用梅花扳手等工具紧固，将管道用 U 形螺栓固定在支架上，然后连接紧固法兰螺栓。

④ 消防管线各段吊装均采用手拉葫芦进行吊装。

⑤ 在安装喷淋环管的同时进行喷头的安装，喷头丝管和水幕喷头安装时要轻拿轻放，不要磕碰，以免破坏丝扣，影响密封性。安装时注意喷嘴的方向要一致，安装角度要符合图纸要求。

⑥ 按图纸进行喷淋及泡沫水平环管的安装，最后将环管与地下主管及罐体上的管线连接。

⑦ 吊装前法兰密封面应做好保护，吊装时注意不要磕碰。

（4）喷淋试验

① 确认喷淋管道系统内各部件已经安装完毕。各法兰、盲板垫片加装完毕，螺栓拧紧，各U形管卡必须按要求紧锁。

② 做喷淋试验前应对管道进行吹扫，防止杂物堵塞喷淋管线及喷头。

③ 喷淋试验必须在始终监视下进行。

④ 在给水过程中，应逐个对法兰及盲板连接处，喷头、丝扣、环管连接处进行泄漏检查，泄漏的地方应进行紧固，直到不在泄漏。

⑤ 检查各喷头是否能正常喷雾，整套喷淋装置是否能在喷淋区周围形成圆周相交的水雾区，无盲区。

⑥ 对不正常的喷头进行维修或更换。储罐附件、主体、消防的更换部分见表7-4-1~表7-4-3。

表7-4-1 储罐附件的更换部分

序号	附件	作业内容
1	一次密封	更换一次密封
2	二次密封	更换二次密封
3	刮蜡机构	更换刮蜡机构
4	中央排水管系统	更换中央排水系统
		更换集水坑内浮碟式单向阀
5	紧急排水装置	更换紧急排水装置
6	量油管导向管	更换导向管和量油管的限位装置
7	大拉杆补偿器	更换油罐进出管线大拉杆补偿器
8	牺牲阳极	更换牺牲阳极块
9	静电导出线	更换静电导出装置
10	罐基础密封	罐外露边缘板与罐基础之间做密封处理
11	阀门	中央排水管罐壁阀门
		排污管线阀门
		污油隔离池阀门
12	呼吸阀阻火器	更换呼吸阀阻火器，并加装等电位跨接线
13	荧光标尺	安装油罐荧光标尺一套
14	浮顶、罐壁人孔	更换人孔螺栓和垫片
15	转动浮梯、盘梯、轨道	更换浮梯滚轮
		更换浮梯和浮梯轨道及盘梯踏步为镀锌格栅踏步
16	罐顶平台	制作安装导向平台
17	罐前阀平台	更换罐前阀平台一座
18	取样口量油孔	更换取样口、量油孔各1套
		在取样口两侧加装静电消除设施
19	泡沫挡板	移位并增加泡沫挡板高度
		泡沫挡板原位置与浮顶板之间角焊缝，局部减薄处修补整治
		安装跨梯
		更换泡沫挡板支撑角钢
20	油罐标号	安装油罐标志号牌

表 7-4-2　储罐本体更换部分

序号	工程内容	
1	罐壁板	底圈壁板检修，局部腐蚀坑深≥2mm 进行补焊，焊后磨光打平
		罐壁板表面原遗留焊疤和机械损伤进行磨光打平处理
2	罐底板	对罐底板腐蚀深度≥2mm 的进行补焊
		对罐底板表面原遗留焊疤和机械损伤进行磨光打平处理
3	浮舱、浮顶板	对浮舱内“T”字形焊缝、焊缝夹渣、未熔合部位进行补焊处理
		对浮顶焊缝气孔、腐蚀处进行补焊
		更换浮舱密封胶条
		浮舱标号牌(荧光)
4	加强圈抗风圈	抗风圈积水部位腐蚀深度≥2mm 腐蚀点补焊，严重腐蚀处应补板
		抗风圈积水部位开排水孔
		上水试验过程中，对加强圈“┐”形对接部位加装加强板，如开裂应补焊
5	自动通气阀	对原自动通气阀进行检修，更换已损坏的铜垫圈和密封垫
6	浮顶支柱	对支柱做高度调整处理，底端加装封头并开透水孔
		更换销轴、销钉及垫片，支柱密封橡胶套
		罐底板上的浮顶支柱垫板补焊，更换＊块
7	罐前阀	罐前阀(*DN*＊)进行检修保养，改造丝杠填料密封系统
		对罐壁至罐前阀法兰之间短节进行检查，补焊腐蚀部位
8	罐体护栏	检修盘梯护栏、浮梯护栏
9	加热除蜡	检修加热除蜡装置，将原环管改装在刮蜡机构支架上
		按照设计图纸对所有焊道加套管补强(原焊口全部未加套管)，进行整体试压
10	加热盘管	检修加热盘管系统，原焊道加套管焊接，进行整体试压
11	接地极	检修接地极系统和改造接地极断接卡位置
12	排污管线	对排污管线与罐壁连接短管进行检修，严重腐蚀减薄部位做补强处理

表 7-4-3　储罐消防更换部分

序号	工程内容	
1	拆除部分	原消防喷淋管线拆除，原罐体上焊点磨光打平
		抗风圈原管线穿管部位补孔
2	罐体消防系统	罐上泡沫、水喷淋环管、立管部分采用整体外购，现场安装
3		地面环形管网按照设计图纸现场安装
4	消防箱	罐顶 2 个平台配置消防箱
	跨梯	安装消防地面管线行走跨梯 1 座

6. 防火堤、隔堤的检查与维修

(1) 土筑防火堤、隔堤

① 土筑防火堤、隔堤应由砖或混凝土护坡板贴面并以水泥砂浆勾缝，防火堤、隔堤

堤身有缺口、塌陷、裂缝时，应及时修复。

② 堤身土质松散或断面减少时应修整，堤身应达到平整顺直。

③ 防火堤、隔堤堤身及罐组内的杂草应及时拔除。因清罐或冒罐而被污染的罐组防火堤、隔堤表面均应清除干净。

(2) 砖(石)砌筑防火堤、隔堤

① 对用毛石或砖砌的防火堤、隔堤要用混凝土覆盖内表面和堤顶。堤身有严重缺陷时，应拆除重砌。

② 防火堤、隔堤出现抹面剥落、松动、裂缝等缺陷时，应部分修补或全部重抹。

③ 堤顶开裂应及时修补。

④ 堤身基础塌陷或下沉严重时，应拆除堤身修复基础，重新砌筑。

⑤ 伸缩沉降缝填料脱落时，应及时补充。

(3) 管线穿越防火堤、隔堤套管

① 套管处若有孔洞应及时修补。

② 套管两端填料脱落时，应采用非燃烧材料及时补充。

③ 雨水沟穿堤处的隔油阀门拆除更新，保证开启轻巧、灵活。

④ 堤身人行台阶、坡道松动或抹面脱落，应及时修补。

7. 罐底的修复

在允许动火的条件下，应尽量采用打磨补焊或局部更换措施，对严重的麻点、蚀坑、气孔、砂眼、裂纹、凹坑等缺陷均应进行修理。

(1) 对于数量较少的机械穿孔、腐蚀穿孔等缺陷，可以直接进行补焊。

(2) 对于较大面积的穿孔，应将原缺陷部位割去，焊上新的钢板。

(3) 发现裂纹，为防止其扩展，可在其两端钻上止裂孔，将缺陷部位挖去，重新进行补焊，但至少要分两次进行。若裂纹超过 100mm，除采用以上措施，也可补焊上一块盖板，盖住裂纹，盖板在每一方向上超出裂纹边缘的距离一般以不小于 200mm 为宜。

(4) 由于应力集中等原因产生的大裂纹，经判断分析，尚有进一步扩展的趋势时可将裂纹周围钢板割去，焊上新钢板。新钢板长度应超过裂纹长度。

(5) 由于基础局部沉陷引起罐底局部严重凹陷，应当沿焊缝将钢板割开，在基础上填入沥青砂捣实，重新焊接。如凹陷处的底板已无法校正，则应更换钢板。小面积的凹陷可割一圆孔，并于基础填实后焊上。

(6) 不允许动火的储罐可用粘接剂进行粘补。

8. 罐底更换

经测厚确认大部分罐底钢板的剩余厚度小于允许值或罐底钢板有大面积的腐蚀坑、穿孔(含罐底外腐蚀所形成)等严重缺陷时应对罐底进行更换。罐底更换根据不同情况可只更换中幅板或中幅板、边缘板一起更换。

(1) 更换前准备

对于大型浮顶罐(或内浮顶罐)罐底的更换，在罐底板割除之前应先将浮顶(或内浮顶)悬挂于罐内，具体做法如下：

① 依据浮顶(或内浮顶)的质量大小，在罐壁设置一定数量的三角形临时支撑，使浮舱支柱离开罐底板。支撑点要尽可能接近浮舱桁架，以减少浮舱变形。

② 在浮顶中部设置相应数量的临时支柱，对其周围浮顶板上焊垫铁，用钢丝绳自上部斜拉、肋板自下部支撑，使浮顶整体处于悬挂状态。临时支柱需提前预制支墩。

（2）中幅板更换

① 先将原钢板全部割去，按照 SH/T 3530—2011《石油化工立式圆筒形钢制储罐施工技术规程》要求对罐基础和沥青砂层进行检查修补，必要时更换新砂，按原设计要求压实，并保证一定坡度。

② 新铺中幅板应根据钢板规格做排版图，铺板时应按照排板图先铺设中心带板，再依次向两侧铺设中幅板。

③ 底板铺设前应在下表面涂刷防腐涂料，但每块底板边缘 50mm 范围内不刷。大型储罐边缘板的更换采用逐张更换法，先将原来的边缘板割下来，换上新的边缘板，新板的尺寸应尽可能和原边缘板尺寸一致。

④ 从罐内侧用气割枪沿水平方向吹割，将边缘板和罐壁底圈壁板之间的“T”字形焊缝全部割去。

⑤ 抽出被割掉的边缘板，同时铺以新边缘板，并与罐壁点焊连接。

⑥ 为了防止在更换边缘板时引起罐壁变形，在外抽旧边缘板时可在板上焊接定位件，用千斤顶顶住罐壁缓慢用力。

⑦ 在铺新边缘板之前，其下部罐基础应按原设计要求，补齐沥青砂。

⑧ 应采用合理的施工工艺和焊接次序以防止焊接时变形过大。底板的焊接顺序和质量要求应按照 SH/T 3530—2011《石油化工立式圆筒形钢制储罐施工技术规程》要求执行。

二、阴极保护的更新

目前，国内已建成的石油储罐，大部分施加了阴极保护。一般情况下采用镁带牺牲阳极阴极保护，牺牲阳极在底板按各指定圆周环形均布但是镁合金阳极使用年限较短，大部分为 10 年左右，但是镁带本身有自腐蚀的特性，在运行过程中很可能达不到预期的使用年限，因此在储罐的大修时需要对阴极保护块进行检测，对腐蚀严重的镁合金进行焊接补充。

1. 阴极保护的安装

在罐内涂料涂覆之前，在安装牺牲阳极位置处焊接阳极支架，两支架间距 77mm，阳极支架与罐底板采用电焊连接，四周满焊。

用手动砂轮或钢刷打磨阳极工作表面及铁脚附着的油污及氧化物。罐内涂料涂覆之后，充水试压前，将牺牲阳极铁脚与阳极支架采用电焊连接，四周满焊。不得有虚焊和明显错位，焊后除掉焊渣。

焊接点补伤：先将阳极支架、阳极铁脚表面及焊缝除尘、除油污，然后涂装与原防腐层相同的防腐材料。焊缝和阳极支架、铁脚涂刷两道防锈漆，涂刷表面平整、粘结严密、无皱褶等缺陷。注意不得将油漆和其他污染物涂刷到阳极工作面上。

2. 阴极保护的测试

（1）通电调试前，首先对罐外底板的自然电位进行测量。

（2）检查外加电流阴极保护系统的接线无误后，逐渐加大恒电流源的输出电流，同时测量罐外底板的阴极保护电位。

（3）设备连续运行48h后，再进行极化电位的测量，全部达到SY/T 0088—2016《钢质储罐罐底外壁阴极保护技术标准》要求后，稳定设备输出，保持设备正常运行。

（4）按SY/T 0088—2016《钢质储罐罐底外壁阴极保护技术标准》要求对整个调试过程做详细记录。

三、防腐处理

为减少油罐的腐蚀，技术上储罐一般采用涂料防腐和阴极保护相结合的方式。大修过程中，在油罐金属安装、焊接、试漏、试压合格后需要对储罐的内外表面进行打磨重新涂刷并检查阴极保护系统，对遭受腐蚀严重的部位进行更新或补充。

1. 罐体防腐范围

（1）内防腐。

罐底板的上表面，罐底以上1m范围的罐壁板内表面及此液面以下的油罐附件及设施，固定顶油罐的罐顶内表面及其以下第一圈罐壁内表面和构件表面，浮顶下表面。

（2）外防腐。

罐壁外表面及附件，罐顶上表面及附件，浮顶油罐顶部第一圈罐壁板的内表面，浮舱内表面，罐底以上300mm范围的罐壁外表面和罐底边缘板的外伸部分，浮顶单盘的上表面及其附件下端200mm，罐底板下表面，罐底边缘板的外伸部分采取可靠的防水措施，环墙上表面。

2. 罐体防腐涂料

根据海洋大气、工业大气、内陆干旱地区和潮湿地区等不同腐蚀环境对储罐的防腐材料进行选择，同时应考虑罐体不同部位和区域的腐蚀条件。涂层应具有用较少的资金投入达到最佳防腐效果的技术经济性。

防腐材料要求如下：

（1）内防腐材料：耐油、耐酸碱、耐腐蚀的涂料，并宜具有防静电性能。

（2）外防腐材料：耐候性能，抗日光照射、抗风化和抗渗透性好的材料，沿海地区和盐碱地区的防腐材料还应考虑耐盐雾性。

3. 防腐施工

（1）罐壁、罐底及浮舱的表面处理

① 浮盘下表面、罐底及第一圈罐壁内表面1m以下表面在刷漆之前必须对表面进行喷砂除锈，达到Sa2~5级。钢材表面应无可见的油脂和污垢，氧化皮、铁锈、涂层等附着物。

② 浮盘上表面在刷漆之前必须对表面进行手工和动力工具除锈，达到St3级。钢材表面应无可见的油脂和污垢，并且没有附着不牢的氧化皮、铁锈、涂层和外来杂质。

③ 表面处理后，及时报相关人员检查，合格后进行底漆涂覆，应由施工员填写隐蔽

记录，由专职质检员、车间负责人签字确认。检查中发现不符合表面除锈等级要求时，应重新处理直至合格为止。

(2) 防腐涂层的涂刷

① 底漆喷涂前应对人孔密封面等特殊部位加以保护，以免喷上涂料。

② 表面处理合格后的钢材表面应在4h内喷涂底漆，当发现有新锈时，应重新进行表面处理。

③ 涂料使用时应充分搅拌，如有结皮或杂物应予以清除，并应用200目铜丝网进行过滤。喷涂时，层间应纵横交错，每层往复进行，应边涂边搅拌，以保证喷涂均匀。

④ 每层漆的喷涂按使用说明进行。一般漆层表干后涂下一层。涂层应厚度均匀，不得漏涂。

⑤ 防腐涂层干膜总厚度应符合下列要求：

a. 罐浮盘上表面涂刷水性丙烯酸防腐底漆2道，涂刷水性有机硅改性丙烯酸面漆2道，干膜总厚度≥200μm。

b. 罐浮盘下表面涂刷水性环氧耐油导静电底漆2道，涂刷水性环氧耐油绝缘面漆3道，干膜总厚度≥250μm。

c. 罐底及第一圈壁板1m以下涂刷水性环氧耐油绝缘底漆3道，涂刷水性环氧耐油绝缘面漆4道，干膜总厚度≥350μm。

⑥ 涂层表面平滑无痕，颜色一致，无针孔、气泡、流坠、粉化和破损等现象。

⑦ 要按照厂家涂料说明书进行涂料的稀释配制和涂刷。

⑧ 防腐工程每道工序完成后或下道工序开始前，由施工单位通知车间或设备部专业负责人进行验收，填写施工记录表并签字确认。

(3) 成品保护

① 上道工序的施工人员不要在办理完交接手续后，在防腐涂层上继续施工或修理，以防止损坏防腐涂层。

② 施工人员应养成爱护防腐涂层的好习惯，不要用铁锤、钢管及其他刚性物体碰撞涂层。

③ 施工人员不要在未干燥的防腐涂层上行走或放物。

四、充水试验

充水试验的目的是对现有储罐的状况进行评估。对于实际的储罐大修工程来说，在完成大修后进行整体充水试验是为了检查渗漏和检测新基础的沉降状况，确认罐体维修后结构完整性。因此除油库提出不进行充水试验外，在储罐大修工程结束后必须进行充水试验。

1. 充水试验的检查内容

(1) 罐底严密性；

(2) 罐壁强度及严密性；

(3) 浮顶升降试验及严密性；

(4) 浮顶排水管的严密性；

（5）基础沉降观测。

2. 充水试验的条件

（1）组装、焊接工作结束，检查合格。

（2）罐内、外工装及工卡具全部拆除，焊疤打磨合格，浮顶罐内侧焊接接头表面打磨符合要求。

（3）所有与试验有关的焊接接头均不得涂刷油漆。

（4）沉降观测点的初始数据已测定。

3. 充水试验要求

（1）充水试验宜用洁净水，试验水温不低于5℃。不锈钢储罐试验用水的氯离子含量不得超过25mg/L；采用其他液体替代水进行试验时，应经有关部门批准并采取相关措施。

（2）在进行充水试验时应进行基础沉降观测，充水试验过程中，如基础发生不允许的沉降应停止充水，处理后继续进行试验。

（3）试验用水应按国家要求排放到指定位置，不得就地排放，放水后应将罐内清扫干净。

（4）充水试验项目和检查方法及合格标准应符合表7-4-4中的规定。

表7-4-4　充水试验项目和检查方法及合格标准

试验项目	检查方法	合格标准
罐底严密性试验	充水试验，观察基础周边	无渗漏
罐壁强度与严密性试验	充水至设计最高液面	保持48h，无渗漏，无异常变形
强度试验与严密性试验	当罐内充水到设计最高液位下1000mm时将所有开孔封闭，缓慢充水升压，升至试验压力，暂停充水，涂肥皂水检查	无异常变形，焊接接头无渗漏
稳定性试验	充水到设计最高液位，将所有开孔封闭后放水缓慢降压，达到试验负压值时，停止放水，观察检查	无异常变形
浮顶升降试验	充水、放水时检查浮顶升降、导向机构、密封装置及自动通气阀支柱、浮顶、内浮顶与液面接触部分	升降平稳、无倾斜，浮梯转动灵活，密封装置、导向机构及自动通气阀无卡阻现象，浮顶与液面接触部分无渗漏；浮顶与罐体上的其他附件无干扰
浮顶排水管严密性试验	充水前以390kPa进行水压试验后再进行一次试验	持续30min无渗漏
	在浮顶升降过程中，浮顶排水管的出口保持开启状态	无水从管内流出

4. 基础沉降观测的规定

（1）在罐壁下部圆周每隔10m左右设一个观测点，点数宜为4的整倍数，且不得少于4点。

（2）充水试验时，应按设计要求对基础进行沉降观测，若设计无要求时应按照GB 50128—2014《立式圆筒形钢制焊接储罐施工规范》的要求。

(3) 充水试验后的放水速度应符合设计要求，当设计无要求时，放水速度不宜大于3m/d。

五、工程验收

施工单位完成油罐修理任务，应向油库方提出油罐整体验收的申请，油库方及时组织进行“三查四定”，对大修工程按设计文件和标准要求对工程质量进行全面检查和验收。

验收中如技术资料不齐全或不合格，油库方应不予验收，由施工单位返工，直至合格为止。验收合格后，使用单位应做出评估，并签字盖章由油库方存档备案。交工验收表格宜符合 GB 50128—2014《立式圆筒形钢制焊接储罐施工规范》的要求。

承包单位在验收合格后应向油库提供过程施工的技术文件，至少包括以下内容：

(1) 储罐交工验收证明书；

(2) 竣工图及排版图；

(3) 设计修改文件；

(4) 材料和附件出厂质量合格证书或检验报告；

(5) 隐蔽工程检查记录；

(6) 焊缝射线检测报告；

(7) 焊缝超声波检测报告及焊缝磁粉检测报告；

(8) 焊缝渗透检测报告；

(9) 衍射时差法超声检测报告；

(10) 储罐罐体几何尺寸检查记录；

(11) 强度及严密性试验报告；

(12) 焊缝返修记录(附标注缺陷位置及长度的排版图)；

(13) 热处理报告；

(14) 储罐基础检查验收记录；

(15) 基础沉降观测记录。

第八章　储罐报废

第一节　储罐报废原则

储罐作为静设备，其报废应按设备报废的原则处理。设备的报废不一定要等到设备的寿命终结，也不能因计算其经济性而刻意延长设备的寿命。设备除了超过使用年限报废以外，如果存在严重事故隐患，维修费用昂贵，技术过时、达不到设备正常运行的服务水准，都应该考虑报废。因此，储罐满足下列条件之一的即可申请报废：

(1) 国家明令淘汰的。

(2) 使用时间达到使用年限，继续使用不能满足安全、环保、节能和可靠性要求的。

(3) 使用年限未满，但符合下述条件的：

① 因生产条件改变，设备不再具有使用价值的。

② 因事故或自然灾害，设备遭受严重损坏无修复价值的。

③ 设备技术落后，不符合安全、环保、节能要求的。

④ 设备结构陈旧、主要部件或结构损坏。通过改造或大修后，技术性能仍不能满足生产要求的；或虽然能满足生产要求，但更新更经济合理的。

⑤ 缺乏配件或需高价专门定制备件的。

⑥ 装置更新改造应当拆除更换的设备。

第二节　储罐报废的程序

储罐报废应严格执行审批流程，按照“固定资产的报废管理”有关程序执行。即对于需要报废的资产，由使用单位提出请示，并填写相关“固定资产报废(减值)技术鉴定书”，详细注明报废(减值)原因，公司设备管理部门会同财务部门组织有关人员进行技术鉴定，按固定资产报废的审批权限进行审批，批准后方可报废。在同意报废前储罐使用单位应妥善保管，作为闲置资产处理。在报废审批通过之前，要建立闲置固定资产台账，做好储罐的封存、保管工作，不得对储罐任意拆卸和处理。同时严禁拆除闲置储罐的相关设备设施和零部件，与储罐有关的技术资料、卡片要随机归档，做好保存工作，并在固定资产台账上注明“待报废”。在此基础上，储罐的使用单位、公司设备管理部、财务部要各自建立报废固定资产台账。储罐报废申请表见表 8-2-1。

表 8-2-1　储罐报废申请表

项目名称：××油库××号储罐报废	
项目编号：	方案类别：
公司主管部门意见： 签字： 年　月　日	
公司财务部意见： 签字： 年　月　日	
公司设备管理部意见： 签字： 年　月　日	
公司安全部意见： 签字： 年　月　日	
公司经理意见： 签字： 年　月　日	
总部主管部门意见： 签字： 年　月　日	

第三节　报废储罐的无害化处理

一、无害化处理原则

无害化处理，是环境科学学术用语。意思是：使垃圾不再污染环境，而且可以利用，变废为宝。

废弃油罐的无害化处理主要有两种选择：

一种是经清洗、检测，确定储罐内不再存在危险化学品后，原地报废。或者对废弃油罐区进行改造，使废弃油罐区焕发新生。世界上有许多经典的油罐工业遗产改造项目，比如位于徐汇滨江的上海油罐艺术中心。上海油罐艺术中心由五个纯厚钢板结构的航油油罐组成，之前曾是龙华机场的航空储油罐。起初这里的五个油罐是计划被拆除的，拆掉、重建无疑耗费大量人力、财力和时间，在油罐艺术中心创始人乔志兵和西岸集团的坚持和巧妙的构思下，油罐被保留了下来，他们请来设计师李虎和“团队 OPEN”一起进行改造，希望借由“废物利用”的思维为油罐带来新的生气。五年间，团队经过无数次的方案优化和重新打磨，最终将五个几近废弃的油罐和快要荒废的老机场，改造成为如今集展览空间、广场、花园、绿地、书店、教育中心和餐厅等于一体的既有艺术气息又保留了工业元素的艺术中心。但是，这种处理方法只适用于整个原油罐区全部废弃的情况，对于周围还存在运行储罐的原油罐区是不现实的。

另一种是对报废储罐进行拆除。虽然拆掉无疑会耗费大量人力、财力和时间，但是，对于无法改造，或者改造成本过于昂贵的油罐区，将储罐拆除是最优的处理方法。拆除后的储罐材料，经过清扫、处理后还可以再次利用。同时，罐区拆除后，可以腾出大面积的土地，在一定程度上缓解了土地资源的紧缺，符合无害化处理的原则。

二、无害化处理过程

（一）处理前准备

对废弃油罐拆除流程一般为残油清理—强制通风—气体检测—清罐—气体检测—拆罐。作为储存过危险化学品的储罐，应由具有危废处置资质单位进行处置，并且在拆除前应重点关注安全控制。考虑到拆除油罐的危险性，在拆除前应聘请专业清洗公司对储罐进行清洗，清罐的方式在前面已经有相关介绍，这里不再赘述。

储罐拆除前，业主要向拆除施工单位详细交代储罐的实际状况，制定详细的施工方案，施工方案中要写明工程特点和难点，并根据工程的特点和难点采取相应的控制措施。建立强有力的项目管理机构和工程管理体系，从人员方面确保工程的安全、高效。在施工中选派经验丰富、技术过硬、责任心强的施工人员，保证工程能够顺利地完成。切实执行公司有关的规章制度，对施工进度进行控制，加强安全管理和安全监督。施工前根据拆除工作的特点有针对性地进行风险评价，找出危险源，精心编制安全施工措施，严格按施工措施执行。

根据《危险化学品企业特殊作业安全规范》(GB 30871—2022)规定：油罐及附属管线残留有废油及油泥残留物，属于石油化工危险设备设施，化工设备设施进行检修、拆除等作业时要严格遵守化工装置检修动火作业安全操作规程。储罐拆除前应与业主联系进行预处理，在动火拆除前应进行气体检测，按照《危险化学品企业特殊作业安全规范》(GB 30871—2022)第 5.3 条动火分析及合格判定指标的相关要求：(a)动火分析的检测点要有代表性，在较大的设备内动火，应对上、中、下(左、中、右)各部位进行检测分析；在较长的物料管线上动火，应在彻底隔绝区域内分段分析。(b)在设备及管道外部动火，应在动火点 10m 范围内进行气体分析。(c)气体分析取样时间与动火作业开始时间间隔不应超过 30 分钟；对于浮顶油罐还应测试浮盘上方的油气浓度。每次通风（包括间隙通风后的再通风)前以及作业人员入罐前都应认真进行油气浓度的测试，并应做好详细记录。作业期间，应定时进行油气浓度的测试。对于动火分析的油气浓度测试，应采用可燃气体测试仪和测爆仪。必要时可以邀请消防部门派人员协助或指导。

同时动火前必须采取措施将设备与管道的连接部位进行有效的隔离，以免引起安全隐患；设备内部施工时应严格遵守公司有关“受限作业空间”的管理规定，加强监督保护工作，确保施工人员的人身安全。高空作业应有可靠的防护措施，配备安全带，在有条件的情况下尽可能在脚手架上挂设安全网，确保作业人员的安全。并制定相应安全保障措施和应急预案。

（二）处理中过程

储罐拆除要采取合理、科学、安全的拆除方法，选用先进的吊装机械，在保证作业安全的前提下，按期顺利地完成拆除工作；边拆除，边外运，保证拆除现场井然有序、道路畅通。

外浮顶储罐的拆除，首先要拆除罐顶板，浮顶拆除时考虑到浮盘密封、浮筒与浮盘连接部位等油气不易挥发，拆除前先采用蒸汽进行清洗，后按上述工序“通风、清罐”进行清理。待气体检测合格后施工人员佩戴呼吸面具从人孔进入，使用防爆工具卸下浮顶间连接螺栓。拆除的浮顶从人孔运出罐外，用吊车及人工配合，吊运至堆放区后集中运走。

对于储罐罐壁的拆除方法，主要以吊车配合氧气乙炔火焰气切割的方式进行。气切割拆除的方案主要有“正拆”和“倒拆”两种。对于外浮顶罐采取“倒拆”方法，“倒拆”主要是以三台大重量吊车配合，其中两台吊车将整台储罐起立后，作业工人站在地面先切割撤除底层第一圈壁板，此时两台吊车共同的吊重仅为扣除底板和第一圈板后的重量。等作业人员将第一圈板就地分片切割后，最后一台吊车可将其吊至就近宽阔地面。第二圈、第三圈等依此方法逐圈拆除。此方法优点在于不用搭大面积脚手架，避免了高空作业，既节省了人力物力的投入，又提高了工效，加快了工程进度，更重要的是削减了高空作业可能带来的风险。

对于储罐保温层拆除采用自上而下施工，不搭设脚手架，利用软梯和吊板施工。施工时采取分段拆除法，拆除工具用手电钻、扁铲、螺丝刀、钳子等。拆除外保护层时，先用手电钻在其上端钻一孔，然后用铁钩子钩住，不规则用手电钻或螺丝刀进行拆除，拆除时应在保护层两侧(彩钢板两边)各有一个同步操作，罐顶一人监护及放板，下部有专人接应。保温层在外防护层拆完后进行拆除，若板式用纺织装好再往下放，不得向下抛洒。

（三）处理后处置

被拆除的罐体暂时现场就近堆放，根据选定的运输货车装载尺寸和载重量，将超尺寸的钢板切割。如有的钢板局部有油污，必须现场清理干净，避免发生二次危害或污染。运输货车必须提前约定好，以便将拆除的钢板及时运走，保持现场安全施工空间。同时运输车辆必须遵守交通法的规定，不得有“三超”现象，并且捆扎结实。

按照《中华人民共和国固体废物污染环境防治法》和《危险废物经营许可证管理办法》规定，拆除的储罐必须交由具备相应固体废物经营许可证的单位进行处置。

第九章　储罐主要事故因素及储罐事故案例分析

第一节　储罐主要事故因素

一、雷电

根据现代雷电理论可知，雷击实际上是带电的云层(称为雷云)之间、雷云对高层大气或雷云对地面某点的放电。因此产生雷击的必要条件：一是天空必须有雷云；二是雷云之间或雷云对地面某点的电场强度足以击穿它们之间的空气。雷电如图 9-1-1 所示。

图 9-1-1　雷电

带异种电荷的雷云之间可以放电，称为云闪，这种放电对人的危害性不大；雷云对地面某点(如建筑物、树木、人、畜等)放电，称为地闪，这种放电危害极大。目前，雷电预警技术主要依据雷云的电特性及其放电产生的电磁现象。

闪电是最具破坏性的自然现象之一，导致全球每年超过 2 万人死亡，24 万多人受伤。在北美，涉及石油储罐的 20 起事故中就有 16 起是由雷击造成的。在一项对超过 40 年工业储罐的 242 次事故的研究中发现，其中 74%发生在石油化工设施中，80 起事故(33%)是由雷电引起。30%的美国企业遭受雷电灾害。近 30%的公用电力停电与闪电有关，总成本接近 10 亿美元。

大型外浮顶储罐浮盘面积较大，且直接暴露在空气中，容易因雷击火花放电引起火灾爆炸事故。据国内外大量文献统计，雷雨天气，带电云与地放电可以使得储罐被雷击，雷电是外浮顶储罐最常见的点火源。雷击浮顶储罐有以下两种形式：

(1) 雷击罐壁顶。因为电流会选择最小电阻的路径通过，所以罐壁顶位置易受到直接雷击，雷击后的雷电流会通过两种渠道导出。一种是直接经过罐壁导出，另一种则是经过内侧罐壁、分流器、浮盘、分路器后再沿着罐壁导出。

（2）雷击浮盘。根据滚球法计算，浮盘有一部分区域没有在罐顶的保护区域内，特别是当罐内液位较高时，浮盘的绝大部分区域易受到雷击。雷击后雷电流会沿各个方向蔓延，或经过滑动扶梯，或依次通过密封圈（机械密封）、分流器、分路器和罐壁向大地放电。

外浮顶储罐大多采用“一次密封+二次密封”的密封方法，但由于操作不当或维护不利，导致密封失效的状况时有发生，如在实际操作中，浮盘沉降会造成罐壁和浮盘的密封出现变化，导致密封失效；密封橡胶使用过程中发生老化变形，引起密封失效。二次密封装置无法彻底隔绝外部空气进入密封装置内，故外界进入的空气与散发的油气必在一次密封、二次密封装置之间混合，形成油气混合物。一次密封、二次密封装置之间可能存在处于爆炸极限范围内的可燃气体，倘若雷击导致该部位放电点火，将会造成严重的火灾爆炸事故。如从浮顶边沿密封处逸出少量燃油蒸气/空气混合物，雷电不必直接击中储罐即可发生点火。外浮顶储罐一次密封、二次密封示意图如图 9-1-2 所示。

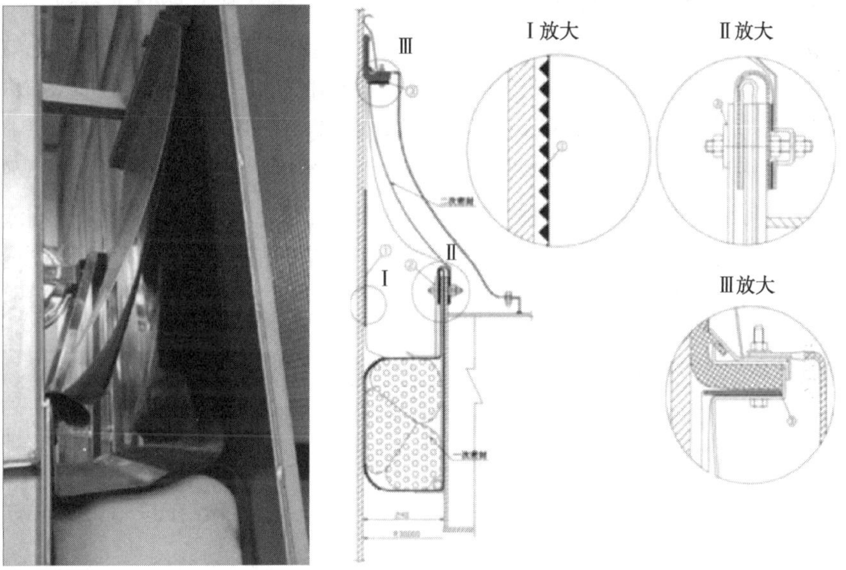

图 9-1-2　外浮顶储罐一次密封、二次密封示意图

二、作业

大型外浮顶储罐通常储存原油，因检维修作业而导致的事故类型也比较多，如在作业前危害因素辨识不充分或在检修过程中的风险控制措施不落实，很容易引发着火爆炸、中毒窒息、高处坠落、触电人亡等事故。

为了确保储罐内作业安全，在清洗储罐时，外浮顶储罐的内构件（包括加热器、采样器、浮盘、浮盘支柱、浮盘导向柱、浮舱内部、中央排水管、密封带、仪表导管、仪表浮球、仪表沉桶、收付油短管、切水管等）表面的油渍要清理干净，所有与储罐连接的进出油管线、氮气管线等所有管线必须实施有效的能量隔离，在搅拌器断电、储罐密封拆除后，方可进入储罐内作业。

清罐人员进入储罐作业前，必须在气体采样分析合格后方可办理作业许可证。施工作业前，要组织进行安全分析、危害因素辨识和安全措施制订，向作业人员进行安全交底，并严格限制储罐内作业人数，每日动火作业结束后，应将气割(焊)工器具带出储罐，并做好人员和机具的进出登记工作。

由于油品具有极强的渗透性，储罐浮顶焊缝部位会渗有油品，储罐清洗作业很难将渗入焊接缝隙的油品清洗出来，为后续动火作业留下安全隐患；囊式密封接头部位在油中浸泡后，密封胶逐渐失效，若不在清洗阶段拆除，油品会持续渗出并流淌，增加了后续施工难度，为后续施工留下安全隐患。

储罐检修时涉及的高处、动火、临时用电、受限空间、罐内防腐刷油等高危作业，如果作业前安全分析不认真、作业危害辨识不充分、风险控制措施不认真落实，施工人员若未接受有效的安全培训和安全技术交底，安全作业方案与作业许可证的审批不严格、现场监督监护力量不足、随意变更作业内容，使用无资质的施工队伍与人员等，很容易引发人员伤亡、泄漏、火灾、爆炸、中毒窒息、环境污染事故。

导致储罐作业事故的因素较多，典型的有：储罐能量隔离不全面，导致作业过程中可燃介质或氮气窜入作业储罐中导致着火爆炸和窒息风险；储罐内动火作业将乙炔瓶和氧气瓶放置在罐内，导致乙炔气或氧气胶管或瓶体泄漏产生着火爆炸风险；进入罐内作业使用220V 电压的照明，导致人员触电的风险；储罐内搭设脚手架过程中，脚手架上堆放物品超重导致脚手架坍塌的风险；浮盘拆除过程中，严禁采取收手钻打孔方式将浮舱内存油排入罐内，因挥发导致的着火爆炸风险；罐内防腐刷油作业，将禁用的汽油等挥发性稀释剂拿进罐内调制油漆导致的中毒和火灾爆炸风险；进入储罐前没有进行气体检测分析导致的中毒窒息和着火爆炸风险等。

三、静电

由于石油产品的电阻率较高，一般为 1012Ω · cm，因此，外浮顶储罐在油品储运过程中发生流动、喷射、晃动等相对运动，产生的静电荷不易导走，会在储罐内积聚大量的静电荷，当油面静电电位达到一定数值时就会引起静电放电。储罐在进行油品输送装卸等作业过程中均有可能产生静电。

其来源主要包括：(1)管道系统运行中的油品流动时，由于分子间存在摩擦，油品与管壁、管道附件、油泵等接触、分离，使油品在流动中带有与上述接触物等量的静电荷；(2)在进行收、发油作业时，油品摩擦管壁产生静电，还从输油臂、储罐进油管中喷出，也会产生喷射起电，使管口和油品微粒带上等量异性静电荷；(3)储罐收、发油时，油品的流动性会导致其不断对罐壁进行冲击，进而引起雾化气体带电；(4)如果罐底沉积水，底部装入油品会搅起沉积水，当少量水与油品混合时，水滴与油品相对流动会产生静电，增加静电危害。

此外，油品工艺操作人员在巡检或进行收、发油操作时，人体与工装、工装与工装间发生摩擦，若不穿防静电工作服而只穿着电阻率较高的化纤衣服，以及普通工作鞋而非绝缘鞋，则会使人体与接触物都带电。另外，收、发油作业的管道、储罐等工艺系统等形成静电电场时，由于感应作用会使人体带电。静电若逐渐积累且不进行消除，在与接地不完全的导体接触后极易发生电极放电，产生火花。

一般来说，油库中的静电可通过静电接地、静电跨接等方式消除，但如果通过自由放电的方式进行消除，在带电物体累积电荷达到一定程度后，电能会转变为热能。

油品在装卸过程中产生的静电电场强度和油面的电位往往会很高。如果在空间内同时存在爆炸性混合气体，且静电放电产生的电火花超过油品蒸气的最小点火能，就可能引起火灾、爆炸事故。

静电放电过程在瞬间完成且一旦发生便无法阻止，因此通常只能采取预防措施来防止静电事故。此外，人在许多条件下能够带静电，也可感应起电或吸附带电，人体静电是个不可忽视的“危险源”。

储罐静电事故危害远高于输油管道静电危害，主要原因包括以下两个方面：

(1) 输油管道的结构比较简单，而储罐内部结构复杂，包括各类阀门、取样装置、扶梯与栏杆、通风孔、隔舱人孔等，这些导体不仅会增加静电场的复杂性，导体的尖锐一端还会增加静电放电的可能。

(2) 在静电荷体密度不变时，由于储罐内聚集了更多的带电油品，因此，储罐内的静电位要比输油管道内的静电位高，因而更容易因为静电放电对系统的安全产生威胁。

消除静电主要有两种方法：一是优化工艺过程的控制，限制静电电荷的产生；二是采取接地、增湿、加入抗静电剂等措施加速静电释放，或采用静电消除器中和静电电荷，消除静电危害。

第二节　储罐事故案例分析

一、雷击事故

原油、汽油等油品属易燃、易爆危险化学品，油库罐区储量大，比较集中，且储罐区都在露天，大型外浮顶储罐的浮盘面积大，且直接暴露在环境中，更容易受雷击，通过直接雷击、雷电感应、雷电波引入、反击等方式对储罐造成危害，甚至引起火灾爆炸事故。国内外大量储罐事故的研究成果均表明，雷电是引发储罐火灾的最主要原因，而雷击引起的密封圈火灾是大型外浮顶储罐最主要的火灾形式。

大型外浮顶储罐雷击着火事故的连续发生，表明大型外浮顶储罐现有的防雷措施仍存在不足。本节收集整理了大型外浮顶储罐的雷击着火事故，以期对大型浮顶储罐防雷击管理提供参考和借鉴。

2013 年“7·28”外浮顶储罐遭雷击闪爆起火

1. 事故概况

2013 年 7 月 28 日凌晨 4 时 54 分左右，某库区一外浮顶罐浮盘密封遭雷击闪爆起火，5 时 05 分左右火被扑灭。该罐 2009 年 2 月 11 日投用，安全高度 19.5m，当时储存超轻原油 7.6×10^4t，液位 18.472m。

2. 事故经过

2013 年 7 月 28 日凌晨 4 时 54 分左右，某库区一外浮顶储罐浮盘密封遭雷击闪爆起火，储罐浮盘机械密封被烧毁一段(约 15m)，被冲击波炸开一段(约 15m)。浮盘密封遭雷击闪爆起火后，罐上光纤光栅感温探测系统随即发出报警信号，库区监视探头自动捕捉火灾罐影像，当班操作人员确认火情后，随即启动应急预案，储罐自动消防系统启动，喷淋水、泡沫全部自动上罐。班组员工按照预案的步骤采取报警、通知相关人员、调整生产流程、确认自动消防系统运行情况、关闭全库区雨水阀门等措施并配合消防队员现场灭火。消防队员接警后 5min 到达现场，约 10min 车供泡沫上罐、战斗员上罐迅速扑灭火情。5 时 5 分左右火被扑灭无人员伤亡，未发生环境污染。

3. 事故原因

直接原因：由于雷雨天气，储罐浮盘密封遭雷击闪爆引起。

间接原因：(1)储罐的一次密封全部采用机械密封形式，机械密封虽然有密封性能好、使用寿命长、后期维护成本较低等优点，但机械密封的抗雷击能力较弱，遭受雷击极易引发着火爆炸。(2)一次机械密封设备内部存在非良好接触，有一定的空气间隙，在雷电冲击下易产生放电火花。在同等油气浓度情况下，浸液囊式软密封设备需要 7.9kV 以上电压才会产生放电火花，而机械密封设备仅需 1kV 电压即可出现明显放电火花。

4. 事故教训

(1) 将储罐的机械密封全部更换为浸液囊式软密封。(2)增加二次密封挡板之间的等电位连接。(3)增加一次密封与二次密封之间的气相检测，每月检测一次，每个储罐设 8 个检测点。(4)增加二次密封挡板与储罐泡沫堰板之间的等电位连接，共增加 9 处。(5)对雷雨和恶劣天气提前预报通知。(6)修订操作规程和安全规程，雷雨天气储罐停止收、发油作业，加强库区各级人员的检查，强化领导的带班和值班制度。(7)加强事故应急预案的培训，强化与消防队、保运车间现场实战演练，消防队在恶劣天气整装待发，随时应对突发事件。(8)光纤光栅感温报警系统由原来 6m 一处感温探头改为 3m 一处。

二、作业事故

大型外浮顶储罐作业包括动火、高处、受限空间、吊装、临时用电、盲板抽堵(包括管线设备打开)等多种高风险作业，在作业过程中存在着较多危害因素，必须预先进行风险辨识并制订可靠的风险管控措施。如果风险防控措施落实不到位，极易引发火灾、爆炸、中毒、窒息和人员伤亡等事故。美国化学安全与危险调查局(CSB)发现，在该机构调查过的所有化学品事故中，动火作业是导致作业人员死亡的最常见原因之一。在对动火作业事故进行进一步调查之后，CSB 发现，在管线、储罐或容器等有易燃物质存在之处进行作业的危险性尤其高。对全世界 1960~2003 年发生的 242 起储罐事故进行统计，结果也表明作业是引发储罐事故的仅次于雷电的第二大原因。大型浮顶储罐作业事故高发，表明在大型外浮顶储罐作业过程中的风险识别、风险管理教育培训和安全防护措施落实等方面还存在诸多管理缺失。以下介绍因作业导致的大型外浮顶储罐事故，以供参考和借鉴。

某公司“10·24”原油储罐火灾事故

1. 事故概况

2010 年 10 月 24 日 16 时 10 分左右，某作业公司施工人员对一座事故原油储罐进行拆除作业时发生火灾，未造成人员伤亡。

2. 事故经过

2010 年 10 月 24 日上午 7 时，某作业公司在执行事故储罐浮舱拆解施工任务中，按照拆除方案组织对浮舱顶板和支撑顶板的桁架进行火焰切割。16 时 10 分左右，操作人员发现 T103 储罐西南侧罐壁板与浮舱之间缝隙冒出黑色浓烟，20min 左右 T103 储罐西南侧浮舱外壁与罐壁板之间出现火苗，随后东侧、西北侧以及西南侧 3 处出现浓烟和间断性明火，现场人员立即报火警，该市共出动 370 余名消防救援人员，70 余辆消防车全面展开灭火救援工作，到 25 日凌晨 1 时 15 分，储罐罐体明火被扑灭。该事故储罐拆除工序为：施工准备—场地清理—脚手架搭设—防腐保温结构拆除—罐体消防系统拆除—罐壁板第二圈至第九圈拆除—浮顶拆除—清理海水—清理内部残油—环梁拆除—清理基础内回填物—场地平整。在浮顶浮盘拆除的施工方案中，浮盘顶板和桁架拆除后，在浮盘底板上钻孔检测浮盘底板下面的存油情况，如下部无存油采用火焰切割；如浮盘底板存油量较大，需要对罐内部残油进行清理，经检验合格后采用火焰拆除。T130 储罐情况如图 9-2-1 所示。

图 9-2-1 T103 储罐情况

10 月 9 日，该作业公司开始对罐壁板和浮盘采用氧乙炔火焰切割进行拆除作业。至 10 月 24 日 14 时左右，施工人员分为两组，分别在浮盘东、西侧继续进行切割浮盘顶板及桁架作业，在东侧施工的一组由 14 人组成，包括气焊工 4 人，西侧施工的二组由 9 人组成，包括气焊工 4 人。16 时 10 分左右西南侧壁板与浮盘缝隙之间有两处冒出黑烟，随即短时间内升起大量黑烟，并随着西北风向西南方向扩展。16 时 12 分左右有明火产生，火势不断扩大，最高时形成约 2m 高的火焰。

3. 事故原因

（1）直接原因。

现场一名气焊工违反拆除方案要求，违章作业，擅自切割储罐浮舱底板，并引燃浮舱底板下壁残留焦化物、油污等可燃物，导致储罐内起火。

（2）间接原因。

施工单位对作业风险识别不到位，制订的拆除施工方案存在缺陷，对可能拆除浮盘作业存在的潜在危害估计不足，对浮舱下部残留的油污和焦化物等可燃物质会导致火灾的风险重视不够，气割动火作业的风险管控措施落实和安全交底工作不到位。

总承包单位现场安全管理不到位，对作业方案中防火措施审核和落实重视不够。

建设单位和施工监理单位安全监督不到位，作业实施过程中的关键动火作业环节安全监管不力，如在切割浮盘顶板及桁架作业过程中，由于现场监督和监护工作都存在缺失，为气焊工擅自切割储罐浮舱底板提供了机会。

现场施工人员应急反应能力弱，对初期着火消防处置能力不足，现场消防车没有在第一时间内完成战斗，造成火灾事故扩大。

4. 事故教训

（1）“三违”是导致生产安全事故的主要原因，施工单位要采取各种管理措施，杜绝“三违”现象；不使用安全意识差、素质低的人员从事高危作业。

（2）施工单位在制订施工方案、进行作业前危险性安全分析、办理动火票时，要认真、全面、科学地分析作业现场存在的各种危险因素，尤其是火灾、爆炸等危险因素，要制订安全可靠的风险管控措施。

（3）施工单位要切实做好对作业人员的安全技术交底工作，让每名作业人员均清楚作业过程中存在的风险和注意事项；在施工作业期间，作业负责人、监护人员要坚守作业现场，加强对作业现场的检查，发现隐患和问题要及时处理，发现现场人员有“三违”行为要及时制止并坚决处罚。

（4）施工过程中发现隐患和不安全问题后，施工单位及有关各方要认真进行分析研究，及时调整施工方案，采取切实有效的安全措施消除隐患、解决问题。在隐患、问题消除解决前，不得继续作业。

（5）监理、总包、业主等相关方要认真履行各自职责，切实发挥监督作用。

（6）各施工单位要高度重视并加强对施工人员的安全教育和安全培训工作，切实提高员工遵章守纪的自觉性；要建立健全“三违”责任追究制度，加大对“三违”行为的处罚力度。

三、静电事故

大型浮顶油品在装卸、输送、调和、采样、检尺、测温及设备清洗等各个环节都可能产生静电，而大型浮顶储罐中储存的油品具有闪点低、易燃易爆、易挥发、易流动的特点。据统计，静电引发的储罐火灾占全部火灾爆炸的10%以上。许多企业不重视浮顶储罐静电的管理，导致了火灾、爆炸事故，本部分收集整理的静电事故案例，为浮顶储罐静电管理提供参考和借鉴。

某石化公司“2·20”轻污储罐爆炸着火事故

1. 事故概况

2011年2月20日，某石化公司储运系统TK101A轻污储罐在进油过程中发生爆炸着火事故，爆炸造成TK101A罐浮盘“粉碎”性损坏（图9-2-2）。

2. 事故经过

2011年2月20日上午8时50分左右，储运操作员孙某去罐区进行当天第一轮安全巡检，9时07分，孙某开始攀登TK101A罐，准备到罐顶巡检打卡；9时09分，行至罐中部时突听罐内“噗”的异响，扶梯把手随之“抖动”，孙某感觉异常立即下罐；9时11分，遇

图 9-2-2　TK101A 罐及飞落的罐顶

到班长陆某，班长安排对轻污储罐进行脱水，于是孙某与班长对 TK101A 轻污储罐进行检查，当时人工脱水口有微弱的水向外滴，班长上前重新关闭阀门；9 时 13 分，二人一起走出罐区；9 时 15 分，孙某进入距 TK101A 罐 20m 左右的一号机柜室，班长走到 TK101A 罐 20m 左右的 303 泵房中间，听到一声巨响，TK101A 罐罐顶飞到空中，又落到罐区，罐顶浓烟滚滚，火焰高达 4~5m。

TK101A 轻污储罐发生事故时罐内液位 7. 79m，介质温度 39. 8℃。爆炸气浪将罐顶整体从焊缝处爆裂开向北偏西方向飞出，越过相邻的 TK102A 罐，撞击 TK102C 罐上部，落到 TK102A 罐与 TK102C 罐之间的偏西空地，造成 TK101A 罐浮盘"粉碎"性损坏。303 罐区两排罐中间三根管线被落下的 TK101A 罐罐顶撞弯(无泄漏)，其他设施没有损坏。

听到爆炸声后，正在召开生产交接班会议的公司值班领导立即启动应急预案，安排现场扑救、安排部分装置停工，并向市消防支队报警。储运运行部也立即开启 1#泡沫泵站和相邻储罐喷淋冷却系统，9 时 20 分，消防部 4 辆泡沫车、1 辆水罐消防车进入现场实施灭火作业，9 时 35 分成功灭火。

3. 事故原因

(1) 直接原因。

事故发生后，根据现集散控制系统(DCS)趋势对比及生产执行系统(MES)数据确认，自 2 月 13 日 9 时至事故发生时 2 月 20 日 9 时 15 分，三联合运行部污水汽提装置连续往事故罐 TK101A 进油，回收污油通过轻污油外送泵送至事故罐。其间，2 月 17 日 1 时 30 分左右，对 D-102 污油水含量进行分析，小于 0. 2%。2 月 20 日事故发生后调度通知停泵，关闭界区阀。污油主要为各装置酸性水回收油，经过闪蒸处理，没有轻烃组分，主要为柴油组分，实际流量为 7. 6m/h。根据现 DCS 趋势对比及 MES 数据确认，2 月 13 日 9 时至事故发生时共退污油 17 次，退油量 146. 98m。该部分污油组分主要为油水混合物，污油主要为常减压装置回收的凝缩油、重整装置压缩机凝缩油，含有轻烃组分，主要为 C_4、C_5 和 C_6。

一联合常减压装置地下污储罐 D-111 至 TKA101A 罐管线，为防止管线冻凝，开氮气往 TK101A 罐顶线防冻，事故发生后氮气阀门关闭。氮气给气线在泵出口，管径 *DN*20mm，氮气压力为 0. 8MPa。

事故发生前罐内液位为7.79m，事故发生后脱尽水后余污油3.8m，除掉15min燃烧掉的污油外，罐内约有3.5m的水。水中含硫量较高，为3000~4000mg/kg，高值达到7000mg/kg，油分析硫含量一般为200~300mg/kg，高值超过400mg/kg。

TK101A罐主要回收全公司各联合装置污油，其组分有柴油、汽油、石脑油、凝缩油、轻烃等。根据事故前罐内温度变化情况，罐内物料温度已经超过轻烃、石脑油和汽油的闪点，油品挥发出大量可燃气体，均聚集在浮盘与油面的空间以及浮盘上部空间，并达到爆炸极限。

2月12日17时左右，TK101A罐液位已低于200cm，并仍在持续往外输转，至2月13日9时左右罐液位为53cm，液位远低于浮盘起伏区间。浮盘落于支腿上，液位继续下降时浮盘上方的空气通过浮盘呼吸阀、密封以及其他未密封外进入浮盘与油面的气相空间。2月13日TK101A罐开始进油，大部分气相通过浮盘呼吸阀、密封以及其他未密封外排出，但浮盘下方浮筒间仍存在气相空间，按照铝浮盘的安装及设计，*DN*150mm铝浮筒浸没50%时能保证浮盘浮起。因此，在浮盘铝板与油面间约有75mm由浮筒隔开的气相空间。进油过程中未排出的空气与可燃气体混合，形成爆炸性混合物。

对于点火源的分析，存在硫化亚铁自燃和静电放电引燃两种可能。事故后对现场进行勘查，罐顶内壁、罐壁防腐涂层完好，排除了硫化亚铁自燃的可能性。事故发生后，检测事故储罐接地电阻为1.22Ω，符合标准要求，浮盘两根接地线与拱顶接触电阻分别为1.052Ω和0.082Ω，符合标准要求。

事故前进入TK101A罐的物料为气、液两相物料，致使物料进罐后呈翻腾上升状态。物料进入油层时，油中会含有水珠，当物料通过约3.9m的油层时，水珠与油接触形成电偶层，当水珠与油做相对运动时，水珠与油就带相同符号的电荷，即沉降起电。水珠翻腾到上部后会形成水泡，其中一些水泡会在翻腾的作用下聚集到一起。由于水泡被油包裹，处于绝缘状态，成为孤立导体。聚集在一起的气泡孤立导体会把油品沉降起电的电荷聚集到其本体上。翻腾作用下的带电气泡孤立导体移动到接地导体附近时，如浮盘下部浮筒、雷达液位计的立管等接地导体，就会发生静电火花放电，其放电电荷转移量大于0.1μC，放电能量大于0.26MJ，该放电能量足以点燃最小点火能为0.2~0.26MJ的油气。

浮盘下部有浮筒，油盘与油面间有75mm的空间，事故前该空间的可燃气体达到了爆炸极限，导致静电放电点燃了浮盘下部空间的油气。

此次事故出现两次爆炸，第一次是9时09分浮盘与油面的空间爆炸，第二次是9时15分左右浮盘上部空间爆炸。第一次闪爆浮盘与油面的空间比较狭小，内部空间的可燃气体浓度达到了爆炸极限范围。由于空间存在部分氮气，氧含量相应减少，因此当遇静电火花放电的点火源时，发生的是闪爆，空间内部分油品处于类似阴燃的状态。

由于浮盘与油面间的空间油品燃烧缓慢，当持续5~6min时，火焰通过浮盘空洞蹿至上部空间，引燃了浮盘上部空间爆炸性混合气体，出现了第二次爆炸，即听到爆炸巨响。

（2）间接原因。

工艺卡片控制及管理不到位。TK101A罐液位超出车间工艺卡片控制，车间工艺卡片控制液位要求在200~1200cm，事故发生前TK101A罐液位最低运行至53cm，造成空气进入浮盘下方空间。车间工艺卡片要求控制温度在40℃以下，事故发生前TK101A罐温度最高时达40.7℃，可燃气体挥发量增加，为事故发生埋下隐患。

风险识别不到位。由于一联合常减压装置地下污储罐TK101A罐工艺管线无伴热，外甩污油内含水较多，冬季为防止管线冻凝，使用氮气连续顶线防冻，但对风险未进行充分识别，对于氮气进入内浮顶罐易造成储罐浮盘损坏，油气携带到浮盘上方以及易产生静电等危害识别与认识不足，是事故发生的间接原因。

装置设计时存在部分缺陷。三联合装置污水汽提装置至TK101A罐管线长1400m、管径*DN*50mm，管线全线为1.0MPa蒸汽伴热，石棉瓦保温。污油外甩温度为37℃，虽然未超温，但由于流量较小(7.6m/h)、管路较长，进油过程实际是一个加温过程(蒸汽伴热温度超过200℃)，造成罐内温度较高，而且事故前有超温情况发生。一联合装置及二联合装置含有轻烃组分(C_4、C_5和C_6)的轻污油设计进轻污储罐，这部分轻烃组分进入储罐后极易挥发，并与空气混合形成爆炸性气体。

4. 事故教训

(1) 所有内浮顶储罐运行均严格执行工艺卡片规定，除非检修不能下浮盘。

(2) 装置退油及储罐温度严格按工艺卡片控制，不能超温。

(3) 不能使用氮气、净化风等压缩气体往储罐内顶线或置换。

(4) 严格控制初馏点小于40℃的轻烃组分进常压储罐。

(5) 使用过氮气、轻烃组分的储罐，应对浮盘进行全面普查，对可燃气体进行检测，如果浮盘损坏，停用储罐进行检修。

(6) 对有罐顶通气孔的内浮顶罐、拱顶罐进行全面检查，防止通气孔帽落下堵塞通气孔。

(7) 对上游装置进行全面检查控制，杜绝高含硫污水进入罐区。

(8) 对三联合污水汽提装置进罐区污油管线伴热方式进行改造。

(9) 罐顶部人体静电消除器不符合安全要求，建议更改为本安型人体静电消除器。

(10) 罐顶雷达液位计、巡检刷卡器的线缆入口处要求封堵、压实。

(11) 储罐检尺、采样、测温、测水作业必须在达到静置时间后方可作业，采样绳、测温绳必须采用防静电绳。

四、泄漏事故/事件

外浮顶储罐在使用过程中，由于材料的腐蚀、老化、维护保养不当以及操作等原因，时常发生泄漏事故/事件。如果泄漏事故/事件不能得到及时有效处理，可能会引发严重的火灾、爆炸以及环境污染事故。本节收录的外浮顶储罐泄漏事件，并对事件原因进行了详细分析，以期对大型外浮顶储罐泄漏预防及应急处置提供参考。

某企业“7·27”原油储罐基础泄漏事件

1. 事件概况

2016年7月27日，某企业原油外浮顶储罐在进行自压付油作业时，发现基础泄漏，经快速有效处置，未导致严重后果。

2. 事件经过

2016年7月27日21时50分，操作员在现场巡检过程中发现T204罐基础漏油。T204

罐于2010年3月23日投产投用，发生泄漏时，罐内储存俄罗斯原油64500t，液位为13.3m，正在向T204罐进行自压付油作业。

事故发现后，当班操作员立即启动应急预案，公司领导、管理人员及相关单位的领导与人员及时赶到现场组织进行了以下应急处置：

（1）停止库区其他储罐的收付作业。

（2）检查确认T204罐的雨水阀门、雨污切换阀门全部关闭，并打开罐区外雨水井盖，监督雨水系统没有污油外漏。

（3）组织人员对流淌在地面的原油进行围挡、清理；使用沙袋围堵罐组内地面的流淌原油，然后使用吸油毡、锯末、沙土等吸附原油，利用吸油车在现场抽油。

（4）调整库区生产流程，将T204罐内的油品紧急倒入罐区其他储罐，迅速降低储罐液位，减少泄漏量。

（5）利用库区消防稳高压系统，向T204罐内注水，减少泄漏量。

3. 事件原因

（1）直接原因。

罐底板腐蚀导致原油泄漏。

（2）间接原因。

① 储罐设计采用内壁防腐金属热喷铝、外加封孔涂层保护的方式，没有充分考虑该方案在储罐储存高含硫原油和罐底部沉积水工况下的可靠性和实际使用效果。

② 储罐的设计、采购、制造、安装、验收等环节在建设期把关不严，留下了安全隐患。

③ 风险辨识不到位，没有充分认识到储罐腐蚀如此之快而带来的风险。

4. 事件教训

（1）对大修储罐采用牺牲阳极阴极保护系统，保护年限至少为一个检修周期，保护范围为储罐底板上表面和罐底以上2m罐壁内表面。对大修储罐防腐设计时，应充分考虑劣质原油腐蚀介质和罐底部沉积水的因素。

（2）罐底上表面及罐壁下部2m采用无溶剂环氧涂料。

（3）严格控制防腐施工过程，从喷砂除锈、防腐涂层涂刷遍数、各层厚度，干膜厚度到牺牲阳极块的安装，建立过程质量保证体系、分清责任并确保落实。

（4）大修储罐清理后进行全面检验，对存在的设备问题进行全面整改。

（5）加强设备管理基础工作，定期对储罐进行检验和检查。

（6）储罐的检测和防腐蚀工作应引起高度重视，设备管理要紧跟规范，根据原油品种复杂程度以及实际收付频次等情况而导致的腐蚀程度，甚至要严于规范的要求。

五、其他事故/事件

英国某港口“8·30”外浮顶储罐火灾事故

1. 事故概况

1983年8月30日，英国某港口一座$9.5\times10^4m^3$外浮顶储罐发生火灾。事故造成储罐被烧毁，大火持续约 60h 后才被扑灭。

2. 事故经过

1983 年 8 月 30 日，英国某港口一座 9.5×$10^4$$m^3$ 外浮顶储罐发生火灾，当时罐内存有 55348m^3原油，储罐高 20m、直径 78m，发生火灾时液位高度为 13m。该储罐为单盘式浮顶，浮顶有 24 个浮舱，浮顶与罐壁之间滑动密封良好。储罐未安装固定灭火系统和火灾自动报警系统，着火时储存的原油为北海低硫原油，闪点低于 38℃。

事故发生当日上午，9.5×$10^4$$m^3$外浮顶油储罐发生泄漏，原油从罐顶裂缝处泄漏出来。10 时 45 分至 53 分，泄漏的原油被引燃引发火灾。11 时 05 分，消防员开始对储罐进行灭火时，火灾已覆盖 50%的罐顶，大火将着火区域的密封装置完全破坏。

15min 后，工作人员发现现有的消防车（1.9×10^4L/min 泡沫车）不足以对罐壁进行有效降温，液压升降塔的泡沫液被消耗殆尽，大火进一步蔓延到浮顶的其他区域。当日下午，参与灭火的人员和车辆达到了 150 人、26 台泵、7 辆泡沫车、6 座液压升降塔和 4 台其他特殊设备。工作人员开始对着火储罐及邻近的两座储罐内的原油进行排空，原油燃烧速率约为 300t/h，抽出速率约为 1700t/h。23 时 30 分，一些原油溢流到防火堤中。几分钟后突然开始沸溢，火焰高达 90m，覆盖了 90m×90m 的防火堤。现场两台消防车被引燃，暴露在着火范围内的软管被烧毁。在大约 2h 后，发生了第二次沸溢事故，持续约 30min。次日 8 时，消防员使用 3 台消防车扑灭防火堤中的火灾，将火焰与储罐分离后进行扑灭，直至 9 月 1 日 23 时 30 分，大火才被完全扑灭。火灾现场如图 9-2-3 所示。

图 9-2-3　火灾现场

3. 事故原因

火灾事故后，当地消防部门和炼油厂管理人员经过调查研究，认为引起火灾的原因是炼油厂火炬带火星的焦炭颗粒飘落至罐顶，引燃了密封圈与罐壁附近的油气。

火炬高约 76m，距离储罐约 100m。这一距离虽然符合相关规范安全要求，但由于当时风速较大，导致带火星的焦炭颗粒飘落至罐顶。

4. 事故教训

（1）对原油储罐周边环境进行安全隐患排查，对于存在产生点火源的危险因素必须进行风险评估，并采取风险管控措施。

（2）储罐进行灭火时，消防应急处置不能有丝毫松懈，必须投入充足的消防力量控制住火情；否则，火情会不断升级。本次储罐起火 1h 后，储罐顶部火灾升级为全表面火灾；起火 12.5h 后，储罐发生沸溢；起火 15h 后，储罐再次发生沸溢。

（3）早期灭火对控制火势极为重要，如第一次沸溢事故后，邻近储存有瓦斯油的储罐表面保温层着火，储罐结构发生变形。第二次沸溢后，储罐出现了裂缝，泄漏出来的油品蒸气被引燃，但由于已经覆盖了泡沫，火焰很快被扑灭。

参 考 文 献

[1] GB 50737—2011，石油储备库设计规范[S]. 北京：中国计划出版社，2011.
[2] GB 50074—2014，石油库设计规范[S]. 北京：中国计划出版社，2014.
[3] GB 50341—2014，立式圆筒形钢制焊接油罐设计规范[S]. 北京：中国计划出版社，2014.
[4] 佟伟. 本质安全油库建设[M]. 北京：中国石化出版社，2022.
[5] 帅健. 管道及储罐强度设计[M]. 北京：石油工业出版社，2016.
[6] 中国石化管道储运有限公司. 储运加热炉及储罐技术[M]. 北京：中国石化出版社，2019.
[7] 何利民，高祁. 油气储运工程施工[M]. 北京：石油工业出版社，2007.
[8] 赵永涛，王占生. 储罐管理与安全防护一体化[M]. 北京：石油工业出版社，2021.
[9] 刘志华. 储罐施工[M]. 北京：石油工业出版社，2011.
[10] GB/T 37327—2019，常压储罐完整性管理[S]. 北京：中国计划出版社，2019.
[11] 田红岩. 大型外浮顶罐典型事故分析与风险防控对策[M]. 北京：石油工业出版社，2021.
[12] 张清林. 国内外石油储罐典型火灾案例剖析[M]. 天津：天津大学出版社，2013.
[13] 寇杰，梁法春，陈婧. 油气管道腐蚀与防护[M]. 北京：中国石化出版社，2016.
[14] 中国石化管道储运有限公司. 输油技术[M]. 北京：中国石化出版社，2020.
[15] SH/T 3560—2017，石油化工立式圆筒形低温储罐施工质量验收规范[S]. 北京：中国计划出版社，2017.
[16] GB 50128—2014，立式圆筒形钢制焊接储罐施工规范[S]. 北京：中国计划出版社，2014.
[17] 刘大恕. 油气储运工程施工新工艺[M]. 北京：石油工业出版社，2021.
[18] SH/T 5921—2017，立式圆筒形低温钢制焊接油罐操作维护修理规范[S]. 北京：中国计划出版社，2017.
[19] GB 50484—2019，石油化工建设工程施工安全技术标准[S]. 北京：中国计划出版社，2019.
[20] SY/T 6620—2014，油罐检验、修理、改建及翻建[S]. 2014.
[21] SY/T 6696—2014，储罐机械清洗作业规范[S]. 2014.
[22] QSY 165—2006，油罐人工清洗作业安全规程[S]. 北京：中国计划出版社，2016.